青少年知识小百科

U0630587

ZHI WU

ZHI SHI BAI KE

植物知识百科

王 烨 主编

云南大学出版社

图书在版编目（CIP）数据

植物知识百科/王烨主编. —昆明：云南大学出版社，2010

（青少年知识小百科）

ISBN 978 - 7 -5482 -0319 -3

Ⅰ.①植… Ⅱ.①王… Ⅲ.①植物—青少年读物

Ⅳ.①Q94 -49

中国版本图书馆 CIP 数据核字（2010）第 260093 号

青少年知识小百科

植物知识百科

主　　编：王　烨
责任编辑：于　学　蒋丽杰
装帧设计：林静文化

出版发行：云南大学出版社
电　　话：(0871) 5033244　5031071　　(010) 51222698
经　　销：全国新华书店
印　　刷：北京旺银永泰印刷有限公司

开　　本：710mm×1000mm　1/16
字　　数：294 千字
印　　张：15
版　　次：2011 年 3 月第 1 版
印　　次：2011 年 3 月第 1 次印刷
书　　号：ISBN 978 - 7 -5482 -0319 -3
定　　价：29. 80 元

地　　址：云南省昆明市翠湖北路 2 号云南大学英华园内
邮　　编：650091
E - mail：market@ ynup. com

前 言

　　时光如梭、岁月如流、迈步进入 21 世纪。这是一个信息的时代、这是一个知识的世界、这是一个和谐发展的社会。亲爱的青少年读者啊，遨游在地球村，你将发现瑰丽的景象——自然的奥秘、文明的宝藏、宇宙的奇想、神奇的历史、科技的光芒。还有文化和艺术，这些是人类不可缺少的营养。勇于探索的青少年读者啊，来吧，快投入这智慧的海洋！它们将帮助你，为理想插上翅膀。

　　21 世纪科学技术迅猛发展，国际竞争日趋激烈，社会的、信息经济的全球化使创新精神与创造能力成为影响人们生存的首要因素。21 世纪世界各国各地区的竞争，归根结底是人材的竞争，因此培养青少年创新精神，全面提高青少年素质和综合能力，已成为我国基础教育的当务之急。

　　为满足青少年的求知欲，促进青少年知识结构向着更新、更广、更深的方向发展，使青少年对各种知识学习发生浓厚兴趣，我们特组织编写了这套《青少年知识小百科》。它是经过多位专家遴选编纂而成，它不仅权威、科学、规范、经典，而且全面、系统、简洁、实用。《青少年知识小百科》符合中国国情，具有一定前瞻性。

　　知识百科全书是一种全面系统地介绍各门类知识的工具书，是人类科学与思想文化的结晶。它反映时代精神，传承人类文明，作为一个国家或民族文明进步的标志而日益受到世界各国的重视。像法国大学者狄德罗主编的《百科全书》，英国 1768 年的《不列颠百科全书》，以及我国 1986 年出版的《中国大百科全书》等，均是人类科学与文化的巨型知识百科全书，堪称"一所没有围墙的大学"。

　　《青少年知识小百科》吸收前人成果，集百家之长于一身，是针对中国青少年的阅读习惯和认知规律而编著的；是为广大家长和孩子精心奉献的一份知识大餐，急家长之所急，想孩子之所想，将家长的希望与孩子的想法完美体现的一部智慧之书。相信本书会为家长和孩子送上一份喜悦与轻松。

　　全书 500 多万字，共分 20 册，所涉范围包括文化、艺术、文学、社会、历史、军事、体育、未解之谜、天文地理、天地奇谈、名物起源等多个领域，都是广大青少年需要和盼望掌握的知识，内容很具代表性和普遍性，可谓蔚为大观。

本书将具体的知识形象化、趣味化、生动化，知识化、发挥易读，易看的功能，充分展现完整的内容，达到一目了然的效果。内容上人性、哲理兼融，形式上采用编目式编辑。是一部可增扩青少年知识面、启发青少年学习兴趣的百科全书。

本书语言生动，富有哲理，耐人寻味，发人深省，给人启迪，有时甚至一生铭记在心，终生受益匪浅，本书易读、易懂让人爱不释手，阅读这些知识，能够启迪心灵、陶冶情操、培养兴趣、开阔眼界、开发智力，是青少年读物中的最佳版本，它可以同时适用于成人、家长、青少年阅读，是馈赠青少年的最佳礼品，而且也极具收藏价值。

限于编者的知识和文字水平，本书难免有疏漏之处，敬请专家学者和广大读者批评指教，同时，我们也真诚地希望这套系列丛书能够得到广大青少年读者的喜爱！

本书编委会

目 录

第一章　绿色海洋——植物

第一节　以小见大——植物的结构

1. 种类繁多——植物的种子

　　种子的大家庭可谓种类繁多，约有20万种。它们都是种子植物的小宝宝，而种子植物约占世界植物的2/3还要多。

　　种子中的"大王"应属复椰子，这种形似椰子的种子可比椰子大得多，而且中央有道沟，像是把两个椰子重合在一起，所以叫它为复椰子。那还是1 000多年前，在印度洋的马尔代夫岛上，岛民们在沙滩上看见了这种大个果子。

　　当时，人们不知这是否是椰子，于是劈开它，吃果肉、喝汁液，发现和椰子差不多，便给它取名为"宝贝"。人们1 000年后才明白这是复椰子，是远涉重洋从塞舌尔海岛漂来的。复椰子重约20公斤，里面的种子则有15公斤之多，真是大个头了，于是许多国家的植物博物馆里都把它用作标本。

　　芝麻的种子要25万粒才有1公斤重，看来芝麻种子是够小的了。而烟草的种子要700万粒才达到1公斤重，即7 000粒才重1克。然而这还不是最小的种子，真正的小种子是斑叶兰的种子，200万粒才重1克，轻得如同灰尘。

　　种子的颜色也包含了世上所有的颜色，而其中约有一半是黑色和棕色。豆科中的红豆，是带有光泽的深红色，它也叫相思豆。它寄托了远隔千山万水的恋人们的相思之情，并流传了许多数不尽的动人故事。

　　种子有圆有扁，也有的是长方形，有的竟是三角形或多角形。大多数种子是比较光滑的，但也有的表面凹凸不平，还有的长着绒毛和"翅膀"，像个小昆虫。谁敢轻视这些小小的种子呢？有时只需一粒，它居然能发育成直入云霄的参天巨树！

人造种子

传统的农业技术是用天然种子播种而获得丰收及再获得种子以备来年之用，而人造种子的出现则将改变这一传统的旧面貌，成为一项植物快速繁殖的新技术而被各国所重视。

人造种子的研制从理论性地提出到某些植物人工种子的成功研制经历了相当长的历史，首先是德国植物学家哈勃兰特根据细胞学说的理论，大胆预言植物身体上的每一个细胞在脱离母体后，只要给它合适的生活条件，都将能发育成跟原来植物体一模一样的植株。经过许许多多的科学家的努力，直到1958年，美国植物学家用液体悬浮培养法培养胡萝卜的体细胞，得到胚状体，它是具有分裂能力的细胞团，胚状体进而发育成了完整植株，并能开花、结果，使得哈勃兰特的预言变成了现实。

到1978年，有人提出"人工种子"的设想，立即得到许多国家的响应，现已有美、法、日等国均在开展此项研究，在欧洲的尤里卡高技术计划中，"人工种子"占有显著地位。

为什么世界上如此多的国家重视人工种子的研制呢？人工种子与天然种子有何异同？

从结构上分析，一颗天然种子主要由两部分组成：种皮与胚，而人工种子也具备这两部分。通过特定的方法培养植物体细胞得到的胚状体与通过天然的传粉、受精得到的种子的胚一样，在形态、生理、生化等方面的特性完全一致，发育的过程也一样。至于种皮，需要找到人工合成材料或天然材料来充当，它必须能够保护胚状体并且还不能妨碍胚状体的生存与发育。只要获得胚状体和人工种皮，那么就获得了人工种子。人工种子之所以受到如此的重视，是因为它具备独特的优点：通过特定方法可以产生很多胚状体，比如在1升的液体培养液中就可以得到10万个胚状体。这样，人工种子就具备数量多、繁殖快的优势，特别是用于快速繁殖苗术及人工造林方面比用试管苗繁殖更能降低成本和节省劳力。另外，人造种子能保证优良品种永远是优良品种，而天然的优良品种通过天然的方法（传粉、受精过程，这是人工不可控制的）得到的后代无法保证它还是优良品种，这就好比"英雄"的后代不一定还是"英雄"，而人工种子可以达到这一点；在人工种子里可以加入植物激素促进发育，还可加入有益的农药或微生物进行抗病、抗虫而获得比天然种子更优异的特性。这一切，对农业生产来说，无疑具有重要的经济价值。因此，人工种子的研制受到各国关注。

现在人工种子的研制已取得很大进展。1983年11月，美国就研制成功了芹菜人工种子，只是不具有种皮，而约两年后，美国成功研制了带种皮的苜蓿、莴苣、胡萝卜、西红柿、花椰菜的人工种子。法国也宣告甜菜等人工种子的研制成功。我国在胡萝卜、芹菜、黄连、橡胶、水稻等十几种植物中进行了研制并取得较大进展，其中胡萝卜、芹菜、黄连的人工种子在有菌的条件下可萌发并长成小植株。

人工种子的研制前景诱人。目前已有 132 种植物已诱导出胚状体，它们分属于 32 个科、81 个属。虽然人工种子正处于实验室研究阶段，但随着研究的进展，人工种子用于大田生产将不是遥遥无期的事。

种子的寿命

种子具有寿命，但不同的种子，寿命长短差别很大。新中国建立之初，我国科学工作者在辽宁省普兰店泡子屯附近的泥炭层中，挖出了一些莲子。这一带多年以来就没有人种过荷花，怎么会挖出了莲子呢？经过鉴定，证明这些莲子在地层中已经"沉睡"一千多年了，竟是唐宋时代的莲子。人们感兴趣的是，这些古莲子还能不能发芽？1951 年，人们把古莲种子种了下去。1953 年夏季，它们不但萌发了片片碧绿的嫩叶，居然还开出了粉红色的艳丽的荷花。日本的大贺博士在千叶县的低洼沼泽地下发现了沉睡了两千多年的莲子，播种后，也发芽、开花、结果了，可谓是种子中的老寿星。然而在南美洲阿根廷的一个山洞里发现的三千多年前的一种苋菜种子仍保持着生命力，不得不更让人称奇。最让人觉得不可思议的是 1967 年加拿大报道的在北美洲北极育肯河冻土层的旅鼠洞中发现的 20 多粒北极丽扇豆种子，经 C_{14} 同位素测定，它的寿命至少已有一万年，播种后有 6 粒种子发芽长成了植株，这是目前所知寿命最长的种子。多年来，人们都认为世界上寿命最短的种子是沙漠中的梭梭种子，它的种皮极薄，极易发芽成苗，兰花种子的寿命也只有几个小时，杨树和柳树种子的寿命也只有 10 多天。

为什么种子的寿命有长有短？关键的问题在哪里？原来种子的寿命关键是要使种子的胚保持生命力。种子的萌发只要满足胚对水分、空气、适宜温度等条件的需要就能实现。经科学家研究，种子外表的蜡质和厚厚的角质层都能使种子具备不透性而难以萌发，而长寿种子更是具备不易透水、不易透气的坚硬、致密的种皮。据研究，豆科植物种子寿命较长的原因很可能就是具备不透性的原因。在豆科植物种子的种皮中，存在种皮栅栏细胞角质层，莲子外面的果皮是坚硬的硬壳，里面存在着一种叫马氏细胞明线的物质引起不透性，再加上致密的细胞壁，更不易透水透气。种子的胚得不到充足的水分和氧气，生理活动微弱，因此就处于休眠状态而成为长寿种子，一旦种皮破坏，胚得到萌发条件就会打破休眠状态而萌发。

有人认为，影响种子寿命的最主要因素有两个，一个是种子的含水量，另一个是种子的温度。含水量与温度降低则会延长种子的寿命。人们在实践中也发现调节短命种子的储藏温度和湿度，寿命会相对延长。例如只有几小时生命力的梭梭种子，若在适宜条件下能保持 1～2 年的发芽力，带翅种子储存 7 个月后才失去生命力。

由此可见，所谓"短命种子"只是因储存条件的不适宜而造成的，合适的储存条件可延长种子的寿命，这在农业和林业生产上都具有重要意义。

种子的传播

植物为了传种接代，在数亿年漫长的生长过程中，各自练就了一套传播种子的过硬本领。植物的果实成熟后，有的自然落在母株周围萌芽生长；有些却远走高飞，做远程旅行，以扩大其种族领域。但它们既无能够奔跑的腿脚，又无像鸟类飞行的翅膀，何以会做远程旅行呢？我们说，生物总是按"适者生存"的自然法则来生存和发展的，它们具有适应远程旅行的不同形态和结构。

你可能认识指甲花（又称凤仙花）吧，它的花可染红指甲，其果实呈椭圆形，成熟后只要碰它一下，它就会"怒不可遏"5 片果瓣即刻裂开，并急剧向内弯卷收缩，将种子向四面八方弹出，远达 1 米以上。因此，指甲花的种子有"急性子"（中药名）之称。

还有一种热带地区的沼泽草木樨，也是名副其实的"炮兵"植物，其果实成熟时骤然裂开，声响如炮，同时射出种子，有效射程达 15 米。有一种喷瓜，果形与黄瓜相似，因为它具有疯狂的袭击能力，所以又叫它"疯黄瓜"。其果实成熟时就变成黏性液体，给果皮以巨大的压力，一旦遇到外力碰撞或果熟脱落时，果皮就突然开裂，黏液和种子一齐喷出，射程可达 6 米。

蒲公英、一品红等的果实又轻又小，头顶长着许多毛，只要一阵轻风吹拂，就可腾空而起，展翅翱翔。而像柳树等植物，则借种子上许多细毛的浮力飘舞于空中，一到三四月间春风送暖之际，大街小巷便到处纷纷扬扬，飘下许多的柳絮"伞兵"。还有松树、榆树、臭椿等的种子，则以它们特有的翅膀，乘风展翅高飞，远航至异乡落户。

伴鸟飞天的种子非常多，如稗草、榕树等。它们的种子都有很坚硬的种皮保护着，并分泌出许多黏液附着在种皮上，一旦飞鸟啄吃这些种子后，种子就滑进了鸟的腹肚中，就像乘坐民航飞机一样，旅行到很远很远的地方去。随着鸟粪的落地，它们的旅行才宣告结束。还有许多像莲等植物的种子，是靠在水中流动，随波逐流的方法传播种子，繁殖后代的。此外，还有许多植物的种子上面生有不少的钩、刺等，借此来搭乘在其他物体上进行传播。如苍耳把它种子上的钩刺钩挂在动物的毛皮或人的衣物上，借以远距离地散布种子。鬼针草的弟兄们则是以果顶上的倒生刺毛，倒挂在衣物上来传播的。所以，不管人或动物，只要掠过它们的旁边，它们就会用毛、刺、钩、针等特有的旅行搭乘器，钩刺在过路者的毛发或衣物上，作免费旅行。

各种外形美丽，味道香甜的水果，如桃、梨、苹果、葡萄等，也有各种鸟兽自愿为它们担当传播种子的任务。这些水果虽然牺牲了甜美的果肉，却达到了传播种子的目的。人们的运输活动和吃果后随地乱抛种子等，实际上也都帮助了种子传播。

种子的力量

你知道种子的力量有多大吗？石块下面的小草，为了要生长，它不管上面的石头有多么重，也不管石块与石块中间的缝隙多么窄，总要曲曲折折地、顽强不屈地挺出地面来。它的根往土里钻，它的芽向地面透，这是一种巨大的力量。至于树种的力量就更大了，它能把阻止它生长的石头掀翻！一颗种子发出来的"力"，简直超越一切。你知道种子能剖开头盖骨吗？

人的头盖骨结合得非常致密，非常坚固。

生理学家和解剖学者为了深入研究头盖骨的结构特征，曾经用尽了各种方法要把它完整地分开，但都没有成功。

后来有个人受了种子被压在石块下面而顽强钻出石块的小草的启发解决了这个难题。植物种子的力量既然这么大，可不可以用它来剖开头盖骨呢？他认为这是可能的，于是他就把一些植物的种子放在头盖骨里，配合了适当的温度和湿度，使种子发芽。发芽后的种子，就产生了足够的力量，它竟然钻到头盖骨几乎密不可分的缝隙里，使劲地往外钻，往外长。这样，一切机械力量所不能做到的将骨骼自然结合分开的事情，小小的种子办到了。它不仅把人的头盖骨分开了，而且解剖得脉络清楚，从而解决了人们研究头盖骨的一大难题。

2. 生命之本——植物的根

不同植物的根，形态不一样。

人们常见的大豆、棉花、苜蓿，它们的根中间有一条又粗又大、又长又直的根，称主根，在它上面又长出许多杈杈。主根是种子萌发时，首先是由冲破种皮伸出来的白嫩的胚根发育成的，也就是说，现在随处可见的黄豆芽、绿豆芽，把其埋在土壤中继续生长发育，就能形成黄豆或绿豆植株的主根，上面的杈杈叫做侧根。

像这类能分出主次的根叫直系根。但是玉米、小麦、水稻的根就很难分出主次根来，看起来像白胡子老头的一蓬胡须，粗细、长短相差不多，这样的根是怎么形成的呢？原来这类植物的种子萌发时，胚根很早就枯萎，只发育出大丛的须根，其实是从茎的基部产生出的不定根。这类根叫须根系。

还有一些植物的根是变态根，跟上面的两类根完全不一样，功能也起了变化，例如各种萝卜，它们本身就是植物的主根，这种主根变得多肉、肥大，里面储藏了大量的水分和营养。萝卜的营养非常丰富，被誉为"小人参"。

秋海棠的叶子插进土壤里就会长出根来。像这种从枝或叶上长出的根叫不定根。它不是从主根或侧根上生出的根。

常言说："独木不成林"。独木真的不能成林吗？西双版纳森林里的大榕树，树冠非常庞大，枝干向下生出许多不定根垂到地面，入土后逐渐发育成枝干那样粗的支持根，支持着那庞大的树冠。其中有一棵大榕树的支持根形成的"树林"占地竟达6亩。世界最大的一株榕树产在孟加拉国，其支持根支持的树干可覆盖15亩左右的土地。这是多么奇特的"独木成林"自然景观啊！

还有一种根和土壤中的微生物生活在一起，那是长根瘤的根和菌根。

有一种植物很特殊，它吸附在其他植物体上，吸收别的植物养料，像兔丝子，它没有叶，它的茎顶尖旋转缠绕到其他植物体上，它的茎上面长出一个小"疖"，刺到别的植物体的茎或叶中，掠夺别的植物的营养和水分，导致别的植物的死亡。这个小"疖"被称为假根，它是一种寄生根。

根之力

纤纤弱弱的植物根，生长在坚实大地的怀抱之中，令人不可思议，柔软的根是怎样钻到土地里面去的呢？

原来根在自己的头上（根尖）戴了一顶"帽子"，当然是细胞做成的，叫根冠，帽子里面是有增生新细胞能力的总部，叫做分生组织，总部的细胞迅速分裂，细胞数目急剧增多。这样根渐渐生长，不断在土壤内深入。在根的生长过程中，根冠始终作为根的"开路先锋"，保护着幼嫩的新生的细胞。由于在前进中，沙石土粒的碰撞，使根冠不断被磨损，不断地剥落，根冠一直分泌黏液，使土壤变得润滑，便于根的延伸。与此同时，分生组织又随时派遣一部分细胞制造出新的"帽子"——根冠，代替剥落、磨损了的根冠，严密地保护着分生总部，真可谓"前仆后继，永往直前"。

这个推动根前进的动力区（分生组织）并不大，它始终是根冠后面的薄薄一层，总共才有2~3毫米。

根生长的第二个力量，是在根分生组织后面的延长部，又叫伸长区，这部位细胞最初呈球形，后来渐渐伸长成圆柱状。细胞共同伸长的力量很大，它们共同形成的撑力迅速增长了根的长度。

伸长区之后是根毛区，这部分细胞渐渐分化成不同形态和功能的细胞，然后各司其职，各行其事，这种变化也起到延长根的效果，成为推动根深入土壤的第三个力量。

根的分生组织、伸长区、根毛区的细胞分裂、细胞延长的力量便是不可阻挡的生命力量，就是这种力量使纤弱的根克服硬土的阻挡，而伸展于大地之中。

3. 看不见的"嘴巴"——植物根毛

植物也有嘴巴吗？当然，植物若没嘴巴，一颗小小的种子怎么能够长成参天大树呢？那为什么看不见呢？一个原因是植物的嘴巴非常秀气，比"樱桃小口"还要小上千倍百倍；另一个原因是植物的嘴巴是藏在地下的，自然就难以看到了。

1648 年，比利时科学家海尔蒙特把一棵 2.5 千克重的柳树苗栽种到一个木桶里，桶里盛有事先称过重量的土壤。在这以后，他只用纯净的雨水浇灌树苗，为了防止灰尘落入，他还专门制作了桶盖。5 年过去了，柳树逐渐长大了。经过称重，他吃惊地发现，柳树的重量增加了 80 多公斤，土壤也减少了 100 克。

那么减少的 100 克土壤到哪里去了呢？显然是被植物体给"吃"掉用于自身的生长了。

生活在土壤中的是植物体的根，植物体是靠根来"吃东西"的，那么主要是靠根的哪部分来"吃"的呢？植物是靠根毛区的根毛来"吃东西"的。

根毛是根毛区的外层细胞，即表皮细胞产生的一种特殊结构，是由幼根尖端的表皮细胞向外突起产生的。

根毛样子像什么呢？把它放在显微镜下看看，简直像从细胞外壁伸出来的外端封闭的瓶子。

根毛的长度由 0.15 毫米到 1 厘米，直径为百分之几毫米。在形成根毛的吸收表皮上，布满一层胶粘的物质，能把根毛和土壤胶粘在一起，这是因为许多植物的根毛壁都含有一种胶质，所以若是把一株苗从土壤中拔出来，常常会看到被根毛紧紧缠绕住的土块。

那么，植物的根上有多少根毛呢？多极了，每平方毫米上都有数百条根毛，有的能达到 2 000 多条。

每一条根毛就相当于一张"嘴",这张"嘴"长得奇特,因而"吃"起东西来也特别。

一般来说,一株玉米从出苗到结实所消耗的水分,要在400斤以上;要生产1吨小麦子粒,植株需要1 000多吨水,那么水是怎样进入植株体内的呢?

植物体是靠根,准确地说是靠根毛,像吸管一样吮吸土壤里的水,但是这与婴儿吮吸母奶可不大一样,因为婴儿吮吸的力量来自婴儿本身,根毛吮吸的动力来自两方面:当根内细胞液的浓度与土壤里水的浓度有差值,而且是细胞液的浓度必须大于土壤溶液浓度时,根毛才能顺利地把水吸收到细胞内,进入植物体,否则将出现相反的情况。植物体在获得水分的同时,也获得了溶解在水中的无机盐和有机物,保证植物生命活动的需要。

这些奇特的"嘴"的吃法当然也是与众不同的,它靠的是浓度差的力量或者说是根压的力量,把水吸入体内的。

4. 营养快线——植物的茎

当我们在林中悠闲地散步或者风驰电掣般地穿行公路时,静静地矗立在旁边的树体内也在忙碌地进行着各种活动:从根部吸收的水分及无机盐要运送到叶部;叶部光合作用产生的有机物也要运送到根部和植物体的其他部位。那么连接根与叶的是茎,物质在茎内是通过什么进行运输的呢?

我们把一条带叶的杨树枝放在水里切断,然后迅速地移到滴有几滴红墨水的水里,在阳光照射下几个小时之后,再把枝条横向切断,这时观察一下断面,我们会看到断面上有殷红的斑点,再把枝条纵向剖开,会看到茎的剖面上有一条红色细纹。

这红色的细纹是植物体内水分的运输路径,这条路由根部开始,经过茎,再一直通过叶脉到达叶子各部分。在叶子里就是看见纵横交错的叶脉。

如果我们很细心的话,注意一下周围的树木,会惊奇地发现,有的树木的枝条由于树皮被破坏了一圈,在失去树皮的上方形成瘤状物,枝条的下部时间一久便枯死了。

原来在植物的茎内有两条"公路":一条在韧皮部,是由一串串筛管上下连接而成的,它的运输方向是由上往下,即把叶子制造的营养物质运输到根部或其他部位;另一条路线在木质部,它是由叫做导管的细胞上下连接而成,它的运输路线是由下往上运输,也就是说,把根部吸收的水分和无机盐运送到叶部等。

组成导管的导管细胞由于细胞核、细胞质和横壁都消失了,上下彼此连接形成中空的长管，水分在里面可以畅流无阻，加上叶部蒸腾、拉力作用和水分子之间的吸引力，水和无机盐可以源源不断地向上运输到植物体的各个部分，可真是与俗语"水往低处流"成了反照。水在导管中的输导速度是很快的，速度最快的为每小时45米，最慢的每小时也有5米，一棵草5～20分钟就能把水输导到顶端，高达几十米甚至上百米的树木，茎的输水能力就更大了。有人统计过，落叶树1平方厘米的木质横切面上，1小时可通过水量20立方厘米。

运输有机物的筛管由于横壁仍然存在，但横壁上出现很多的孔，通过孔上下筛管连通形成有很多"关口"的公路，运输速度也是很快的，大约每小时0.7～1.1米。叶制造的有机物30～60分钟就可运送到根部。

所以植物体内的两条"公路"是很繁忙的，运输量也是巨大的。

植物"腰身"粗细的秘密

放眼我们周围的世界，看看挺拔而直指天穹的秀丽白杨，婀娜多姿的垂柳，迎着微风频频低头的小草，让人有一种直抒胸臆的温柔感。大树之所以挺拔，小草之所以迎风不倒，是因为它们都有坚强的脊梁——茎。植物的茎大都生长在地面上，负载着繁茂的枝叶、花、果实，还要抵挡风雨侵袭，因此，植物的茎具有强大的支持、抗御的能力。因此，茎的外形，大多数呈圆柱形。但有些植物的茎却呈三角形，如莎草；方柱形，如蚕豆、薄荷；扁平柱形，如昙花、仙人掌，所以貌看植物的茎单一，实际上也是变化多端的。

生长在地中海西西里岛埃特纳山边的一棵大栗树，恐怕是世界上最粗的树。它树干的周长竟有55米左右，要30多个人手拉手才能围住，树下部有大洞可供采栗人住宿或当仓库，传说它能容纳"百骑"而得名。美国加利福尼亚有一棵被叫做"世界爷"的巨杉，茎干粗大，若从树下开一个洞，可以让汽车或4个骑马的人通过，它的树桩，甚至可以当做舞台用。然而，我们常见的路边的小草，却是高不盈尺，茎细得只有几毫米。

那么，茎的粗细是由什么来决定的呢？

当春天来临，万物复苏，杨柳返青之时，你不妨截取一段粗细合适的杨树或柳树的茎，会很轻易地剥下树皮，你会发现剥下的树皮的内面是一薄层白色的柔韧的东西，这部分叫做树木的韧皮部。剥下树皮剩下的部分，坚硬呈白色叫木质部，占茎的大部分。你这时用手指摸摸韧皮部的内面或木质部的外面，你会发现，手指有一种滑溜溜的湿润的感觉，这是形成层，夹在韧皮部与木质部之间。形成层才是茎的粗细的决定者，因为这一层的细胞具有特别旺盛的分裂能力，少部分向外分裂的细胞形成新的韧皮部，主要是向内分裂的细胞形成新的木质部。新形成的韧皮部细胞加在原有的韧皮部里面；新形成的木质部细胞加在原先形成的木质部外面。从茎的横切面上看，形成层就好像是一个大皮圈，木质部面积不断加大，皮圈也不断扩大外移，这样树木的直径也就随着加粗了。所以茎的粗细是由神奇的形成层决定的。那么草本植物的茎却如此之细，原因又何在呢？

原来草本植物的茎中没有像树木那样的绕茎一圈的形成层，它们茎内的形成层是一束一束的，像星星一样分散在茎当中。如果你看过玉米的茎的横切面，会看到在茎中分散着一个一个的小黄点，那便是形成层所在部位，这样的茎的加粗能力就很有限了。此外，草本植物生活周期很短，大多数在一个生长季节内就结束寿命，往往在它的茎还没有来得及加粗时，生命就结束了，所以它们的茎都很细。

5. 绿色工厂——植物的叶子

一位著名的生物学家曾说过："您给一个最好的厨师足够的新鲜空气、足够的太阳光和足够的水，请他用这些东西为您制造糖、淀粉和粮食，他一定认为您是在和他开玩笑，因为这显然是空想家的念头，但是在植物的绿叶中却能够做到。"

叶子是怎样施展它那惊人的技艺的呢？原来，秘密发生在一个奇特的厂房里。这个厂房中有把太阳能转移到粮食、棉花、木材中的神奇的力量。

这个神奇的厂房便是绿叶的叶肉细胞中的叶绿体，一个叶肉细胞中有许多叶绿体，相当于许多厂房。叶绿体中含一种绿色的物质，是一种复杂的有机酸，叫叶绿素。植物就是利用叶绿素进行光合作用制造养料。叶绿体悬浮于叶肉细胞的细胞质中，不停地进行着生产，即光合作用。

二氧化碳由叶吸收，在叶的表面有许多气孔，气孔是叶肉细胞与大气进行气体交换的"门户"，二氧化碳由气孔进入植物的叶并渗入叶肉细胞。有了原料，机器叶绿素在能源光的启动下，就可以进行生产了，叶绿素的复杂结构和卓绝的技能超越了世界上任何先进机械。

这个工厂最初的产品是葡萄糖，它经过进一步转化变成淀粉，淀粉可以再转变成蛋白质和脂肪等。

自然界中的这一座座数也数不尽的微型绿色工厂，它的产品不仅养活了自己，也养活了世间的一切生物。而它的神奇之力直到今天，对于自然界中拥有最高智慧的人类来说还是一个谜、一个神话，人类渴望在叶绿体之外用自己建造的工厂合成出粮食来，当然也仅仅是用水、二氧化碳及光和叶绿素等。

这个美好的梦想绝不是空想，它会在人类孜孜不倦的探索中一步一步实现。

自然界中庞大的生产者——绿叶

有人计算过，一个人活 60 岁，大约要吃进 20 000 斤糖类，3 200 多斤蛋白质、200 斤脂肪，这些食物从何而来呢？

食物直接和间接来自绿色植物的光合作用。全球绿色植物进行光合作用，一年能制造的有机物达 4 000 多亿吨，除了供给人类食用外，还能供一些工厂作原料。绿叶在制造有机物的同时，把光能转化成化学能储藏在有机物里，每年绿叶的光合作用储藏的能量相当于 24 万个三门峡水电站每年发出的电量，为人类在工农业、日常生活所需能量的 100 倍。目前最好的光电池的转换效率也只有 15%～16%，而绿色植物的光合作用的转换效率一般达 35%～75%。可见，绿色植物充分利用太阳能甚至比原子核能效率还要高。绿色植物光合作用也是制造氧气的生产者。经过计算，1 天中人要呼吸近 2 万次才能正常生活，一个人 1 昼夜要吸入体内的氧气，其体积相当于 6 寸高的篮球场那么大。全世界有 50 多亿人口，再加上其他生物呼吸需要的氧气，数量是相当可观的。另外，人在吸进氧气的同时还要向外呼出二氧化碳，1 个人 1 年能呼出约 300 公斤的二氧化碳，全世界 50 多亿人要呼出亿吨以上的二氧化碳，再加上煤、石油的燃烧，以及细菌、真菌在自然界的作用下放出的二氧化碳，足够地球上绿色植物的光合作用的需要。据统计，每年地球上的绿色植物放出的氧气达 1 000 多亿吨（如果自然界绿色森林有计划地采伐和栽种，自然界氧气能够达到平衡），大气中的氧气量不过 200 多亿吨，按现有绿色植物光合作用的速度，大气中氧的来源是够人们利用的。

绿色植物的光合作用促进了大气中二氧化碳和氧气的循环，只有这样一切生物才能够生存。如果每人每天吸进 0.75 公斤的氧气，呼出 0.9 公斤的二氧化碳，有人计算过，城市居民每人只有 10 平方米的绿地（草坪、树木和花卉）面积，就可以消耗每人呼出的二氧化碳，并可从绿叶中得到每人每天所需的氧气。

迷人的叶

千姿百态的植物给人类带来了许多美好感受，而植物枝条上的片片柔绿或是浓翠或是嫣红的叶儿，也给人们带来了美的享受。

首先，我们来说一说叶子的形状。松针尖利细长，像是万根绿针簇于枝条；枫叶五角分明，像天上的星星聚于树端；圆圆的落叶像一只只硕大的玉盘；田旋花似十八般兵器中的长戟；剑麻叶像一把把脱鞘而出的利剑；芭蕉叶像片片巨形青瓦，迎着雨声"噼啪"作响；灯心草叶像是一把缝鞋底用的锥子；银杏叶像是一把驱除炎热的折扇；智利森林里生长着一种大根乃拉草，它的一张叶片，能把 3 个并排

— 11 —

骑马的人连人带马都遮盖住，像这样大的叶子，有两片就可以盖一个五六人住的临时帐篷……叶子的形态说也说不完，而每片叶儿都勾起人们无尽的遐想。

其次，叶子生长的位置也非常有特色。有的是单片生长于茎上，有的则是成双结对，有的数片有规律地交错生长，有的紧贴在地面上。叶子相互错开的角度非常准确，有120°、137°、138°、144°、180°。从上往下看，可以看到片片叶子互相镶嵌又丝毫没有遮盖。叶子之所以如此巧妙地安排，一方面可使植物受力均衡，再者则是为了最大限度地感受阳光雨露，由此看来叶子还有对称之美。

夏天绿叶焕发出勃勃生机，秋天则是黄叶扑簌，那是另一种美。叶的世界真是美丽得很。

奇妙的叶

世界上的植物成千上万，于是也就有了各种形状的植物叶子。而这些形状不一的植物叶子也就有了许多奇妙之处。

思茅草的叶缘上有许多锋利的细齿，这是为了自卫用的，经受过它的"自卫抵抗"而被划破了手的鲁班，就因此受到启发而造出了世界上的第一把锯子。

生长在海边的椰树有十分宽大的叶子，为何在强大的风雨之中却安然无恙呢？原来它的叶子表面有一道道凸起或凹下的波纹。正是这些波纹使叶子能够承受较大的压力。这就好像是一张平纸不能承受住什么，但是把它折成折扇状，它就能承受重物的压力。

车前草十分常见，但它的叶子中也存在着令人吃惊的秘密：它的叶子按螺旋状排列，而两片叶子的夹角竟都是137°30′，结果使所有的叶子都能照射到阳光。于是人们受到启发而建造了螺旋形的高楼，使得阳光能照进每一个房间。

玉米叶呈圆筒状，这也是有什么特别意义吗？原来，它使叶子更牢固，而不易被破坏。人们仿造它的形状建造起跨越海峡或大河的桥梁，竟坚实、牢固得很。

由此可见，植物的叶子构造是十分巧妙的，这其中的意义也深远得多。

秋风扫落时的秘密

一夜秋风，遍地黄叶，人便会平添几分惆怅。可你想过吗？为什么植物会落叶？谁是这幅萧条的秋景图的设计师呢？

早春，伴随着声声春雷，万物吐翠，嫩绿的枝芽慢慢展开了她的笑脸。如果说此刻的叶子尚处于旺盛生长的青年期的话，那仲夏的树叶便已到了壮年期，她们旺盛地进行各种代谢活动，为植物体维持生命和生长提供必要的能量。但万物有生必有死，叶子经过了她的青壮年以后，便开始步入暗淡的老年，开始衰老死亡了。

很早以前，科学家们就认为叶子的衰老是由性生殖耗尽植物营养引起的。不少实验都指出，把植物的花和果实去掉，就可以延迟或阻止叶子的衰老，并认为这是由于减少了营养物质的竞争。如果有兴趣的话，你不妨做这样一个实验，在大豆开花的季节，每天都把生长的花芽去掉，你会发现，与不去花芽的植株相比，去掉花芽的大豆的衰老明显地延迟了。

但是，进一步观察，你会发现，并不是所有植物都是这样的。许多植物叶片的衰老发生在开花、结实以前，比如雌雄异株的菠菜的雄花形成时，叶子已经开始衰老了。这样看来，衰老问题并不是那么简单。

随着研究工作的逐步深入，人们现在知道，在叶片衰老过程中，蛋白质含量显著下降，遗传物质含量也下降，叶片的光合作用能力降低。在电子显微镜下可以看到，叶片衰老时，叶绿体遭到破坏。这些变化过程就是衰老的基础，叶片衰老的最终结果就是落叶。

从形态解剖学角度研究，人们发现，落叶跟紧靠叶柄基部的特殊结构——离层有关。在显微镜下可以观察到离层的薄壁细胞比周围的细胞要小，在叶片衰老过程中，离层及其临近细胞中的果酸酶和纤维素酶活性增加，结果使整个细胞溶解，形成了一个自然的断裂面。但叶柄中的维管束细胞不溶解，因此衰老死亡的叶子还附着在枝条上。不过这些维管束非常纤细，秋风一吹，它便抵挡不住，断了筋骨，整个叶片便摇摇晃晃地坠向地面，了却了叶落归根的宿愿。

说到这里，你也许要问，为什么落叶多发生在秋天而不是春天或夏天呢？是啊，为什么没有"春风扫落叶"？是因为秋风带来的寒意吗？

因为我们生活在温带地区，四季变化明显，光照长短、水分、温度等差异很大，所以我们只看到"秋风扫落叶"，实际上在热带干旱季节，也会出现春季落叶现象，只是没有温带地区落叶现象明显罢了。

落叶是植物正常的生理过程，是发生在植物体内的很复杂的过程之一。

有许多文人墨客扼腕痛惜飘零的落叶而挥墨洒文，可是你可曾想到过：落叶恰恰是树木的自我保护策略，牺牲小我而保全主体。

天冷了，人们要生上火炉，穿上棉衣，可是树木呢？唯有脱尽全身的树叶，以减少通过叶子而散失的大量水分，才能安全过冬。要不然天寒地冻，狂风呼号，而树根吸水已很困难，而树叶的蒸腾作用却照常进行。你想想看，等待树木的除了死亡，还会有什么呢？

同样道理，干旱季节中的热带树木的落叶也是自我保护的措施。

然而水分是影响落叶的唯一原因吗？

你注意一下，秋天，马路边的路灯旁的树木，在其他同伴已落尽的时候，却总还有一些树叶在寒风中艰难地挺立着，飘舞着。这就会使我们想到，落叶跟光照也有很密切的关系。实验证明，增加光照可以延缓叶片的衰老和脱落，而且用红光照射效果特别明显；反过来，缩短光照时间则可以促使植物落叶。夏季一过，秋天来临，日照逐渐缩短，似乎在提醒植株——冬天来临了。

那么是谁控制着叶子的脱落呢？经科学家艰苦地努力，终于找到了一种化学物质叫脱落酸，发现它与落叶很有关系，可以促使植物的叶脱落，同时也发现其他激素如赤霉素和细胞分裂素起相反作用，能延缓叶的衰老和脱落。所以到目前为止，植物落叶的机理还没有完全弄清楚，但是可以肯定，落叶尤其是温带地区的树木的落叶，是减少蒸腾，保全生命，准备安全过冬的一种本领。

6. 营养器官——叶的奥秘

世界上没有两片完全相同的叶子。地球上的植物种类以几十万计，种与种的叶子大不相同。但是拿来同一种植物的两片叶子，我们一般又能够说出它们是同一种植物的。

植物的叶子有哪些共同特点呢？叶子是植物的营养器官，负责接受阳光的照射，进行光合作用，以供应植物体有机养料和能量。这决定了叶子的形态必然大都是片状结构，扁平形态，受光面积才最大。要不怎么提到叶，我们总说成叶片呢？其实植物的叶的组成，除了叶片部分，还有很重要的叶柄。假如没有叶柄，叶片无法着生在植物体上，脱落时也要从叶柄基部脱落才行。一部分植物的叶还是仆从兼保卫—托叶相伴。

当然，也有些植物的叶子并非上述一样。首先是非片状结构的叶子，例如松树，是针叶；柏树，鳞叶；仙人掌，刺状；假叶树，鳞片状。为什么会出现这些非片状或非常态的叶子类型呢？归根结底是这些植物叶片的常规功能发生了变化或转移。松树的叶，一般2针、3针或5针一束，着生在一个不发育的短枝上；柏树的许多鳞叶排在一组扁平的小枝上；仙人掌和假叶树的叶虽非扁平，但茎枝扁平。因为这些植物的光合作用功能已经被茎或者枝替代了。

其次就是在植物叶的叶柄方面。叶片总要有一个与植物枝条相连的叶柄。只有一个叶片连在一个叶柄上，这样的叶叫单叶；有许多个小叶片都连在共同的叶轴或总叶柄上，这样的叶叫复叶，有羽状复叶和掌状复叶之分。小叶位置又是复叶，整个叶叫二回复叶。叶柄一般不是扁平的，但是如果扁平叶柄又仅连着一片小叶，例如柑橘，那是单身复叶，就像单身汉。托叶的形态也有很多，围绕茎的是托叶鞘。禾本科的植物，叶鞘就是叶柄，不过竹子例外。

植物的叶子一段时间后，总是要脱落的，落叶树当年落光，但常绿树种的叶寿命要长，几年后才落。少数落叶树种冬天叶片虽然枯黄，但直到第二年新叶发出才落，如假死柴、多种橡树等。只有一种植物终生只有两片叶子、一百年不落，这就是西南非洲沙漠的百岁兰。但是有一些植物具有脱落性的小枝，例如水杉、梭梭等，有了这些小枝的脱落可以通过减少水分的蒸腾等方式，更好地保证植物主体度过寒冷、干旱等不良季节。

叶片着生在枝条上，其正常功能是进行光合作用，但是为了更多地接受阳光，叶子在植物体上的着生方式——叶序是很讲究的。有的互生，有的对生，有的轮生。仔细观察每种植物，尽管它们叶序不同，所有植物叶片都能在受光面上互不遮挡，镶嵌排列（叶镶嵌），以充分接受阳光。

7. 生命轮回——叶的寿命

植物的叶片都有一定的生活期，叶片的寿命因植物种类不同而有长有短。但叶的寿命不能与植物体的寿命等齐。木本植物叶的生活期分为两类：一类为落叶乔木或灌木，生活期为一个生长季节。每当冬季或干燥季节到来时，全树的叶片同时枯死并脱落，如桃、栎、悬铃木等植物。另一类为常绿乔木或灌木，其叶的生活期一般较长。如女贞叶的生活期为 1~3 年；松树叶的生活期为 3~5 年；红豆杉叶的生活期为 6~10 年。常绿植物叶的生活期是重叠的，新叶长出之后，老叶才逐渐凋落。就全树来看，常年保持着绿色，似乎永不落叶。然而，只要仔细观察一下这些植物的树冠下，仍可找到许多落叶。

在西南非洲靠近海岸的沙漠里，生长着一种奇异的植物——百岁兰。它是一种裸子植物，终生只长有两片叶，这两片不凋的叶，寿命可达百年以上，是世界上寿命最长的叶。

百岁兰长得非常奇特，4 米高的茎秆，露出地面的不过 20 厘米。茎可逐年增粗，在茎顶表面出现许多同心沟。茎的顶端浅裂成两部分，边缘各长出一叶，形成一对叶片。它的一生中除子叶外，仅此两片叶。初生的叶片质地柔软，以后逐渐加厚。叶子近茎部分又硬又厚，尖端部分又薄又软。

叶的基部能不断生长，梢部不断破坏，成为又宽又厚又硬的带状叶，长达 3 米左右，宽约 30 厘米，叶尖部散成细丝状，好像大皮带一样，波浪式地躺在地面上。

百岁兰为雌雄异株植物，它们年年开花，岁岁结子。每年开花时，成球果状的穗状花序生于同心沟外方的沟内，花序有鲜红的苞片，果实球状，种鳞有翅，可随风飘散，到处安家。

百岁兰是典型的旱生植物，它生长在近海的沙漠地带，那里海雾浓重，形成露水纷纷落下，百岁兰的根又直又深，能吸收地下的水分，因此，百岁兰生长的地区虽然少雨，但它却从不缺水，叶片一年四季总是常绿不凋。

8. 春华秋实——植物的花与果

最杰出的艺术家当属大自然，这个艺术家在我们周围创造出数不尽的奇花异卉。梅花像星，葵花像盘，报春花像小钟，牵牛花像支喇叭，珙桐花似一只只迎风翩翩起舞的白鸽，台湾的蝴蝶兰，雪白中有红，好似群蝶翩跹。

再看看我们生活的周围：迎着春风，路旁的桃花悄悄盛开，粉红一片，雪白一堆；星星点点的小紫花在草丛中露出了头，二月兰、白兰也展开花瓣，悄悄向路人致意，似乎在告诉人们：春天到了！春天到了！气温刚略有回升，夏至草便伸着懒腰，周身带着一圈一圈小花环使劲睁开了眼，好奇地打量着周围：此时月季、樱桃花竞相开放，石榴花吐着火红的蕊，挂满了枝头。你再抬眼一看：啊！漫山遍野、大街小巷，鲜花盛开，叫得出名的、叫不出名的开遍了满世界，仿佛使人置身在花的海洋。春夏不乏花的陪伴，而秋天菊花怒放，冬天腊梅花开，一年四季时时有花，时时把这世界装扮得五彩缤纷，绚烂美丽。

花的构造有花被、花萼、花托、雄蕊、雌蕊五部分，花的不同形状就是由这几部分的多少、大小、形状变化决定的。

花的颜色

"万紫千红"是诗人对花朵的赞美。

的确，红色的、紫色的、蓝色的、白色的、黄色的花，五彩缤纷，惹人喜爱。

那么，美丽的颜色是怎样产生的呢？

原来在花瓣细胞里存在各种色素，主要有三大类。一类是类胡萝卜素，包括红色、橙色及黄色素在内的许多色素；第二类叫类黄酮素，是使花瓣呈浅黄色至深黄色的色素；第三类叫花青素，花的橙色、粉红、红色、紫色、蓝色都是由花青素引起的。

通过对被子植物花色的调查，人们发现花瓣呈白色和黄色的最多。那么，白色的花是怎么回事呢？花呈现白色，是因为花瓣细胞里不含什么色素，而是充满了小气泡。你如果不信，用手捏一捏白色的花瓣，把里面的小气泡挤掉，它就成为无色透明的了。有些植物开黄花，那是因为花瓣细胞的叶绿体里含有大量的叶黄素。

有一种奇怪的黑蔷薇花瓣呈黑色，但提取不出黑色素，原来是花青素和花青苷的红色、蓝色及紫色混在一起，使颜色加深时形成的一种近似黑色的色泽。植物形成色素必须消耗原料和能量，解剖可看到色素仅分布于花瓣的上表皮中，花瓣内部是无色的，这说明植物以消耗最少的能量和材料达到了最佳的效果。

植物表现出美丽的色彩，除植物体内部具备产生色彩的内部条件外，环境条件如温度、光照、水分、细胞内的酸碱条件等都影响色素的表现。

就温度而言，不同植物的花朵，所适应的温度范围不同。喜温植物开花，在温度偏高时期，花朵色彩艳丽。如生性喜欢高温的荷花，炎热季节开放，花朵鲜艳夺目。绝大部分植物和一些喜低温植物，在花期内遇偏高气温，花的颜色常常不太鲜艳，如春季开花的金鱼草、三色堇、月季等，当花期遇 30℃ 以上高温时，不仅花量少且色彩暗淡。如果植物在开花时气温过低，不仅花色不鲜艳，且会间有杂色。

光照对花色的影响：多数植物喜欢在阳光下开放，缺少阳光，不仅花色差甚至开花也困难。大多数花随着开放时间的变化，花色有所改变，一般黄色的花在花谢时变为黄白色。随着接受日光照射时间的长短，花的颜色深浅也可引起变化。留心观察一下棉花的花，刚开放的花是乳黄色的，后来变成了红色，最后变成了紫色，因此在一棵棉株上，常常同时开放着几种不同颜色的花，这便是由于阳光照射和气温的变化，影响到花瓣细胞内的酸碱性发生变化，最终引起色素颜色的改变。因此花的酸碱度改变，也导致花色的改变。牵牛花的花朵像喇叭，颜色挺多，有红的、紫的、蓝的、粉白的。如果你把一朵红色的牵牛花，泡在肥皂水里，这朵红花顿时会变成蓝花，再把这朵蓝花泡到稀盐酸的溶液里，它又变成了红花了。

水分也影响花色。花朵中含适量的水，才能显示美丽的色彩，而且维持得较为长久。缺水时，花色常变深，如蔷薇科的花朵缺水时，淡红色花瓣会变成深红色。

袭人花香

许多花朵，不但有美丽的花冠，而且有芬芳的气味，这是因为花瓣的一些细胞中含有挥发性的油脂叫"芳香油"。

芳香油的合成常发生在花朵内特殊的腺体细胞——上皮细胞内。据观察，胡椒、薄荷的叶片表面腺毛分泌挥发油的过程中，首先在细胞质中形成小的油泡，然后油泡的内容物通过细胞壁释放到细胞壁与它上方起保护作用的角质层之间，逐渐在角质层下方积累，最后角质层破裂，挥发油就释放出来。

不同植物，挥发油的分泌方式也不同。

不管什么植物，所分泌的芳香油都带有气味。有的植物是随花朵的开放而逐渐形成与挥发，因而芳香的气味初开放时最浓，开放后不久，芳香渐散，维持时间较短，常见的茉莉、梅花、兰花、玫瑰、蜡梅等便是这样。而有的植物则是未开时或已开时均有浓浓的香气，花香维持时间较长，直到花瓣凋萎香气才尽，这是因为这类植物的芳香油以游离状态存在于花瓣中，所以得以逐渐散发香味，这类花常见的如白兰花、珠兰等。但是这两类花一般都是花初放时芳香油含量最高，是观赏和采摘的理想时间。雨天开放的"雨水花"，香味最差。

花香味的浓淡也受很多环境因素的影响，多数香花植物，开花时遇气温较高，日照充足，花朵芳香也较浓郁。如茉莉花以 7～8 月开放的"伏花"香味最浓，而"春花"的香味最差。

香花植物花期内，当遇光照不足或阴雨天气，花瓣组织内含水偏多，芳香油的积累量相对减少，花香就比较淡薄。如玫瑰花中的"雨水花"，质量就较差。一些对肥料要求较高的香花植物，当遇到土壤肥力充足时，芳香浓郁持久，如蜡梅或茉莉。

花卉散发出的浓郁香气，通过人的嗅觉可起到调节人的中枢神经系统的作用，从而改善人脑功能。因此，当人嗅到花香时，会产生一种心旷神怡的感觉。

此外，花卉的香气可杀菌，还可净化、美化环境。如天竺花的花香具有镇静、消除疲劳和安眠的功效；菊花的香气中因含有龙脑等芳香物质，有祛风、清热、清肝明目的作用；桂花的香气不仅具有解郁、避秽的功效，且对一些狂躁型精神病人有一定的安静功效。研究还表明，花卉的香气通过人的嗅觉被上呼吸道黏膜吸收后，能增强免疫功能，提高机体的抵抗力。

花开有时

各种花开放的时间不相同。18 世纪，著名的植物学家林奈对花开的时间做了多年的观察，后来在自己的花园里培植了一座有趣的"花钟"，即将开放时间不同的各种花有次序地种植在园子里，只要一看现在开的什么花，就知道大约几点钟了。

蛇床花：黎明 3 点钟左右开放；

牵牛花：黎明 4 点钟左右开放；

野蔷薇：黎明 5 点钟左右开放；

龙葵花：清晨 6 点钟左右开放；

芍药花：清晨 7 点钟左右开放；

半友莲：上午 10 点钟左右开放；

鹅鸟莱：中午 12 点钟左右开放；

万寿菊：下午 3 点钟左右开放；

紫茉莉：下午 5 点钟左右开放；

烟草花：下午 6 点钟左右开放；

丝瓜花：晚上 7 点钟左右开放；

昙花：晚上 9 点钟左右开放。

花开有时，这个有趣的自然现象，人们很早就知道了。很多植物的开花都有明显的季节性，例如紫罗兰、油菜花春天开，菊花秋天开。是什么因素支配着植物的开花时间呢？1920 年，加纳尔和阿拉尔特发现植物的开花主要是受光周期的控制。光周期是指一天中昼夜的相对长度。加纳尔和阿拉尔特在实验地里试种一种叫马里兰马默思的烟草新品种，这种烟草在田间栽培时不能开花结子，若在冬季来临前将植株从田间移到温室，或冬天在温室中成长的植株都可以开花结子。他们因此就考虑这种烟草的开花是否与冬季有某种关系。这时加纳尔又想到了比洛克西大豆播种期的试验，从春到夏，每隔 10 天播种一次，最后差不多都在晚秋同一时期开花。这些研究结果最后使他们联想到随季节变换而发生的昼夜相对长度的变化对开花的影响。他们用一小型的暗箱把植物搬进搬出，来缩短日照时间，结果发现人为缩短夏季的日照长度，烟草在夏季也可以开花；而在冬季温室中如用电灯人为延长光照时间，则烟草不开花。通过多方面的实验，他们证明了植物的开花与昼夜的相对长度（光周期）有关。植物对昼夜相对长度的反应叫做光周期现象。

光周期现象的发现，使人们认识到了光作为"信号"的作用。人们现已知道光周期不仅与植物开花有关，而且对茎的伸长、块茎与块根的形成、芽的休眠、叶子的脱落，甚至对一些动物行为如鸟类迁徙、鱼的洄游、昆虫的变异等都有影响。

从发现光周期与植物开花的关系以后，人们发现不同种类植物的开花对日照长度有不同的反应，它们对日照长度的要求有一最低的或最高的极限。例如有的植物开花，要求日照长度必须在某一极限之上，短于这个极限，植物就不能开花。这种植物为长日植物；短日植物则是要求日照长度必须在某一极限之下，长于这个极限，植物也不能开花。这最低的或最高的极限是诱导植物开花所需的极限日照长度，称为临界日长。例如，长日植物菠菜的临界日长为 13 小时，它至少得到 13 小时的光照才能开花，短于 13 小时就不能开花，长于 13 小时促进开花，也就是说菠菜开花有一最低极限（13 小时）；相反，短日植物北京大豆，它的临界日长为 15 小时，它开花需要的日长不能超过 15 小时，即 15 小时是短日植物北京大豆开花的最高极限。但也有的植物对日长要求不那样绝对，它们在不适宜的日长条件下（长日植物在短日下；短日植物在长日下），最终也能开花，在适宜日长条件下促进开花。

植物开花对光周期的要求与它原产地生长季节的光周期有密切的关系，某一地区的光周期是与纬度以及季度有关的。在北半球不同纬度地区，一年中昼最长、夜最短的一天为夏至，而且纬度越高，昼越长夜越短。相反，冬至是北半球一年中昼最短、夜最长的一天，纬度越高，昼越短夜越长。春分、秋分的昼夜长短相等，各为 12 小时。在各种气象因素中，昼夜长度的变化是季节变换最可靠的信号，植物在长期适应的过程中，可对昼夜长度产生反应，以至于可在一年特定时期开花，也可在一天中特定时间开花。

那么，接受光能信息作用的部位，经研究证实是在叶子，叶子就好比"雷达天线"，接收到光周期的信号后形成开花刺激物传导到茎端形成花的部位。关于开花刺激物到底是什么，科学家正在进一步探索。

千变万化的果实

在开花植物中，能形成真正果实的植物是很多的。不过，由于各种植物果实本身结构特点的不同，果实的类型又是变化多端的。

有些植物果实的中果皮肉质化，而内果皮变成分离的浆质细胞，人们称这类果实为浆果，如葡萄、番茄、柿子等；而香气诱人的柑橘，被剥下的是外果皮和中果皮结合在一起的产物，果实中间分隔成瓣的为内果皮，这类果实叫做柑果；大家熟悉的向日葵、荞麦等，它们的果皮干燥瘦小，有时还很坚硬，只有剥开它们的果皮，才能取得真正的种子，这一类果实叫瘦果；有些果实长有翅膀，可乘风远行，被称为翅果，如槭树的种子；像栗子、榛子等植物的果实，外壳非常坚硬，里面只有一枚种子，因它非常坚硬，故而称为坚果；有的果实成熟后，果皮会自动裂开，如大豆等，被称做荚果。此外，还有一些特殊的果实，如人们食用的肉质肥大的草莓果，真正食用的部分，是由花托变化而来的。草莓果上有无数芝麻粒状的颗粒，这才是草莓真正的果实。这种果实叫聚合果。

大家熟悉的白果，是从银杏树上采下来的。刚采下时，圆鼓鼓的，有一层厚厚的肉。人们食用时，就把它外面的一层肉去掉，只剩下一个带硬壳的白果。你别看它有肉有壳，而实际上却是一个典型的冒牌果实。如果你仔细观察一下白果的生长过程，就会发现，银杏树上看不到像样的"花"，更无法找到小瓶子状的子房，看到的只是一颗裸露在外面的胚珠，它可以不断地长大，最后形成白果。可见，白果不是果实，而是种子。其他像松、柏、杉等树木，它们也只能结种子，而没有真正的果实。人们称这一类植物为裸子植物。

一般来说，有果实便一定会有种子。但也有特殊例外的情况，如香蕉，就是没有种子的。怎么会产生无子的果实呢？原来香蕉开花后，没有经过受精，子房虽然发育长大了，但子房里的胚珠由于未受精而不能发育成种子。这种现象叫做无子结实或单性结实。

第二节　气候差异——植物的带状分布

植物的生存必须依赖环境条件，其中最主要的因素是气候条件。我们都知道，地球上的气候是呈带状分布的，相应的，植物也呈带状分布。

1. 犬牙交错——植物的地带性

我们都知道，地球上有五带，即热带、南北温带、南北寒带。如果再细分，还可以分为赤道带、热带、亚热带、暖温带、中温带、寒温带、亚寒带和寒带等。这些地带的划分，主要依据是太阳的热量在地球上的分布状况。这些不同的地带大致呈横向条带，顺着纬线方向（东西方向）延伸着。从赤道向两极，一个地带转换成另一个地带，是顺着经线方向（南北方向）交替排列。这种分布状况称为"地带性分布"或称"纬度地带性分布"。因此，在分布问题上，人们把纬度称为地带性因素。我们可以这样概括：地球上热量带的分布状况是地带性分布，影响热量分布的主要因素是纬度。除此以外的分布状况，我们统称之为非地带性分布。例如，中国的降水量东南部多，越向西北降水越少。从东南向西北可以按干湿情况划分几个地带，即湿润地区、半湿润地区、半干旱地区和干旱地区。我国东南沿海皆属湿润地区，新疆则处于干旱地区。这种分布状况就不是地带性的，而是非地带性分布。造成这种分布状况的原因，很明显不是由于纬度，而是由于降水情况。距海远近是造成这种分布状况的主要因素。

由于气温、气压、风向、降水等天气现象是相互影响的，地球上气温、降水的分布都具有地带性的特点，而气温与降水更直接影响植物的生长，因此，地球上各大陆大部分地区的植被分布就是地带性的了。

植物的生长需要一定的热量，所以气温过低的两极地带就缺乏植被。对于水分的要求，树木与草类不同，树木比草需要更多的水，所以在一定的温度条件下，森林生长在湿润或比较湿润的地区，而在比较干旱的地区，树木不易生长，植被以草原为主，非常干旱的地区则只有荒漠植被。

大陆植被的类型是复杂多样的，我们只能粗略地选择几种主要类型来讲。

热带雨林

热带雨林主要集中分布在南北纬10°之间的亚马孙河流域、刚果河流域和东南亚地区，它是分布在热带高温潮湿气候区的常绿森林，树种繁多。乔木高达30米以上，有的甚至可达40~60米，主干挺直，通常可分出三层结构。热带雨林的植物量（主要是木材）占全球陆地总植物量的40%。它的盛衰直接影响着全球环境，保护热带雨林已成为当前世界关注的紧迫问题之一。

热带季雨林

热带季雨林分布在热带雨林外围，主要分布在东南亚和印度半岛等地区。它形成于干湿季节交替的热带气候条件下，又称季风林或热带季节林。和热带雨林相比，结构较简单，乔木只分上下两层。由于气候的影响，热带季雨林可分为两大类型：落叶季雨林和半常绿季雨林（常绿季雨林）。落叶季雨林分布在年降水量500~1500毫米，且有较长干季的地区，大多数树种在干季落叶。半常绿季雨林分布在年降水量1500~2500毫米，水热结合良好的地区，在短暂的干季，高大的乔木可出现几天到几周的无叶期。热带季雨林与热带雨林之间难以划分出明确的界线，呈逐渐过渡的形势。

亚热带常绿阔叶林

亚热带常绿阔叶林主要分布在东亚，即亚热带季风气候区，这里夏季炎热而潮湿，年平均气温15℃~21℃，年降水量1000~2000毫米。终年常绿，树冠浑圆。亚热带常绿阔叶林植物资源非常丰富，有许多珍贵林木，速生林木和经济林木。常绿阔叶林保存面积不大，在我国，从秦岭山地到云贵高原和西藏南部山地都有广泛分布，在开发利用的同时，已加强培育和保护。

夏绿阔叶林

夏绿阔叶林又称落叶阔叶林，主要分布在西欧、中欧、东亚、北美东部等地。这里夏季炎热多雨，冬季寒冷，年降水量在500~1200毫米。林木冬季落叶。亚洲的夏绿阔叶林主要分布在我国华北、东北南部的暖温带地区，以及朝鲜和日本的北部。

寒温带针叶林

寒温带针叶林又称北方针叶林或泰加林，分布在亚欧大陆和北美洲的北部，在中、低纬度的高山地区也有分布。由耐寒的针叶乔木组成。这里夏季温湿，冬季严寒而漫长，年降水量300~600毫米。寒温带针叶林常由单一树种构成，树干直立。云杉和冷杉属耐阴树种，林内较阴暗，被称为"阴暗针叶林"。松树和落叶松为喜阳树种，林内较明亮，称为"明亮针叶林"。亚欧大陆北部寒温带针叶林面积非常广阔，自斯堪的纳维亚半岛经芬兰、俄罗斯、我国黑龙江北部到堪察加半岛。欧洲及西伯利亚地区以常绿针叶林为主，亚欧大陆东部则以兴安落叶松占多数。北美洲的寒温带针叶林主要分布在阿拉斯加和拉布拉多半岛的大部分，以及这两个半岛之间的广大地区。西部地区，特别是沿太平洋沿岸，针叶林种属丰富，与欧洲北部相似，有松、云杉、落叶松等；东部地区与东亚相似，落叶松广泛分布。

2. 高低不同——植物的垂直分布

西藏是中国夏季最凉快的地方。西藏的绝大部分地区 7 月平均气温在 16℃ 以下，其中很多地区在 8℃ 以下，比黑龙江省的 7 月平均气温低得多。西藏的纬度相当于亚热带，那么，为什么一个亚热带地区夏季竟如此凉爽呢？原来，西藏夏日低温的原因，不是由于纬度低，而是由于它的地势高——号称"世界屋脊"的青藏高原，平均海拔高度在 4 500 米以上。

地球上的气温是随纬度而变化的，纬度越高，气温越低。同时，大气的温度还随地势的高度而变化，地势越高，气温越低。科学研究证明：海拔高度每上升 180 米，气温下降约 1℃。

地带性规律说明，纬度的高低对植被分布的影响很明显。地带性规律是植被分布的基本规律，而非地带性因素如海洋湿气流的强弱对气候的影响则可以使植被形成森林、草原、荒漠。地势高低也是影响植被分布的非地带性因素，那么地势高低怎样影响植被的分布呢？让我们先看看下面的例子。

乞力马扎罗山是非洲第一高峰，海拔高度约 5 895 米。山上植被繁茂，远看一片浓绿，但如果仔细观察就会发现，山上的植被实际是呈带状分布的。我们截取它的一面山坡，山坡上的植被分布情况分析：

从山麓到山顶的植被分布情况是有明显变化的。而这种变化恰与植被的地带性分布（从赤道向极地的变化）大致相似。但二者也有区别：（1）植被的地带性分布是水平方向的变化，高山植被的变化是垂直方向的变化，所以我们将高山植被分布的这个特点称为"植被的垂直分布"。（2）植被随纬度的变化是缓慢的，从热带雨林到冰原，要经过数千公里，而植被的垂直变化却很快，从热带雨林到积雪冰川只经过从山麓到山顶的数千米距离。（3）二者在具体植被类型的变化上并不完全相似。

我们把山地植被分布的这种情况称为"垂直带谱"，它的最下层称为"基带"。不同地区的高山，它们的带谱很可能不同，有的复杂，有的简单。同一座山南坡与北坡的垂直带谱常很不相同。在北半球，山南坡称为阳坡，山北坡称为阴坡；南半球的情况正好相反。基带是垂直带谱的起始带，基带的植被类型就是这座山所在地的植被类型，例如乞力马扎罗山位于赤道附近，山下的植被当然是热带雨林了。从基带向山上走，植被随气温下降而发生变化：从亚热带森林，温带森林……一直到 5 200 米以上的积雪冰川等，形成六个层次。我国安徽省的黄山，它的地理位置在亚热带，基带就是亚热带常绿阔叶林，它的垂直带谱中就没有热带雨林。长白山位于我国东北吉林省，垂直带谱的基带是温带落叶阔叶林，在长白山的垂直带谱中当然不会出现热带与亚热带植被。高山植被的垂直带谱是在基带基础上发展的，而基带的植被类型是与山体所在地的典型植被相一致的。

天山位于我国新疆中部，它是东西走向的山脉，北面是准噶尔盆地，地势较低；南面是塔里木盆地，地势较高。新疆的气候是温带大陆性气候，干旱少雨，荒漠就分布在天山脚下。看看天山植被分布，天山的北坡和南坡植被情况便可一目了然。

因南北两坡山麓的海拔高度不同，从南坡（阳坡）看天山比较低，而从北坡（阴坡）看天山比较高。两坡植被的垂直带谱大致相似（都包括荒漠——蒿类荒漠——山地草原——针叶林——高山草甸——积雪冰川），山下是荒漠，山上出现草地，草地之上出现森林。这种带谱是地带性分布规律所没有的，这说明山地的气温随地势升高而下降，山到一定高度，空气中的水汽就会凝结，形成降水，以致荒漠消失，代之以草原和森林。森林以上空气中水汽已少，降水也就少了，于是形成高山草甸。这种现象是荒漠地区的高山植被中常见到的。

但阴坡与阳坡的植被繁茂程度却有很大区别。阴坡植被要比阳坡茂盛，表现在阴坡森林面积远远大于阳坡；林地上下的草地面积也是阴坡大于阳坡。而荒漠面积相反，阳坡大于阴坡。这是因为这里热量非常丰富，阴坡的热量也能满足植物生长的需要，而阳坡阳光更强，热量比阴坡更多，水汽在高温条件下不易凝结，所以阴坡降水多于阳坡。这也是高山植被分布的规律之一。当然在特殊条件下也有例外，例如喜马拉雅山的阳坡植被就远比阴坡繁茂，这个例外现象产生的原因在于山的特殊、高大，山的阳坡下是热带季风气候区，高温而多雨；山的阴坡下是"世界屋脊"青藏高原，是寒冷而干旱的高寒气候区。

通过以上几个例子，我们可以概括出以下几点：

（1）山的高度。山必须有相当的高度，才能出现垂直分布现象，如果山体矮小，山上、山下的气候区别不大，自然也不可能出现多种植被带。山地植被的垂直带谱最高层不一定都有积雪冰川带，例如我国南方的黄山、北方的大兴安岭，它们各有自己的植被垂直带谱，但它们都没有积雪冰川带，主要原因是这些山都不够高。冰雪带的下限称"雪线"，雪线的高度受山上气候的影响，也受山高的影响。

（2）山体所在纬度。如果山体位于低纬地区，且降雨较多，山上植被就会呈现复杂的垂直带谱。如果山体位于纬度较高的地方，山下本已寒冷，山上温度更低，植被当然稀少。垂直带谱的基带植被就是山体所在地区的典型植被，表现了在纬度因素影响下形成的地带性分布的特点。

（3）山的坡向。山的坡向明显地影响植被分布，坡向不同，植被得到的阳光热量也不同：阳坡热量多于阴坡，因而气温高，水蒸气不易凝结，降水少；阴坡处于背光的一面，气温较阳坡低，水蒸气较易凝结，因而水分条件比阳坡优越。因此，同一座山的阴坡和阳坡植被的垂直带谱往往不同，一般来说，阴坡植被比阳坡茂盛。

第三节　天生尤物——植物的生活

1. 光合作用——植物的呼吸

人不停地在进行呼吸。植物也同样日夜不停地进行呼吸。只因为白天有阳光，光合作用很强烈，光合作用所需要的二氧化碳，远远超过了植物呼吸作用所能产生的二氧化碳。因此，白天植物好像只进行光合作用，吸进二氧化碳，吐出氧气。到了晚上，阳光没有了，光合作用也就停止，这时植物就只进行呼吸作用，吸进氧气，吐出二氧化碳。

然而，植物从哪儿吸气，又从哪儿吐出气呢？

植物与人可不一样，它全身都是"鼻孔"，它的每一个生活着的细胞都进行呼吸：气体通过植物体上的一些小孔与薄膜而进进出出，吸进氧气，吐出二氧化碳。

植物的呼吸作用，要消耗身体里的一些有机物。但是要知道，它消耗有机物不是没有意义的。植物的呼吸作用消耗有机物，实际上就是用吸进去的氧气使有机物分解，有机物分解以后，把能量释放出来，作为生长、吸收等生理活动不可缺少的动力。当然也有一部分能量，转变成热以后散失掉了。

植物的这种呼吸作用叫做"光呼吸"，和光合作用有密切的关系，光呼吸要消耗掉光合作用所产生的一部分有机物。有些植物的光呼吸较强，消耗的有机物就多些；有些植物的光呼吸较弱，消耗的有机物就少些，这对作物的产量有直接的关系，所以人们对植物光呼吸生理功能的研究相当重视。

2. 未卜先知——植物体内的生物钟

我们知道，日历和钟表能准确地计算时间的流逝，那么生物体里是否也存在着一种类似钟表的时钟呢？

两百多年前，就有人用实验来寻求这个问题的答案。他们把叶片白天张开，晚间闭合的豌豆，放在与外界隔绝的黑洞里，结果看到叶片依然按节律白天张开而晚上闭合。这有趣的实验，令人信服地说明：生物体内确实有一种能感知外界环境的周期性变化，并且调节其生理活动的"时钟"，这种时钟，人们把它叫做"生物钟"。那么生物钟是否也能像钟表一样可以对时、拨动和调整呢？科学家用实验作出了肯定的回答。他们颠倒了白天张开，晚上闭合的三叶草的光照规律，就是白天把它放在人造夜晚中，夜晚把它放在光照下，经过多次的摆布后，叶片的张合就和自然昼夜颠倒了，这说明生物钟的指针已经被拨动，但是，当把它再放在自然昼夜中的时候，原来的节律又很快地恢复，钟又调正校对过来了。不同的生物有不同的生物钟，植物体内的光敏素就是控制植物昼夜节律或者开花时间的生物钟。生物钟的机制远比当代最精巧的钟表复杂，但是其中的奥秘到现在还没有完全被揭开。对生物钟的研究，对工业、农业和医疗，甚至国防都有重大的实际意义。例如，植物在一天中吸收不同的无机离子的时间各不相同，如果掌握了这个"进食时间表"，就可以用最少的肥料达到最好的增产效果；心脏病人对洋地黄的敏感性在凌晨4点钟的时候，大于平时的40倍，这对掌握用药的时间，大有益处；癌细胞的分裂有其分裂周期，如果对分裂的规律了如指掌，那么对癌细胞的恶性生长就制之有术了。随着科学的发展，对生物钟的研究，必将在人类生活中产生深远的影响。

3. 大同小异——植物的细胞王国

细胞在英文中是 cell，是小房间的意思。为什么称之为小房间呢？以前，一个叫罗伯特·虎克的英国人透过自制的显微镜观察软木的切片，在薄薄的木片上，虎克发现了许多像蜂巢一样的孔洞，孔洞壁很薄，就如同蜂巢中的腊膜，虎克把这些小孔称做 cell，这也是当今细胞的由来。不过虎克当初看到的是已经死亡变干燥的细胞。后来人们越来越多地对细胞进行观察、研究，发现了复杂的细胞王国里的许多有趣现象。

首先说一说细胞的个子，细胞的大小可不一样，有的细胞直径在 20～50 微米之间，几十个细胞才不过 1 毫米。可有的细胞则是巨人，沙瓤西红柿的果肉细胞直径可达 1 毫米，这中间的差别真是悬殊很大。

还有的细胞是典型的瘦高个儿，棉花纤维的细胞长达 60～70 毫米，苎麻的细胞长度可达 620 毫米。有的植物被折断后可流出乳白色的乳汁，而那条流淌乳汁的乳汁管，就是一个含有无数细胞核的大个细胞。

细胞的形状也千奇百怪，有扁平状、柱状、小方块状、蚕豆状、长筒状，不同形状的细胞功能也不同。

细胞的构造虽大同，但也有小异。细胞最基本的是细胞壁、细胞质和细胞核。最外层即是细胞壁，它是细胞的框架，如果在细胞壁的纤维素中添加不同的物质，细胞就会具有不同的奇妙特性。加入木质素的木质化细胞，使茎变得坚实，这就是草、木的不同之处；表皮细胞能减少水分蒸发，是因为增加了角质素；小麦、稻谷、玉米茎叶中含有一定量的硅质，所以也就变得坚利起来，能划伤人的皮肤。这还仅是细胞壁的一小部分，那么整个细胞世界该是多么奇妙而充满乐趣啊！

4. 不可估量——奇妙的植物激素

动物的体内有多种激素，调节着动物的生长发育，有着十分重要的作用，那么植物体内有没有激素呢？回答是肯定的。

天然的植物激素并不多。据统计，700 万株玉米幼苗所分泌的植物激素，也只有针尖大的地方。但就是这极微小的激素，对植物的生长起着不可估量的作用。

屋子里的花草，会自动转向有光的地方，向日葵紧紧跟随着太阳，这些都是生长激素的作用。树的树冠，上尖下粗，这也是生长素的作用。顶端芽的生长素能抑制侧枝的生长，越靠下，顶端芽的抑制作用则越小，所以树冠就成了上小下大。知道了这一点，农民把棉株的尖端剪掉，侧枝增多，就有可能收获更多的棉花。绿化篱的顶芽被剪掉，于是它就不再长高，侧向发展，变得很厚，绿化效果就更好了。

生长素还能促进果实的生长。人们把没有授粉的苹果、桃、西瓜等注入生长素，就可以吃上无子的果实了。

大量的水果如果被装在一个容器里，就很容易变熟，甚至变坏，这是一种叫乙烯的植物激素在“作怪”，一个成熟果实，常常会促使整袋整箱水果变熟。如果你无意中买来生水果，也不必着急，放入其中一个熟果实，几天后不就全熟了吗？

还有一种激素叫脱落酸，它能促进植物的衰老。冬天，脱落酸使植物叶子落光，进入休眠状态，看来，脱落酸也有一定的积极作用呢！

植物的激素，对植物的生长可是不容忽视啊！

5. 复杂"活机体"——植物的"特异感觉"

随着科技的进步，越来越多的发现证明植物是一种极其复杂的"活机体"。它们也可能得"感冒"、"消化不良"、"皮肤病"、"传染病"，甚至"癌症"。

植物还具有模仿能力。为了在传粉期间吸引昆虫前来传粉，有的植物会散发出一种尸臭味，诱使苍蝇、甲虫等前来产卵，借机传粉，可是在平时，植物则根本没有这种气味。植物的模仿也证明了植物存在"嗅觉"。

植物具有感觉。尽管工作原理不同，但是植物的感觉还是敏锐的，有的植物为了避免长时间光照造成的伤害，能使自己"休克"，或者疲倦地睡着了。

同动物一样，植物也是自然发展的产物，尽管存在的形式不同，它们毕竟来自同一祖先——活细胞，因此植物具有疼痛感。当折断植物的枝、叶时，测定的电位差出现电压跃变，就好像受难哑巴的哀哭。如果能用镇静剂处理伤口，植物居然神奇地安静下来。

植物运动也千姿百态，像合欢树叶的开合、含羞草叶的闭合，还有会跳舞的"舞草"，都给人以美妙的感觉。

另外，几乎所有的植物都可对磁场的微妙变化作出反应，有一种植物的叶子可指向四个标准方向。

同是生物，我们没有什么理由去虐待美好的植物啊。

6. 应激现象——植物的"喜怒哀乐"

科学家们经过研究发现，植物有类似"喜怒哀乐"的现象。

"喜"。美国有两名大学生，给生长在两间屋里的西葫芦旁各摆了一台录音机，分别给他们播放激烈的摇滚乐和优雅的古典音乐。8个星期后，"听"古典音乐的西葫芦的藤蔓朝着录音机方向爬去，其中一株甚至把枝条缠绕在录音机上；而"听"摇滚乐的西葫芦的藤蔓却背向录音机的方向爬去，似乎在竭力躲避嘈杂的声音。通过这个实验明显看出，植物对轻柔的古典音乐有良好的反应。

"怒"。美国测谎器专家巴克斯特进行了一次有趣的实验：他先将两棵植物并排放在同一间屋内，然后找来6名戴着面罩，服装一样的人，他让其中一人当着一棵植物的面将另一棵植物毁坏。由于"罪犯"被面罩遮挡，所以，无论其他人还是巴克斯特本人，都无法分清谁是"罪犯"。然后，这6人在那株幸存的植物跟前一一走过。当真正的"罪犯"走到跟前时，这棵植物通过连接在它上面的仪器，在记录纸上留下了极为强烈的信号指示，似乎在高喊"他就是凶手"！可以说植物的这种反应，与人类的愤怒有些类似吧。

"哀"。巴克斯特还做了另外一个实验，他把测谎器的电极接在一棵龙血树的一片叶子上，将另外一片叶子浸入一杯烫咖啡中，仪器记录反应不强烈。接着，他决定用火烧这片叶子。他刚一点燃火苗，记录纸上立刻出现强烈的信号反应，似乎在哭诉："请你放过这片叶子吧，它已经被烫得很难受了，你怎么忍心再烧它呢？"

苏联一些生物学家也作过类似的实验：把植物的根部放入热水后，仪器里立即传出植物绝望的"呼叫声"。

"乐"。日本一些生物学家用仪器与植物"通话"获得成功，当他们向植物"倾诉爱慕"之情时，植物会通过仪器发出节奏明快、调子和谐的信号，像唱歌一样动听。印度有一个生物学家，让人在花园里每天对凤仙花弹奏25分钟优美的"拉加"乐曲，连续15周不间断。他发现"听"过乐曲的凤仙花的叶子平均比一般花的叶子多长了70%，花的平均高度也增长了20%。现代科学技术的发展，不断给人们提出一些新的课题，比如前面提到的有关植物的类似"感情"的现象应当如何来解释呢？按我们已有的知识仅仅能将这类现象归结于植物的应激性，但要说明各种现象的机理，恐怕还需要后人不断地探索。

7. 体内"化学物"——植物的酸甜苦辣

甜甜的蜜橘、酸酸的葡萄、苦苦的黄连、辣辣的尖椒，我们之所以能感受到这么多的味道，一方面是由于我们舌面上有味蕾感受器，另一个原因是由于植物本身就有酸甜苦辣的独特味道。为什么蔬菜、水果能有各自的味道呢？这是由于它们本身所含的化学物质的作用。

首先说说酸，就说能酸掉牙的酸葡萄吧，它含有一种叫酒石酸的物质，还有酸苹果所含的是苹果酸，酸橘中所含的是柠檬酸，等等。与之相对应的人的酸觉味蕾是分布于舌前面两侧，所以那酸溜溜的感觉总是从舌边上发出来。

有甜味的植物是因为体内含有糖分。比如葡萄糖、麦芽糖、果糖、丰乳糖和蔗糖等。甜味最大的则非果糖莫属，而且果糖更利于被人体消化吸收；其次是蔗糖，难怪以蔗糖为主的甘蔗、甜菜吃起来甜得要命。感受甜味的甜觉味蕾分布在人的舌尖上，如果想知道某种水果甜不甜，用舌尖舔舔就清楚了。

许多苦涩的植物是因为它们含有生物碱的缘故，像以苦闻名的黄连，它就含有很多的黄连碱；黄瓜、苦瓜是它们含有酸糖体的缘故。而苦觉味蕾多分布于人的舌根处，当吃过苦的食物后，那苦涩的滋味就在人的喉咙里经久不散了。

植物的辣味，原因复杂。辣椒的辣是因其含有辣椒素；烟草的辣，是因其含有烟碱；生萝卜的辣，是因其含有一种芥子油；生姜的辣是姜辣素作用的结果；而大蒜则含一种有特殊气味的大蒜辣素。人们对辣的感觉是各味蕾共同作用的结果，所以吃辣的食物就能满口生辣。

植物的酸甜苦辣，真的让人的舌头回味无穷。

8. 烈火永生——勇敢的植物

海拔四五千米的高山和地球南、北极，气候寒冷，冰天雪地，但在一片白色的世界里，却不乏植物的绿色身影。

这些植物有一个特点，就是身体矮小，甚至一些垫伏植物像垫子一样伏于地上，它们的茎极短，密生着许多分枝，这些分枝和上面的叶子紧贴地面，就凭这副惊人的模样，它们与狂风进行了一次次成功的较量。虽然茎短，但它们的根却很深，一方面固定了自己，一方面最大限度地吸收养料。

在南、北极，地衣像给荒原披上了一层薄毯，甚至还有一些开花植物，如极地罂粟、虎耳草、早熟禾等。植物的抗寒能力竟这么强！

还有一些植物，却能在"烈火中永生"。我国海南有一种海松，特别耐高温、不怕火烧。这是因为它有独特的散热能力，木质又十分坚硬，所以人们取海松木做成烟斗，长年烟熏火燎也不能伤它根毫毛。还有常春藤和迷迭香这类植物遇火不燃，顶多只是表面发焦，能阻止火灾蔓延。

落叶松有一层很厚的，但几乎不含树脂的树皮，大火很难将其烧透，就算被烧伤，树干还会分泌树胶，盖好"伤口"，防止细菌侵入。因此，一场大火后常常是落叶松的天下了。

植物中的一些种类，真可谓不畏严寒、不惧烈火的勇士。

9. 绿色勇士——沙漠里的特殊植物

一望无际的广阔沙漠，令人望而生畏。的确，干旱似乎带走了一切生机，但是有些植物，却凭借自己独特的生存本领，在荒漠里顽强生存，给沙漠带来了点点绿色。

有一些植物充分利用沙漠中每一滴难得的水，迅速地生根发芽。在撒哈拉大沙漠中，有一种叫齿子草的植物，只要地面稍稍湿润，它就能快速地生根发芽，直至开花结果，虽然只有 1 个月的生命，但它毕竟完成了自己的使命，并且一代代地繁殖下去。梭梭树的种子只能活几个小时，但是只要滴水浇灌，只需 2～3 小时，它就能生根发芽了。

还有一些沙漠植物是凭借庞大的根系生存，像非洲沙漠有一种只有一人高的灌木，可是它的根却深入地下 15 米之多，广泛地吸收深层的地下水分。

更有一些植物是以"貌"取胜，它们的茎干矮小又墩实，里面积蓄了不少水，仙人掌的叶子退化为刺；木麻黄的叶子像鳞片般细小；更有趣的是光棍树，小小的叶子长出后很快就脱落了。就这样，它们把蒸腾减少到最低限度，在沙漠里顽强地生长，成为黄色沙漠的"绿色勇士"。

10. 耐人寻味——植物的"自卫"本领

植物没有神经系统，也没有意识，如果受到其他外来物的侵扰，怎么能进行"自卫"呢？可是，科学家们却发现了一些耐人寻味的现象。

1981 年美国东北部的 1 000 万亩橡树受到午毒蛾的大肆"掠夺"，叶子被咬食一空。可是奇怪的是，第二年，橡树又恢复了勃勃生机，长满了浓密的叶子，而午毒蛾也不见了踪影。森林科学家十分惊奇：没有对橡树施用灭虫剂和采取任何补救措施，而作为极难防治的午毒蛾又是如何消失的呢？科学家们采摘了橡树叶进行化学分析发现：叶中的鞣酸成分已明显增多，而这种鞣酸物质如被午毒蛾咬食之后，能与其体内的蛋白质相结合，使害虫很难进行消化，于是午毒蛾变得行动迟缓，渐渐死去或被鸟类啄吃。这个事件说明橡树有"自卫"能力。

在美国的阿拉斯加原始森林中，野兔曾泛滥成灾，它们过多地食用植物根系，啃吃草木，大大破坏了森林植被。正当人们费尽心思而效果甚微，感到束手无策之时，他们惊喜地发现，许多野兔因生病、拉肚而大量死亡。这又是怎么一回事呢？科学家们经过研究发现：森林中曾被野兔咬得不成样子的草木，在长出的新芽、叶子中竟不约而同地产生了一种化学物质——萜烯，使野兔在咬食之后生病、死亡，数量急剧减少，从而保护了森林。这是不是也在证明植物的"自卫"能力呢？

英国植物学家对白桦树进行观察，竟发现，白桦树在被害虫咬食后，树叶中的酚含量会大增，而昆虫是不爱吃这种含酚大而营养低的叶子的。不仅白桦树如此，枫树、柳树也有如此本领。不过在害虫离去之后，树叶中的酚含量又会减少而恢复到原来的水平，这是否又证明了植物的"自卫"能力呢？

美国科学家还发现，柳树、槭树在受到害虫的危害后，还能产生一种挥发性物质"通报敌情"，使其他树木也产生抵抗物质。植物的"自卫"还有"绝招"，那就是产生类似于激素的物质，使害虫在吞吃后能丧失繁殖能力。由此可以看出，植物似乎确有一种"自卫"能力，看来人类的确要保护植物，没准哪一天惹怒了它们也会遭到报复的。

11. 本领高强——善于"武装"的植物

形形色色的植物，裹一身绿装，挂丰硕的果实，时时刻刻吸引了大批动物前来"观光"、"品尝"。似乎植物就要束手待毙了，慢着，植物也有自己坚实的"武装"，跟你拼个鱼死网破，请看：

南美洲秘鲁南部山区生长着一种形似棕榈的树，在它宽大的叶面上布有尖硬的刺，当飞鸟前来"侵犯"，意欲啄食大叶子时，树的"武装"发挥效力了，密布的尖刺使鸟儿轻者受伤，重者死亡。当地人把这种树称为"捕鸟树"，因为他们常常可在树下捡到自投罗网的飞鸟，而吃上鲜美的鸟肉，岂不美哉？

我国南方有种树，别称"鹊不踏"，它的树干、枝条乃至叶柄都布满皮刺，令鸟兽都退而避之。而一种叫"鸟不宿"的树，则是每片叶上都长有三四个硬刺，同样使鸟儿不敢停留。

非洲生有一种马尔台尼草，它的果实两端像羊角一样尖锐地伸出来，且长有硬刺，人们给它起了个令人恐怖的名字"恶魔角"。它就像其名字一样可怕，成熟后"恶魔角"掉在草的附近，如果鹿儿前来吃草，往往会不慎踏上"恶魔角"，痛不欲生。

欧洲阿尔卑斯山脚下的落叶松幼苗如果被动物啃食，便会很快生长出一丛尖刺，一直到幼苗长到动物吃不着的高度，才生出普通的枝条，就这样落叶松"武装"保卫了自己。

仙人掌也是凭着一身尖刺保卫了自己。要不，沙漠里的动物早把它富含水分的茎吃光了。

还有一些植物更为"阴险"，它们没长尖刺，靠着可怕的毒素"武装"了自己，这类植物可真不少，像荨麻有蜇人毒人的刺毛。巴豆的毒素可使吃下它的人腹泻、呕吐，甚至休克、死亡。桃、苦杏、枇杷和银杏的种子含毒，夹竹桃的叶子有毒，皂荚的果实有毒。

植物正是靠着自己的"武装"保卫了自己绿色的生命，看来，柔弱的植物也不可轻易欺侮啊。

12. 适者生存——没有硝烟的植物生死大战

植物界姹紫嫣红，似乎总是那么和平、宁静。其实，在它们内部，也有着激烈的生死大战。

有人种植了铃兰和丁香，不久花儿盛开了，可是他很快发现，丁香早早地夭折枯萎了，而铃兰却依旧美丽芬芳。他又在铃兰旁放置了一盆水仙花，可是没过几天，铃兰和水仙也都萎缩，慢慢地死去了。

难道它们中有着深仇大恨不成？其实，这就是植物之间的竞争。

在农田里，如果高大的玉米和高粱遇上又矮又丑的苦苣菜，也只有甘拜下风，因为苦苣菜根部分的分泌物能抑制它们的生长，弄不好还会把它们慢慢毒死。小小的芥菜也能把高大的蓖麻打得狼狈不堪，不过如果遇上卷心菜，双方的日子就都不好过了。芹菜是个挑剔的家伙，跟菜豆、甘蓝，它都不愿打交道。番茄、黄瓜、南瓜、茴香这类蔬菜，则是马铃薯的大敌。而豌豆、冬油菜和莴苣则不愿与洋葱、韭菜为伍，否则它们会互相排挤，谁也过不好。

在果园里，同样进行着看不见"硝烟"，但是却激烈异常的生死大战。杨树能控制葡萄的生长；而榆树更为"狠毒"，能杀死自己周围几米内的所有葡萄；甘蓝和胡萝卜也是葡萄的天敌；苹果树和胡桃树也是誓不两立的仇人，胡桃叶的分泌物随雨水进入土壤，让苹果的根吸收到，就会使苹果生长缓慢。

森林里也在进行着明争暗斗。接骨木是林中一"霸"，能排挤松树和白叶钻天杨，扩大地盘。高大的栎树是个"小心眼儿"，和比自己矮的榆树不仅说不上话，还赌气地背过身，其实也难怪，和榆树在一起，栎树就会发育不良了。

植物界的这种争斗，其实也不过是为了争夺水分、养料、空间和阳光，在竞争中，植物纷纷巧妙地利用了化学物质。为了生存，植物界的斗争也是很"残忍"的，可人类效仿植物研制化学武器，又是为了什么？这是否违背了植物的初衷呢？

看似平静的植物界，真的不平静！

13. 糖基凝集素——植物的血型

植物是不是也有自己的血型？一个日本科学家作了肯定的回答。他研究了500多种被子植物和裸子植物的种子和果实，发现其中60种有O型血型，24种有B型血型，另一些植物有AB型血型，但他就是没有找到能够断定是A型的植物。

后来，人们研究证实，植物体内确实存在一类带糖基的蛋白质或多糖链，或称凝集素。有的植物的糖基恰好同人体内的血型糖基相似。如果以人体抗血清进行鉴定血型的反应，植物体内的糖基也会跟人体抗血清发生反应，从而显示出植物体糖基相似于人的血型。比如，辛夷和山茶是 O 型，珊瑚树是 B 型，单叶枫是 AB 型，但是 A 型的植物仍然没有找到。

为了搞清楚血型物质在植物体内的基本作用，科学家对植物界作了深入研究，得出这样的结论：如果植物糖基合成达到一定的长度，在它的尖端就会形成血型物质，然后，合成就停止了。血型物质的黏性大，似乎还担负着保护植物体的任务。

但是，植物界为什么会存在血型物质？为什么又找不到 A 型的植物？这至今仍是一个谜。

14. 树木春秋——年轮里的科学

年轮，一年一轮，年年有轮。它记录了树木度过的多少春秋的脚印；它反映了树木跟大自然进行搏斗的艰难历程；它告诉你树木经历的气候变化；它向你汇报了太阳黑子活动的规律；它又向你报告了大气污染的状况。

年轮是部天书，它告诉你历年气候变化的情况和规律。年轮的宽窄疏密，不仅反映了树木生长的速度，木材的年生长量和质地优劣，而且记录了气候变化的情况。气候温和，年轮则宽疏均匀；气候持续高温，年轮就特别宽疏；气候寒冷，年轮则狭窄；气候特别寒冷，年轮更为窄密。通过对年轮的分析，可以获得几百年甚至几千年的气候变迁规律，依据它可以预测未来气候的变化，作长期的气候预报。通过对年轮的分析，还可以初步掌握气候变化的规律和变化周期，大约 200 年为一周期，110 年、92 年、72 年、33 年为不等的小周期变化。

年轮汇报了太阳黑子活动的规律。当太阳出现黑子群时，对气候的影响很大，可以使无线电波中断，可以使气候无常，并常常有暴雨或飓风出现。这都说明太阳黑子活动剧烈增强，辐射出的光和热比平时更多。树木受其影响，生长特别快，年轮就宽。我们可以从年轮宽窄的变化中推测太阳黑子活动周期约为 11 年 1 次。

年轮会报告大气污染状况。当大气受到污染时，年轮里就储藏了污染的物质。如在开采各种贵重金属矿床时，在大气中就飞扬着这种金属的尘埃，被树叶吸收了，落到土壤中也被树根吸收了。有的金属冶炼厂或加工场附近的大气中，飞扬着它们产生的金属尘埃，被周围树木吸收了。这些金属尘埃被树吸进去是跑不掉的，它被输送到年轮里积累起来。我们通过光谱分析，可以测知年轮里历年积累下来的重金属的含量，就可以测知该矿厂对大气污染的程度。还有，当硫化氢、氟化氢等有毒气体污染大气时，被松树、杨树、夹竹桃吸收，也会在年轮上很快留下被它腐蚀的烙印。根据烙印，人们可以测知空气污染程度。大气污染的罪证在年轮里都完整地保存了下来，它告了大气污染的状，想赖也赖不掉。

年轮里大有学问，近年来发现年轮还能为冰川学、水文学、地球物理学等方面的研究提供可靠的科学资料呢。

15. 植物中的"活化石"——银杏

在我国的名山大川、古刹残垣，常常能看到一株株参天大树，枝干挺拔，扇形叶片郁郁葱葱，夏末秋初，枝头结出一簇簇如杏子一样大小的果实，剖开后种皮雪白。这种树就叫银杏树，也叫白果树。银杏树的历史，从挖掘出来的化石看，它至少已有3亿多年的历史了。在1亿多年前，由于北极冰川大规模南移，埋葬毁灭了不少当时的物种，当时欧洲和北美洲的银杏就遭到了灭顶之灾。幸好从地形上看，由于中国的山脉大多是东西走向，在一定程度上阻断了北极冰川，因此这种3亿多年前的古老植物才得以保存下来。到了唐朝，银杏传到日本，后来又从日本传到欧洲和美洲。由于银杏有这样悠久的历史和这样不平凡的经历，所以生物学家称它为植物中的"活化石"。

16. 低级植物——地衣

地衣约有500个属，26 000种左右，它是一种真菌和藻类合作的绿色共生体。这种特殊的构造，使它具有顽强的抵抗力，它依靠这个特殊的本领，广泛分布于全球各地，从南北两极到赤道，从高山到平原，从森林到沙漠，甚至搪瓷、铁器、纺织品上都有它的足迹。许多植物不能生长的地方，它却能安家落户。地衣分布得那么广泛，它的妙用也是多方面的。

地衣可以食用。地衣中的石耳一直是名贵的山珍。庐山所产的石耳更是驰名中外。南方的一些城市，把地衣中的扁枝衣和树花，经过草木灰的处理，可作凉菜拌食。不同种类的地衣在世界各国还是土产食品的原料。例如，冰岛人用地衣磨成粉加在面包、粥和牛奶中吃。法国人用地衣制造巧克力糖和粉糕，也有些国家用地衣发酵酿酒。

地衣可以用作饲料。地衣是饲养鹿和麝的良好饲料，特别在寒带、亚寒带地区的国家和民族。在漫长的冬季，驯鹿吃不到杂草、嫩枝、嫩芽，就以地衣作为主要饲料。如东北大兴安岭的鄂温克族和北欧的一些国家和地区，把地衣像割草一样收割起来，作为饲养动物的冬季饲料。据说，北欧国家还用一种有毒的地衣作为杀灭狼群的毒饵。

地衣还可以用作化工原料。早在13世纪，希腊和地中海地区的人民就用地衣作为染料了，现今地衣可以作多种染料。地衣中的石蕊，用它制成的试剂，对酸碱度反应灵敏，做成的石蕊试纸，迄今仍是化学工业和实验室常用的测定纸。地衣还可提取芳香精油，作为香精的原料。在法国和南斯拉夫，很多化妆品与香水就是以地衣为原料，很受大家欢迎。我国也开始生产以地衣作为原料的香精。

由于地衣生长缓慢，产量不多，目前各国正在走人工合成地衣中的有效化合物的道路，以使地衣更好地发挥它的妙用，为人类服务。

第四节　井井有条——植物的分类等级

世界上有45万种植物，仅属于高等植物的就有20余万种，我国有高等植物3万余种。种类如此繁多，对不熟悉的人来讲，简直是杂乱无章。然而当我们懂得了植物的分类等级时，就会发现它们其实是各有所属，井井有条的。每一种植物，不管它是高等的还是低等的，是种子植物还是孢子植物，只要讲出它的科学的名称，就可以在某个位置上找到它。

经过努力，植物分类学家们已经大体上弄清了各种植物之间的关系，并根据它们之间亲缘关系的远或近，从低级到高级，从简单到复杂，把它们编排在一个系统中。在这个系统中，每一种植物都有一个自己的位置，就像是每一个人都有一个户口一样。这个系统由好几个等级组成，最高级是"界"，接着是"门"、"纲"、"目"、"科"、"属"，最基层的是"种"。由一个或几个种，组成属，由一个或几个属，组成科，以此类推，最后由几个门组成界，也就是植物界。

在分类等级中，"科"是一个中级分类单位。在识别植物过程中，如果能抓住"科"这个分类等级，那就有提纲挈领的作用。只要能掌握15～20个常见的科的特征，识别植物就能如虎添翼。

在所有裸子植物中，可分成12个科；所有的被子植物，可分成300余个科。在每个科下面，包含有1个到数百上千个植物种，有的甚至包含上万个植物种。如银杏科只有1个种，蔷薇科有3 300余种，蝶形花科有17 000余种。不管在科下有多少个种，这些种之间的亲缘关系是比较相近的。所以它们在形态上，特别是花的构造上都有许多共同的地方。如花序中提到的菊科都有头状花序，伞形科都有伞形花序。此外，还有木犀科都是木本，叶片几乎是对生，唇形科都有唇形花冠，茎干几乎都是方形；十安花科都是草本，花冠呈十安形。芸香科植物的叶片上都有芳香的油腺……

所以一旦碰到有不认识的植物，只要判断它可能属于的科。再到有关的植物分类专业书上去查找，就不会太困难了。因为几乎所有的分类书籍中，植物的编排都是以科为基础的，每一个科的植物都是集中在一起的。

1. 一分为二——高等植物和低等植物

世界上所有的植物都可以归到高等植物或低等植物这两大类中，它不是高等植物就必然是低等植物，两者必居其一。

什么样的植物是高等植物呢？

高等植物是指在形态、结构和生殖方式上都是比较复杂的，较高级的植物。譬如，它们一般都有根、茎、叶的分化，有各种组织、器官的分化，在生殖方式上，有性和无性两种方式世代相互交替出现。此外，很关键的一点是它们在个体发生中，有胚这个构造。具有上述这些特性的植物，称为高等植物。我们所看到的会开花的植物，全部是高等植物。此外，还有一些不开花的植物，如生长在潮湿环境中的苔藓植物，在阴湿环境中的蕨类植物也是高等植物。

而低等植物则是一类形态、结构和生殖方式较简单，在进化过程中处于较低级的植物。它们一般没有根、茎、叶的分化，整个植物体呈叶状或丝状，甚至一个植物体只由单个细胞形成。它们多数生活在水中，如生活在淡水中的单细胞的衣藻。由于它们的生长，可使整个水面呈现一片绿色。还有生活在海水中的紫菜、海带等。低等植物中有一部分自身能进行光合作用，如上述几种；有一些自身不能进行光合作用，它们只能过寄生或腐生的生活，如蘑菇、香菇等。

要确定某一植物属高等植物还是低等植物并不困难。在外形上，主要从有无根、茎、叶的分化来判断，而不能从植株的高矮、大小上来区分。一般来说，在高等植物中，根、茎、叶的分化是极为明显的。但在高等植物的低级类群中，如苔类植物，整个植物呈叶状体，没有茎，在叶状体的腹面有单细胞丝状的假根；藓类植物虽有根、茎、叶的外形，但无根、茎、叶的内部构造。这些植物，虽然它们的根、茎、叶分化不彻底，但最关键的一点，它们都具有胚这一构造，所以它们都是高等植物。

2. 结果迥然——种子植物和孢子植物

在所有的植物中，也可以根据能不能产生种子这个标准来划分两大类群。凡是能产生种子的称为种子植物，不会产生种子的称为孢子植物。苹果、大豆、马尾松、银杏都是种子植物。苹果果核中的子粒，大豆豆荚中的豆粒，马尾松的松子，银杏结的白果都是种子。蘑菇、香菇是孢子植物。它们既不会开花，也不会结种子，在它们的伞盖下，会散出无数的细小颗粒，这就是它们的孢子。凡是种子植物都属于高等植物，但反过来，高等植物中并非都是种子植物。在高等植物中较低等的类群，它们不具备种子这器官，只产生孢子，但同时又具有胚这一构造，所以这一类孢子植物也属高等植物。例如，在高等植物中的苔藓植物，就是孢子植物，因为它们不产生种子，但它们有胚这一构造，而蘑菇、香菇则没有胚。

当我们采到某一植物时，怎么来区分它是种子植物还是孢子植物呢？最根本的当然是检查一下它有没有种子。但是种子植物并非一年四季都能产生种子，看不到种子并不等于不会结种子，因此，在实际应用中，多数情况并不是根据有无种子来判断。在没有看到种子的情况下，大致可以根据以下几个方面来决定：（1）凡是乔木、灌木、藤本植物可以说几乎都是种子植物；（2）不管植株的大小、高矮，凡是能开花的，无论花色鲜艳与否都是种子植物；（3）凡是能结果实的都是种子植物；（4）具有网六叶脉或平行叶脉的植物，基本上都是种子植物。

3. 共同特征——被子植物和裸子植物

在所有种子植物中还可以再分为两类，即被子植物和裸子植物。这两类植物的共同特征是都具有种子这一构造，但这两类植物又有区别。

被子植物与裸子植物最主要的区别是被子植物的种子生在果实里面，除了当果实成熟后裂开时，它的种子是不外露的，如苹果、大豆即被子植物。裸子植物则不同，它没有果实这一构造。它的种子仅仅被一鳞片覆盖起来，决不会把种子紧密地包被起来。在马尾松的枝条上，会结出许多红棕色尖卵形的松球，当仔细观察时，会看到它是由许多木质鳞片所形成，它们之间相互覆盖。如果把鳞片剥开，可以看到在每一鳞片下覆盖住两粒有翅的种子。在有些裸子植物中，如银杏，它的种子外面，连覆盖的鳞片也不存在，种子着生在一长柄上，自始至终处于裸露状态。具有这些特性的植物，都被称为裸子植物。

被子植物与裸子植物的根本区别是种子外面有无果实包被住。但当我们检查某一植物是属于被子植物还是裸子植物时，并不都要去察看一下它们种子的情况，通常从其他一些特点来判断。首先看它是草本植物还是木本植物，如果是草本植物，那毫无疑问，一定是被子植物，因为裸子植物全部是木本植物。如果碰到的是木本植物，那么先看看有没有花，有花的则是被子植物，因为裸子植物是不开花的。如果碰到没有花的木本植物，则可看叶片，裸子植物的叶片，除了银杏以外，叶形通常狭小，呈针形、鳞形、条形、锥形等。银杏叶片虽宽，但呈展开的折扇状，叶脉二叉分枝，也很容易识别。其他少数裸子植物叶片稍宽一些，也仅仅呈狭披针形。这一部分叶片稍宽的裸子植物也不会同被子植物相混，因为这些裸子植物的叶脉，除中脉外，侧脉都不明显，叶片质地也较厚，都是常绿植物。

根据以上几个方面来区分被子植物和裸子植物也就不难了。

种子植物在世界上有 20 余万种，其中绝大部分是被子植物，裸子植物仅占极小的比例，总共只有 700 余种。被子植物与人类的关系最为密切，衣、食、住、行无不与被子植物相关，各种重要的经济植物，如粮食、油料、纤维、糖料、饮料、香料、橡胶以及药用植物等等，都主要来源于被子植物。但裸子植物是木材的宝库，从森林的分布面积和木材的蕴藏量来看，裸子植物具有举足轻重的作用，在我国所生产的木材中，约有 3/4 是由裸子植物所提供的。

4. 根本区别——双子叶植物和单子叶植物

在所有的被子植物中，又可分为两大类，即双子叶植物和单子叶植物。它们的根本区别是在种子的胚中发育两片子叶还是发育一片子叶，两片的称为双子叶植物，一片的称为单子叶植物。前者如苹果、大豆；后者如水稻、玉米。这两类植物比较容易区分，因为它们之间在形态上有一些明显的不同。双子叶植物的根系，基本上是直系，主根发达；不少是木本植物，茎干能不断加粗；叶脉为网状脉；花中萼片、花瓣的数目都是 5 片或 4 片，如果花瓣是结合的，则有 5 个或 4 个裂片。单子叶植物的根系基本上是须根系，主根不发达；主要是草本植物，木本植物很少，茎干通常不能逐年增粗；叶脉为平行脉，花中的萼片、花瓣的数目通常是 3 片，或者是 3 片的倍数。利用上述几方面的差异，可以比较容易地区分单子叶植物和双子叶植物。

在整个被子植物中，双子叶植物的种类占总数的 4/5，双子叶植物除了几乎所有的乔木以外，还有许多果类、瓜类、纤维类、油类植物，以及许多蔬菜；而单子叶植物中则有大量的粮食植物，如水稻、玉米、大麦、小麦、高粱等。

5. 环境不同——陆生植物和水生植物

陆生植物和水生植物是由于植物长期适应两种不同生长环境而逐步形成的。前者适应于陆地生长，包括生长在平原、山地、农田、山谷、沙漠等生态环境中的植物；后者适应在水体中生长，包括生长在池塘、湖泊、河流、水渠、小溪等水中的植物。

对于大多数人而言，对生长在陆地上的陆生植物比较熟悉，通常是用"常绿"、"落叶"、"木本"、"草本"、"单叶"、"复叶"等性状来识别它们的。而对生长在水体环境中的水生植物，则不太熟悉。

那么，水生植物怎样识别呢？通常我们是根据该植物生长在水中不同的部位，如水面、水底、水层中等特性把水生植物分成若干类型来识别它们。一般可分为四种类型：

漂浮植物。植物体漂浮于水面上生活，或者植株的叶面漂浮在水面，其余部分，如根和茎则沉于水面下。这种类型的植物，其整个生长期植株可随水流漂移，没有固定的地点，如遇大风时，可被吹向一侧，甚至堆积在一起。如浮萍、凤眼莲。

浮叶植物。植物体的叶片也基本上漂浮在水面上。但植株的其他部分，如根或茎则着生在水底的泥土中。这类植物通常有柔弱而节间细长的茎，通过这细长的茎，一头把根扎在水底泥土中，另一头把叶片伸展在水面上，如荇菜、菱。也有把根和根状茎都生长在水下泥中，在根状茎上长出细长的叶柄，由叶柄把叶片伸展在水面上，如田字萍。

沉水植物。植物体全部都沉在水面下生活，在水面上看不到植株。只有透过水面，在透明度较好的水域中，可以看到有的植物悬浮地生长在水层中。这类植物，只有在开花时，才把花柄伸出水面，在水面上开放、传粉。它们的根系有两种生长方式，一种是扎根在水底泥土中，如苦草；另一种是在刚生长时，把根扎在水底泥土中，而植株长大后，由于受到外力的冲击，在茎上折断而独立生活，这时这些植物可以没有根，或者在茎上生出一些细长的不定根，如黑藻、金鱼藻等。

挺水植物。植物体下部沉没于水中，根深深扎在水下泥里，而植株上部则穿出水面，挺立在空气中。如菖蒲，它的根茎都生在水下泥中，细长的叶片则穿过水面，如莲，它的地下茎粗壮，生在水下泥中，在地下茎上长出长长的叶柄，把圆形的叶片支撑在水面上空气中。而芦苇则茎叶都可以挺立在空气中，部分茎则长在水下，根和根状茎则长在水下泥中。挺水植物的慈姑最有趣，在水淹的环境中，最初生长出狭长带形的沉水叶，而后长出有长叶柄的卵形浮水叶，最后才生出长叶柄挺出水面的戟形挺水叶，在一个植物体上兼有沉水、浮水、挺水三种叶。但当环境干燥缺水时，它可以直接长出戟形的挺水叶。

但在识别它们时，也要注意有少数种类的植物有时会有所变化。如浮叶植物中的菱，在生长过程中，它那细长的茎常会折断，这时它与长在水下泥中的根就会失去联系，变成漂浮植物。还有一点也应引起注意，某些陆生植物也可以在水生环境中生长，它不仅能正常生活，还能开花结果，如陆生植物空心苋，也能长时期生活在水中，形成水生的漂浮植物；相反某些水生植物，也能生活在干燥缺水的陆地，如芦苇在陆地，或潮湿的地方都能正常地生活。

6. 耐风耐寒——高山植物

生长在高山上的植物，一般体积矮小，茎叶多毛，有的还匍匐着生长或者像垫子一样铺在地上，成为所谓的"垫状植物"。垫状植物是植物适应高山环境的典型形状之一。它们在青藏高原海拔 4 500～5 000 米之间的高山区生长。苔状蚕缀，高 3～5 厘米，个别较大的高也不过 10 厘米左右，直径约 20 厘米。一团团垫状体就好像一个个运动器械中的铁饼，散落在高山的坡地之上。它那流线形（或铁饼状）的外表可贴地生长，能抵御大风的吹刮和冷风的侵袭。另外，它生长缓慢、叶子细小，可以减少蒸腾作用而节省对水分的消耗，以适应高山缺水的恶劣环境。

全身长满白毛的雪莲，可以代表另一类型的高山植物。雪莲生长在海拔 4 800～5 500 米之间的高山寒冻风化带。雪莲个体不高，茎、叶密生厚厚的白色绒毛，既能防寒，又能保温，还能反射掉高山阳光的强烈辐射，免遭伤害，所以这也是对高山严酷环境的一种适应。

大多数高山植物还有粗壮深长而柔韧的根系，它们常穿插在砾石或岩石的裂缝之间和粗质的土壤里吸收营养和水分，以适应高山粗疏的土壤和在寒冷、干旱环境下生长发育的要求。

7. 节流保旱——旱生植物

旱生植物是一群生长在非常缺水、植被十分稀疏的干旱地区的植物。在沙漠里，水分仅仅来自少得可怜的雨水、露水或是地下深处的一点点水。旱生植物是用什么本领来与旱魔作斗争的呢？其一是储水。特别是一些肉质植物，体内含水量可高达 90% 以上，身体内储水组织非常发达。如北美洲沙漠中的仙人掌，一株可以高达 15～20 米，蓄水 2 000 公斤以上。西非的猴面包树，最粗的 40 个人抱不了，储水量达 4 万公斤之多。所以在干旱缺水的地区，这些植物常常是动物的水源，也是沙漠旅行者的甘泉。

储水是"开源"的手段，另外一些旱生植物还有一套"节流"的办法，如有的植物叶片上布满了角质或蜡质的物质，有的叶片白天把气孔关起来，这些都是减少水分蒸发的有效结构。有一种叫针茅的植物，叶子在干旱时卷成筒状，气孔则卷在里面，尽量减少水分的蒸发。

与干旱斗争中，有些植物有很发达的根系，主根特别长，扎入地下最深的可达 40 米，这样也能迅速而充分地吸收深层土壤（或地下水）中的水分，以满足植物体水分的需要。

8. 全年皆夏——热带植物

热带具有温度变化小和全年皆夏的特征，年平均温度在 22℃～26℃以上。由于气候炎热、雨量充沛，一年四季适宜植物生长。在这里，大大小小的植物都可以找到它们生存繁衍的合适场所。在热带森林里，树木分层生长，在高大的树下有灌木、灌木下有草丛，层层叠叠，大自然的每一寸空间几乎都被利用了。

热带森林中的攀缘植物极为丰富，特别是一些藤本植物缠绕于粗大的树木上，攀扭交错，横跨林间。高温高湿的环境，最适于附生植物的生长，如附生兰、鸟巢蕨及各种苔藓、地衣，到处生长在树干及枝杈上。这儿还可以看到"树上生树，叶上长草"的奇景。有人曾统计过，一株树上的附生植物，有的可以多达 15 种。

热带植物资源极为丰富，除了有名的咖啡、可可、油棕、橡胶等重要经济作物之外。还盛产三七、萝芙木等名贵药材。在水果方面有香蕉、菠萝、椰子、荔枝、柠檬、芒果等热带水果。我国云南，素有"植物王国"之称，而滇南的西双版纳热带森林，则可以说是植物王国里的明珠。其他像海南省的热带森林，也是祖国的绿色宝库。

9. 鱼类家园——水生植物

这里所讲的水生植物是指那些能够长期在水中正常生活的植物。水生植物是出色的游泳运动员或潜水者。它们常年生活在水中，形成了一套适应水生环境的本领。它们的叶子柔软而透明,有的形成丝状,如金鱼藻。丝状叶可以大大增加与水的接触面积,使叶子能最大限度地得到水里很少能得到的光照和吸收水里溶解得很少的二氧化碳,保证光合作用的进行。水生植物另一个突出特点是具有很发达的通气组织,莲藕是最典型的例子,它的叶柄和藕中有很多孔眼,这就是通气道。孔眼与孔眼相连,彼此贯穿形成一个输送气体的通道网。这样,即使长在不含氧气或氧气缺乏的污泥中,仍可以生存下来。通气组织还可以增加浮力,维持身体平衡,这对水生植物也非常有利。

水是生命的摇篮。在水生环境中还有种类众多的藻类及各种水草,它们是牲畜的饲料、鱼类的食料或鱼类繁殖的场所。大力开发水生植物资源,对国民经济将会起到越来越重要的作用。

第五节　机理感应——植物的情感

在加利福尼亚州圣罗莎,著名苗圃经营者卢萨·巴班克经过漫长岁月培育出无刺的仙人掌新品种。据巴班克说,干活时他常与植物打招呼:"不要害怕啊!保护身体上的刺是没有必要,因为有我守护着。"等等,久而久之他培育出了无刺的仙人掌。对此,巴班克深有体会地说:"不管对植物做什么样的实验,一定不要对它保密。特别是要发自内心地给它们以帮助,对它们的纤弱生命奉献爱心和敬意。植物有20种以上的感觉,并且因为与动物的感觉完全不同,所以我们要理解是困难的。草木是否能够理解语言不清楚,但似乎对语言能作出某些反应。"

1. 惊人相似——植物的反应

巴班克在加州完成新品种的同时,在加尔各答总统大学从事植物感情研究的物理教授博斯也注意到,金属与肌肉对压力的反应极为相似。由此推想植物肯定也是做这种类似研究的理想对象。

植物是有生命的组织,虽然没有通常的神经系统,但是在许多方面植物具有与动物一样的功能。例如植物借助循环系统可顺利地呼吸;没有消化器官,但有代谢产物;没有肌肉,但能做运动,尽管这种运动极缓慢。所以,动植物尽管生存方式不同,却进行着同样功能的生命活动。博斯还认为,植物虽不具有神经系统,但是对外界刺激同样也有反应。

因此,他设计了一套装置,能够把植物组织微小"动作"放大几千倍。通过这个装置，他查明七叶树的叶子、胡萝卜、芜菁等，能以金属、动物肌肉同样的形式对压力作出反应。他还发现，植物与动物一样也能被麻醉。例如向植物喷氯仿，它会"失去意识"；给它供应新鲜空气后，它又苏醒了过来。

5 年后，博斯把以往的实验结果汇总出版了两卷题为《植物的感应》的书。其中他查明爬行类或两栖类动物的皮肤与植物的果实或蔬菜表皮对外界的刺激反应非常相似；植物与动物的肌肉一样，对连续的刺激也会显示"疲劳"。另外，植物的叶子与动物的眼睛对光的反应非常相似。

这种探索虽然是很自然的，但实验结果遭到当时一些人的嘲笑。尽管如此，博斯仍继续研究，进一步改进了装置，已能够将植物组织的生长放大 1000 万倍。他在接受《科学美国》杂志的采访时说："如果利用这个装置，不超过 15 分钟就能证明植物对肥料、电流等各种刺激的反应。"

20 世纪 70 年代，当时苏联的《真理报》也报道了有关同样的实验。据莫斯科的季米里耶塞夫科学院的植物生理学主任格纳尔说："犹如与植物们谈话似的，看上去植物好像是倾听这个善良的白发老人在说话。"

该科学院用胶卷摄下了植物对环境因素包括苍蝇或蜜蜂的接触及伤害等是如何反应的，并用类似测谎器的记录装置记下了植物的反应。另外也发现，浸过氯仿的植物，即使加大对它的刺激，它也不显示反应。

苏联哈萨克斯坦加盟共和国国立大学的研究发现，在大苹果园里，果树对果农的疾病或精神状态会有所反应。他们还对蔓生植物之一的喜林芋能否识别矿石作过实验。其方法是将某种矿石和不含这种矿物的石头分别放在树旁，结果发现喜林芋对刚一放在旁边的矿石好像受到电击似的，而当将不含这种矿物的石头置在其旁时却不显示任何反应。

2. 生长异常——农作物对音乐的反应

20 世纪 60 年代中期，英国的一位苗圃主做了一个实验：让水仙属等春天开花的球根在秋天开花。结果发现，在一个温室里，由于助手总是用小型录音机一边听流行音乐一边工作，无意之中在那个温室试验的成功率明显地比其他温室高。

当时，人们就植物对各种声音的反应进行了各种实验。植物学家史密斯用玉米与大豆做实验。在温度、湿度相同的两个育苗箱里分别播上相同的种子。让一个箱子 24 小时听美国作曲家格什文的《蓝色狂想曲》，而在另一个箱子里静悄悄的、什么声音也没有。结果是显著的：让听曲子的种子发芽早、秆也粗、绿色也浓。史密斯还把听音乐和不听音乐的苗割下来秤，结果不管是玉米还是大豆，均是听音乐的一方质量大。另外，加拿大渥太华大学的研究人员让小麦种子听频率5千赫的高音，发现小麦苗成长加快。

1968年科罗拉多州丹佛的一名叫雷塔拉克的学生在两块地里同时将玉米、红萝卜、老鹳草和紫莒菜等混种，然后向一块地播放从钢琴录下的大音阶"喜"与"来"的录音，每天12小时。3周后，不断听音阶的一组除了紫莒菜外，皆枯死，其中有些像被强风吹倒似的，主干朝远离声源的方向倒伏延伸；不听音阶的一组均正常地生长。

接着雷塔拉克与老师普洛曼一起进行研究，结果发现，植物最喜欢的是东方音乐，特别是印度的西它尔等弦乐器，有的植物听了这些音乐后，能以两倍的正常速度生长。继弦乐器之后是古典音乐，特别是巴赫、海顿那样有人情味的音乐，这时植物会朝着声源的方向生长。另外，除了打击乐器外的爵士乐、民间音乐或乡村和西部音乐好像对植物完全不产生影响。而摇摆乐是令植物讨厌的，因为植物总是向远离声源的方向躲避，甚至引起发育异常。

此外，尤埃尔·斯坦恩纳伊梅尔从物理学和生物学两方面进行了考虑，他认为音乐的波动有助于制造细胞生长用的蛋白质，并对风味等产生影响。1993年他用西红柿做了实验，结果是27%的植株增高，结出的果实也大。但是有些西红柿出现茎坏死现象，他认为这是音乐"播放过度"所致。

植物这种"感情"反应是否真的存在？如果真的存在，这种反应是不是单纯的条件反射？或者是对某种频率声波、电磁波的"共鸣"？或者植物真的也有相当于动物的耳朵的器官？或者植物有迄今为止还未被发现的功能？总之，如果植物真的存在"感情"反应，要揭开其机理还需进一步研究。

3. 闭合现象——植物的睡眠

人在学习和劳动了一天之后累了，晚上便上床休息，接着就闭起眼睛睡觉。

猫狗是躺下来睡的，鸟类往往栖在树枝上，膨起羽毛，缩着脑袋做起梦来。鱼呢？只是在水中静止不动，而鳃还在有规律地一开一合，其实这时它已睡着了。

科学家说，植物也需要睡眠。有种小草叫红三叶草，只要天一黑，它就睡了。在阳光下，它的每个叶柄上的三片小叶都展开在空中，可晚上却是另一种样子：三片小叶折叠在一起，垂下了头。像红三叶草的叶子每逢晚上（或在黑暗中）有闭合的现象，一些植物工作者称之为"睡眠运动"。

植物的叶子会睡，植物的花也会睡。夜晚，蒲公英的小花向上竖起闭合，胡萝卜的花向下垂头，都表明它们已进入梦乡。不过，晚香玉和"夜开花"等植物是在夜晚怒放的，因为"上夜班"，所以改在白天睡眠。

植物的睡眠与光线明暗，温度高低和空气干湿有关。科学家对植物的睡眠现象进行过研究，认为植物之所以要睡眠，大概有以下几个原因：一是夜晚比白天冷，夜晚闭合叶子和花朵，可以避免寒露和霜冻的侵袭。二是闭合可减少水分的蒸发，有保持适当湿度的作用。三是热带植物的叶子往往在白天闭合，也是为了减少叶面水分的蒸发。四是夜晚开花的植物白天睡眠，有防止水分和体温过多散发及防止昆虫捣乱的作用。此外，还有钾离子浓度改变及生物钟控制等的解释。

总而言之，植物睡眠与人和动物睡眠一样，都是一种自我保护本领，是为了自身的更好生存和发展。

4. 根系发达——植物的"抽水机"

美洲有一种巨大的杉树，叫世界爷，树高过一百几十米，树冠庞大。这样高大的树，是什么力量把土壤里的水分提到一百多米高的树叶中去呢？原来植物具有吸水的特殊功能。

高等植物有庞大的根系，一般都比地上可见部分大好几倍。如小麦根深可达2米，苹果树根系水平方向能伸到27米以外。因此，植物可以从很大一片土壤里吸水。

根吸水最活跃的地方是根毛集中的根毛区。在根的细小根梢上边有一小段长着密密麻麻的根毛，每条根毛都是根毛区表皮细胞外壁的外突起所形成的，这条细长根毛与土壤颗粒紧密接触。根毛数目极多，一颗黑麦约有40亿条根毛，总长度可达9 000多公里，这样就扩大了根的吸收面积。每个根毛细胞都能吸收水分，但这种吸水能力有限。根系产生的巨大吸水能力还离不开两种动力。

一种动力是根压。根压是根吸水的下端动力。活的根主动吸水，并把水导向上端的能力叫根压。根的内部有许多细小的导管同心协力管理无机盐水溶液，溶液浓度较高，导管就向四周细胞夺水，四周细胞失水之后，再向外围细胞夺水，最后促使根毛向土壤夺水。根压可达2～3个大气压，不仅能促使根主动吸水，而且可促使水分通过茎到达叶和植物全身。

另一种动力是蒸腾拉力。伸展在空中的叶子不断地散失水分，失水的叶便向枝条吸水，枝向茎吸水，间接地向根吸水。这种动力很像上端有"抽水机"将水抽上来，这个"抽水机"的作用叫蒸腾拉力。蒸腾拉力可达十几个大气压，它比日常用的最大抽水机的抽力还强十几倍。

有了上、下两种动力，就可以很方便地把水抽到一百多米高了。

5. 能量交换——植物的"言谈话语"

"鸟有鸟言，兽有兽语。"——也许你听说过这样的话。尽管我们普通人并不懂得鸟言兽语的确切含义，但动物能够说话则是千真万确的。鸟兽发出的高低声调和不同音节，显然是它们在表达欣喜、愤怒、悲哀、惊恐、求偶、寻食等不同信号。专门研究鸟言兽语的专家，一听就能明白它们在说些什么。

动物能"说话"，我们容易理解。如果说植物也能"说话"，恐怕你就会抱怀疑态度了。这也难怪，我们从没见过植物的发音器官，除了风吹树叶阵阵响、雨打芭蕉滴滴声以外，也从来没听见过植物主动"说"过什么。

美国有株巨杉能用英语回答有关森林保护的问题，那是在树上藏有电脑录音机的缘故，都不是树木真能说话。

然而，科学家告诉我们，植物也是有"语言"的。

原来，农学家为了获得稳定高产的优良品种，通过计算机在向植物询问："你含有什么样的遗传信息？""你对目前的生长环境感觉如何？"植物呢？它们通过自身的细蓝线条、液体分布、外形变化、生长快慢等在回答人们的问题。植物回答的"话"要通过仪器"翻译"，只有专家才能听懂。

事实上，英国专家在更早的时候就知道植物也有语言了。据研究，植物在正常情况下生长，发出来的声音是有节奏的轻微的音乐曲调，当受到某种危害或变天刮风时，发出的声音就会变得低沉、可怕和混乱，这表明此时植物的生活是痛苦的。

英国专家说，利用一种名叫"植物探测仪"的仪器，自己戴上耳机，把仪器上的一根线头与植物的叶子连接起来，就可以听到植物的"说话声"了。植物学家经过长期研究给这种语言取了个名字，叫做"微热量语"。原来，植物在生长过程中，需要进行能量交换。它虽然进行得较慢，却能够表现出极其微弱的热量变化，叙说它受外界条件的影响及其生长情况。科学家已制造出一种微热量测定仪器，能测定和记录植物的热量变化，即使是摄氏度十万分之一度的热量变化，也能记录下来。这是一种奇特的植物"语言"的录音机。

研究表明，各种植物在生长过程中，需要不断进行能量交换。这种交换当然是很缓慢的、不易察觉的，但交换过程中必然会有微弱的热量变化和声响，用特制的"录音机"把这样的"语言"录下来，就能知道植物在"说"什么了。倾听植物的"报告"，可以知道它是冷是热，是饱是饿，更可以知道它喜欢生活在什么样的温度、水分、养料下。

美国学者证实：植物在缺水时的确会发"牢骚"，它会"叫喊"，如"我渴了!"这种声音，是植物运送水分的维管束因缺水而绷断时发出的"超声波"，苹果树、橡胶树、松树、柏树在渴时都会发出这类的"超声波"。然而这种声音相当低，比两人说悄悄话的声音还要低 1 万倍。为此美国研制了一种植物探测仪——植物语言翻译器。这种特殊的仪器能够把植物发生的"语言"翻译出来。它既简便，又实用，每个农民都可使用它。只要背上仪器，戴上耳机，把仪器的一根线头同植物叶子相接，就会发现这根铜线开始震动，这种震动传入仪器内，生物电子翻译器立即进行"翻译"，人们在耳机内就可以清晰地听到植物"谈话"的声音。

植物语言的录音机和翻译机是怎样使人同植物"谈话"的呢？

原来，在正常的情况下，植物发出的声音，是有节奏的、轻微的音乐曲调；而当刮风变天时，发出的声音是低沉的、紊乱的，甚至恼人的。不同的"语言"仿佛植物在向你诉说：是冷是热，是饥是饱，最需要的是什么样的温度、水分和养料。

能听到植物"说话"，能知道植物说些什么，是现代科学的一大进步。请想想，要是能够彻底听懂植物的所有"语言"，我们不就可以让农林生产取得稳定高产了吗？据说，墨西哥有个菜农名叫何塞·卡尔门，由于懂得与蔬菜"谈话"，他种下的卷心菜个个长成了大个子，每棵菜竟重达 45 公斤呢!

6. 平衡水分——植物的"发烧"和"出汗"

人在生病的时候不一定都发烧。而只要发烧，那就是有病的信号，那就应当找寻发烧的原因，千万别延误了医疗时机。

科学家发现，植物也会"发烧"。有趣的是植物的"发烧"通常也表明它生病了。譬如，不少农作物的体温只比周围的气温高 2℃~4℃，若是更高，就表明它出问题了。是什么原因引起植物"发烧"的呢？科学家仔细观察后发现，植物的病害往往先损害根部，这就影响根对营养的吸收，营养不足会引起"发烧"。植物因缺水而"渴"得厉害的话，也会"发烧"。实验表明，有病害的植物叶子比正常的植物叶子温度要高 3℃~5℃。

通过观测植物的体温，我们就能根据实际情况，该浇水时浇水，该治病时治病，以便让植物能健康地成长。

植物不仅会发烧，还会"出汗"。

在夏日的早晨，我们会在许多植物的叶子上看到流出的滴滴汗珠，亮晶晶的，犹如光芒四射的珍珠一般。

许多人会说，难道这不是露水吗，怎能把露水当汗珠呢？其实，露水固然有，但植物的汗水也是名副其实的。

白天，植物在阳光下进行光合作用，叶面上的气孔张开着，既要进行气体交换，也要不断蒸发出水分。可到晚上，气孔关闭了，而根仍在吸水。这样，植物体内的水分就会过剩，过剩的水从衰老的、失去关闭本领的气孔冒出来，这种现象，植物学上就叫做"吐水"。除此之外，植物还有一种排水腺，叫它"汗腺"也可以。这里也是排放植物体内多余水分的渠道。

植物的"汗"一般在夏天的夜晚流出，有时在空气潮湿、没有阳光的白天也会出汗。化验一下就知道，植物的汗水里含有少量的无机盐和其他物质，它与露水是有区别的。

植物的吐水量因品种不同而有差异。据观测，芋头的一片幼叶，在适合的条件下一夜可排出 150 滴左右的水，一片老叶更能排出 190 滴左右的水，水稻、小麦等的吐水量也较大。

如果说植物的"发烧"通常是病理现象的话，那植物"出汗"却是一种生理现象，是为了保持植物体内的水分平衡，是为了使植物能正常生长。

7. 声东击西——植物的精彩交流

当面临饥饿的食草虫的进攻时，植物不只是被动地等待。许多受伤害的植物都会发出一种化学求救信号。一个研究小组的科学家们用事实证明，当植物受到侵害时，它会向邻居们发出一种化学信号，相邻的植物一接到"蝗虫入侵"信号就会立即启动它们的防御系统。

在一些情况下，这种求救信号会吸引对受伤植物有帮助的昆虫。比如说，当一种毛毛虫在吃一种植物时，这种植物就会发出一种可吸引黄蜂的求救信号，让黄蜂来杀死毛毛虫。

为了研究植物是如何相互交流的，美国加州大学的昆虫学家理查德·卡班和他的同事们研究了在犹他州和亚利桑那州一排排间隔生长的野生烟草和鼠尾草。为了模仿被昆虫侵害的情形，研究人员们剪掉了部分鼠尾草的叶子。这时，鼠尾草发出了一种被称为 jasmonate 甲基的挥发性物质。当研究人员检查顺风方向的烟草叶时，发现烟草立即建立了它们的防卫。几分钟内，烟草体内的一种名为 ppo 的酶增加了 4 倍，这种酶可使烟草的叶子产生让食草虫难以咽下的味道。与那种靠近没有受伤害的鼠尾草相比，与受伤害的鼠草相邻的烟草叶遭受食草虫和毛毛虫侵害的程度要少 60%。

荷兰 Wageningen 大学的生态学家迈克尔·迪克说，这是植物间交流的"最精彩的例子"。但他同时也提醒说，鼠尾草不会为了不相干邻居的利益而发出 jasmonate 甲基。他猜测，这一信号可能的目标是吸引能吃掉食草虫的食肉虫。

8. 真情流露——植物的七情六欲

美洲印第安人中有一种古老仪式，每当玉米要结出棒子的时候，年长的印第安妇女、老人就到玉米地里跟"玉米妈妈"交流，用商量的口吻与一株株玉米谈话，以期达成友好共识："啊！让你的孩子，玉米种子们养活我的孩子吧！我也要让我的孩子养活你的孩子，并且要让我的孩子世世代代都种玉米。"

这些传统文化中流传的东西，体现了人与植物的交流。原始人对自然的畏惧，很可能是出于他们对自然的了解。

冰雪聪明

1966 年 2 月的一天，美国中央情报局的测谎专家克里夫·巴克斯特一时心血来潮，把测谎仪接到一株牛舌兰的叶片上，并向它的根部浇水。当水从根部徐徐上升时，他惊奇地发现：在电流计图纸上，自动记录笔不是向上，而是向下记下一大堆锯齿形的图形，这种曲线图形与人在高兴时情绪激动的曲线图形很相似！当他准备进行一次威胁行动并在心中想象叶子燃烧的情景时，更奇妙的事情发生了：还没动手，图纸上的示踪图就发生了变化，在表格上不停地向上扫描。随后当他取来火柴，刚刚划着的一瞬间，记录仪上再次出现了明显的变化。燃烧的火柴还没有接触到植物，记录仪的指针已剧烈地摆动，甚至记录曲线都超出了记录纸的边缘，出现了极强烈的恐惧表现。而当他假装要烧植物的叶子时，图纸上却没有这种反应。植物竟然还具有辨别人类真假意图的能力。假装的动作骗得了人却骗不了植物。

巴克斯特和他的同事们在全国各地的其他机构用其他植物和其他测谎仪作了类似的观察研究，得到的是相同的观察结果。

并不孤僻

巴克斯特曾经设计过这样一个试验：他在 3 间房子里各放一株植物，他用一种新设计的仪器，当着植物的面把活蹦乱跳的海虾投入沸水中，并用精确到 0.1s 的记录仪记下结果。并让植物与仪器的电极相连，然后锁上门，不允许任何人进入。第二天，他去看试验结果，发现每当海虾被投入沸水的六七秒钟后，植物的活动曲线便急剧上升。根据这些，巴克斯特指出，海虾死亡引起了植物的剧烈反应，这并不是一种偶然现象。几乎可以肯定，植物之间能够有交流，而且，植物和其他生物之间也能发生交往。

在美国耶鲁大学，巴克斯特曾当众将一只蜘蛛与植物置于同一屋内，当触动蜘蛛使其爬动时，仪器记录纸上便出现了奇迹——早在蜘蛛开始爬行前，植物便产生了反应。显然，这表明了植物具有感知蜘蛛行动意图的超感能力。

记忆超强

为研究植物的记忆能力，巴克斯特设计了一个实验：将两棵植物并排置于同一屋内，让一名学生当着一株植物的面将另一株植物毁掉。然后他让这名学生混在几个学生中间，都穿一样的服装，并戴上面具，一个一个向活着的那株植物走去。最后当"毁坏者"走过去时，植物在仪器记录纸上立刻留下极为强烈的信号指示，表露出对"毁坏者"的恐惧。类似验证植物具有记忆力的实验还有很多，例如，有人曾把测谎仪接在一盆仙人掌上，一个人把仙人掌连根拔起，扔在地上，然后再把仙人掌栽到盆里，让那个人走近仙人掌。测谎仪上的指针马上抖动起来，同样显示出仙人掌对这个人很害怕。

巴克斯特还发现，当植物在面临极大危险时，会采取一种类似人类昏迷的自我保护方法。一天，一位加拿大心理学家去看巴克斯特的植物试验，第一棵植物没反应，第二棵，第三棵……前五棵都没有反应，直到第六棵才有反应。巴克斯特问心理学家，你在工作中伤害过植物么？

他说：我有时把植物烘干称出它的质量作分析。看来植物遇到这位令他们感到恐惧的心理学家，会让自己晕倒来回避死亡的痛苦。在这位老兄走了45分钟以后，这些植物又开始在巴克斯特的测谎仪上恢复了知觉。

善辨真伪

经过研究，专家们还发现，植物具有非凡的辨别能力，能够窥测人细微的心理活动，从而判断人是否在说谎。纽约奥林奇堡的罗克兰州立医院试验室主任、职业心理学家阿里斯蒂德·埃瑟和他的合作者纽瓦工学院的化学师道拉斯·迪安一起做了一次实验。两位科学家将电极连在海芋属植物上，然后问受试者一系列的问题，并告诉他回答有些问题时可以不必说真话。但是植物却在电流计的图表上毫不困难地表明受试者的回答哪一些是谎话。

巴克斯特也对一位记者做过同样的实验，他要求这位记者在植物面前不管事实如何只作否定回答。巴克斯特开始询问记者的生日，一连报出 7 个月份，其中一个与记者生日相符，尽管记者均予以否定，但当那个正确的日期说出口时，植物立刻作出明显的信号反应。纽约若克兰德州立医院的医学研究部主任阿里斯泰德·依塞博士重复过这个实验：

让一名男子对一些问题给出错误的回答，结果他从小苗养大的那棵植物一点没有包庇他，把错误回答都反应在了记录纸上。

人类朋友

美国新泽西州西帕特森的"电子专家"皮尔·保罗·索文进一步对植物思维传感进行实验。他制造了一辆电动玩具火车，并通过植物来传导他的思想感情控制开关，使火车改变行驶方向。即使在电视摄影室的弧灯下，他也能随心所欲地使火车启动和停止。接着，索文又发明了一套电子装置，这套装置使索文能与他的植物进行遥控联系。他可以呼叫自己的号码，直接同植物说话；他甚至可以通过声控要植物控制他住房中的光、色、温度以及录音设备。

沃格尔还成功地做过"与植物进行情感交流"、"实验者意识化入植物体内"、"人与植物进行的远距离沟通"等试验，都取得了很大成果。沃格尔指出，用人的标准来衡量，植物是瞎子、聋子、哑巴。而人是可以而且也做到了与植物的生命沟通感情。植物是活生生的物体，有意识，并占据空间。

9. 特殊生物链——植物的生存防御战

为了生存，植物在长期的进化过程中也逐渐具备防御敌害的本领，这些技术各有其独特之处，下面我们就来见识一下它们的防御战吧。

植物物理防卫包括尖刺、荆棘和皮刺这样的武器。这些结构改变了叶片或者树枝形态，阻止大型动物的践踏掠食。厚厚的表皮蜡脂层或者叶和茎上的密集坚硬的绒毛可以逐退较小的动物，特别是昆虫。一些植物，包括一些草本植物，其叶片上积聚了坚硬的硅矿物质，使得动物咀嚼叶片的时候非常困难，并且容易磨损牙齿。

植物还可以使用多种多样的化学防卫措施——"生化武器"。柑橘树的叶片和果实产生的黏稠油脂有浓重味道，许多昆虫都被熏得避之唯恐不及。还有许多这样的植物含有令人不愉快的味道或有毒的化合物，例如龙葵、毛地黄、紫杉和许多杂草。

昆虫能对植物产生的化合物快速形成免疫能力。某些种类的昆虫逐渐生成了一种降解植物产生有毒化合物的方法，面对昆虫的对策，植物通过变换已有的化合物，不断地发展新化合物。一些科学家把这个过程描述为植物和素食动物之间的生物学"军备竞赛"。

有时候，这种"军备竞赛"可构造出一种独特的关系链。例如乳草科植物的乳状树液含有有毒化合物，多数昆虫不敢食用它，但是王蝶的幼虫能够吃乳草植物，并把毒物储存在它们的身体中。毒物使王蝶味道欠佳，王蝶又因此逃避了许多食肉动物的攻击。

通过互利共生的关系，某些植物种类得到动物天敌的保护。在这种关系里，植物为特别类群的昆虫提供专门的食物。反过来，这种昆虫保护植物免遭其他动物的危害。植物和昆虫互利共生的典型例子是蚂蚁和洋槐之间的相互关系。蚂蚁居住在洋槐树上的刺洞中，洋槐树叶片分泌蔗糖溶液供蚂蚁饮食。作为回报，蚂蚁将每个树周围的地面清扫干净，并且攻击进入清扫区域或降落在洋槐树上的其他任何动物。

通过调节适时开花和提高果实产量，许多植物尽力确保种子的生存。有的植物开花和结果的时期很早，那时昆虫种类少，危害能力也不大。有的植物一次产生大量种子，动物不可能全部吃掉。例如：橡树每隔几年就产生大量的橡子，松鼠等动物把吃不完的橡子存活下来，生长成新的橡树。接下来的几年里，橡树就不再生产这么多橡子，从而防止动物依赖橡子为食。

10. 自我救护——植物的自卫能力

大自然中的病菌、昆虫和高等动物，无时无刻不在向植物进行侵袭，然而，地球上的绿色植物却仍然占绝对优势。这是什么缘故呢？原来，植物在长期的演化过程中，形成了保证物种生存的防御措施。植物的防御方法是多种多样的，有些是保护植物免遭一切危险；有些则是有效地对付某些"敌人"；有些防御手段仅使"敌人"反感；而有些手段则是伤害那些企图侵害它的动物。

禾本科植物是完全没有防御能力的植物，它们依靠数量来保证安全。由于它们生长快、繁殖茂盛，很少遭受牛、羊等草食动物彻底毁灭的危害。

许多植物含有有毒物质，对抵抗动物侵害很有威力。当植物被触摸或被吃掉时，这种有毒物质便发挥有效的作用。如马利筋和夹竹桃，都含有强心苷，可以使咬食它们的昆虫肌肉松弛而丧命。丝兰和龙舌兰含植物类固醇，可使动物红细胞破裂。一些金合欢植物含有氰化物，能损坏细胞的呼吸作用；漆树中含漆酚，使人中毒，被称为"咬人树"。

有的植物虽不含毒素，但它们体内的某些物质却使它们成为不受动物欢迎的植物。如橡树叶子含鞣质，能与蛋白质形成一种络合物，降低了叶子的营养价值，昆虫也就不爱吃了。某些植物或苦或酸，多数动物尝过后就不再问津。气味不佳的有毒植物，如水毒芹和烟草，草食动物闻到难闻的气味后便去别处觅食了，从而也保护了草食动物。干紫杉、万年青等植物能产生蜕皮激素或类似蜕皮激素的物质，昆虫食后，造成发育异常，早日蜕皮或永葆幼虫而无法繁衍后代。

有些植物利用锐利的针、刺和荆棘等作为武器，使它们的敌人不敢接近。如豆科植物皂荚树，树干和枝条上长了许多大而分枝的枝刺，小孩不敢攀登，连厚皮的水牛都不敢去碰它一下。板栗的刺，长在种子外面的总苞上，动物就不敢吃它。产于南非的锚草果实，形似铁锚，硬刺四伸，刺上还有钩。兽中之王的狮子，见了它也要退避三舍。锚草的果实一旦扎入狮子的口腔、鼻孔，就不能自拔，甚至会使狮子吃食不便而致死。

有些植物把针和毒这两种防御武器相结合，从而产生更有效的保护作用，螫人荨麻就是这类植物。它的茎叶上长有带毒的刺毛，毛端尖锐，脆弱易折，当人畜或其他动物触及时，刺毛就会插入动物的皮肤射毒，疼痛难忍。

有的植物身上的毛虽然无毒，但却能阻止一些害虫的啃食和产卵。如臭虫爬上蚕豆叶面时，就会被一种锋利的钩状毛缠住，动弹不得而饿死；棉花植株的软毛能排斥叶蝉的侵犯；大豆的针毛能抵制大豆叶蝉和蚕豆甲虫的进攻，多毛品种小麦比少毛品种更不宜叶甲虫的成虫产卵和幼虫食用。

植物分布的地理环境也决定其防御武器的形式。如生长在干燥和干旱地区的植物，一般都具有保护并帮助植物储水的针状叶。对这些植物来说，防御动物的侵害尤为重要，因为这里缺少动物可以为食用的其他植物。

还有一些植物利用拟态来保护自己。如生于非洲南部原野的番杏科的圆石草和角石草，混生于沙砾之间，植株矮小，外形酷似卵石，其色泽与纹痕和天然石头相差无几。动物不易发觉，可以免受侵害。

通过对植物自卫能力的研究，人类可以模仿它们的本领，制定控制虫害的战略措施，达到少用或不用农药来获得农业生产的丰收。

11. 妙趣横生——植物的数学奥秘

人类很早就从植物中看到了数学特征：花瓣对称地排列在花托边缘，整个花朵几乎完美无缺地呈现出辐射对称形状，叶子沿着植物茎秆相互叠起，有些植物的种子是圆的，有些是刺状，有些则是轻巧的伞状……所有这一切向我们展示了许多美丽的数学模式。

向日葵种子的排列方式，就是一种典型的数学模式。仔细观察向日葵花盘，你会发现两组螺旋线，一组顺时针方向盘绕，另一组则逆时针方向盘绕，并且彼此相嵌。虽然不同的向日葵品种中，种子顺、逆时针方向和螺旋线的数量有所不同，但往往不会超出 34 和 55、55 和 89 或者 89 和 144 这三组数字，每组数字都是斐波那契数列中相邻的两个数。前一个数字是顺时针盘绕的线数，后一个数字是逆时针盘绕的线数。

雏菊的花盘也有类似的数学模式，只不过数字略小一些。菠萝果实上的菱形鳞片，一行行排列起来，8 行向左倾斜，13 行向右倾斜。挪威云杉的球果在一个方向上有 3 行鳞片，在另一个方向上有 5 行鳞片。常见的落叶松是一种针叶树，其松果上的鳞片在两个方向上各排成 5 行和 8 行，美国松的松果鳞片则在两个方向上各排成 3 行和 5 行……

如果是遗传决定了花朵的花瓣数和松果的鳞片数，那么为什么斐波那契数列会与此如此的巧合？这也是植物在大自然中长期适应和进化的结果。因为植物所显示的数学特征是植物生长在动态过程中必然会产生的结果，它受到数学规律的严格约束，换句话说，植物离不开斐波那契数列，就像盐的晶体必然具有立方体的形状一样。由于该数列中的数值越靠后越大，因此两个相邻的数字之商将越来越接近 0.618 034 这个值。例如 34/55 = 0.618 2，已经与之接近，这个比值的准确极限是"黄金数"。

数学中，还有一个称为黄金角的数值是 137.5°，这是圆的黄金分割的张角，更精确的值应该是 137.507 76°。与黄金数一样，黄金角同样受到植物的青睐。

车前草是西安地区常见的一种小草，它那轮生的叶片间的夹角正好是 137.5°，按照这一角度排列的叶片，能很好地镶嵌而又互不重叠，这是植物采光面积最大的排列方式，每片叶子都可以最大限度地获得阳光，从而有效地提高植物光合作用的效率。建筑师们参照车前草叶片排列的数学模型，设计出了新颖的螺旋式高楼，最佳的采光效果使得高楼的每个房间都很明亮。1979 年，英国科学家沃格尔用大小相同的许多圆点代表向日葵花盘中的种子，根据斐波那契数列的规则，尽可能紧密地将这些圆点挤压在一起，他用计算机模拟向日葵的结果显示，若发散角小于 137.5°，那么花盘上就会出现间隙，且只能看到一组螺旋线；若发散角大于 137.5°，花盘上也会出现间隙，而此时又会看到另一组螺旋线，只有当发散角等于黄金角时，花盘上才呈现彼此紧密镶合的两组螺旋线。

所以，向日葵等植物在生长过程中，只有选择这种数学模式，花盘上种子的分布才最为有效，花盘也变得最坚固壮实，产生后代的几率也最高。

第六节　歌物咏志——植物的习俗文化

1. 植物的习俗文化之一——松、柏、桂、椿、槐

松

松是古今被咏赞的植物。《花镜》云："松为百木之长，……多节永年，皮粗如龙麟，叶细如马鬃，遇霜雪而不凋，历千年而不殒。"宋代王安石在《字说》说："松为百木之长，犹公也。故字从公。"有人拆字"松"为十八公，元代冯子振写有《十八公赋》，明代洪璐著有《木公传》，现代革命家和军事家陶铸也写有"松树的风格"，等等。史载秦始皇巡游泰山，风雨骤至，在大松下避雨，后来封此树为"五大夫"，后人称此树为"五大夫松"。《幼学故事琼林》云："竹称君子，松号大夫"，语亦由此来。松耐寒、耐旱，阴处枯石缝中可生，冬夏常青，凌霜不凋，可傲霜雪。松能长寿不老，民俗祝寿词常有"福如东海长流水，寿比南山不老松"。在书画中常有"岁寒三友"（松、竹、梅），以示吉祥。在书画、器具、装饰中常有"松柏同春"、"松菊延年"、"仙壶集庆"。松是广泛被视为吉祥的树种。

柏

有贞德者，故字从白。白，西方正色也。"不同流合污，坚贞有节，地位高洁。"王安石在《字说》中云："柏犹伯也，故字从白。"松为"公"，柏为"伯"，在"公侯伯子男"五爵中，伯列第三位，柏也比作"位列三公"。《风俗通》载：魍魅喜食死人肝脑，惧于虎、柏。故阴宅陵墓多植柏立石虎。民间习俗也喜用柏木"避邪"。《列仙传》也说"赤须子好食柏实，齿落更生"，"服柏子人长年"。《汉宫仪》云："正旦饮柏叶酒上寿"。

在民俗观念中，柏的谐音"百"是极数，极言其多其全，诸事以百盖其全部：百事、百鸟、百川等。故吉祥图案常见有：柏与"如意"图物合为"百事如意"，柏与橘子合成"百事大吉"（橘、吉音近）。《西湖游览志》有云："杭州习俗，元旦签柏枝、柿饼以大桔承之，谓百事大吉。取柏、柿、大桔与

百事大吉同音故也。"

桂

桂多生于中国南方，其丹桂、金桂、银桂、月桂、缅桂、柳叶桂等多种。其中，丹桂、金桂、银桂以花色红、黄、白而得名。桂乡在八月（农历）开花。故又将八月称为"桂月"。桂花香气袭人，可作茶饮，可用药饵。习俗将桂视为祥瑞植物。历来将科举高中称为"月中折桂"、"折月桂"。旧称子孙仕途昌达，尊荣显贵为"兰桂齐芳"。五代时燕山的窦禹钧生五个儿子，相继成才。大臣冯道赠诗曰："燕山窦十郎，教子有义方，灵椿一枝老，丹桂五枝芳"。《三字经》也录史实有"窦燕山，有义方，教五子，名俱扬"。

桂音谐"贵"，有荣华富贵之意。有的习俗，新妇戴桂花，香且"贵"。桂与莲子合图，为"连生贵子"；桂与寿桃合图为"贵寿无极"；等等。桂有吉祥寓意，源自谐音。

椿

椿被视长寿之木，属吉祥。《庄子·逍遥游》云："上古有大椿者，以八千岁为春，八千岁为秋。"可见，椿之寿考。《本草纲目》曰："椿樗易长而多寿考。"人们常以"椿年"、"椿令"祝长寿。唐代钱起的《柏崖老人》诗云："帝力言何有，椿年喜渐长。"宋代柳永的《御街行》词云："椿令无尽，萝图有庆，常作干坤主。"自古寿联有："筵前倾菊酿；堂上祝椿令。""椿树千寻碧；蟠桃几度红。""大椿常不老，丛桂最宜秋"等。因椿树长寿，习惯常喻父亲。唐时牟融《送徐浩》诗云："知君此去情偏切，堂上椿萱雪满头。"椿喻父，萱指母，明代朱权《金钗记》有云："不幸椿庭有丧，深赖萱堂训诲成人。"此外，有的地区（如山东鲁西南）除夕夜有儿童摸椿树和绕椿树转以求长高又长寿的民俗。

槐

民间俗谚有："门前一棵槐，不是招宝，就是进财。"槐被视为吉祥树种，被认为是"灵星之精"，有公断诉讼之能。《春秋元命苞》云："树槐听讼其下。"戏曲《天仙配》也有槐荫树下判定婚事，后又送子槐下的情节。《花镜》云："人多庭前植之，一取其荫，一取三槐吉兆，期许子孙三公之意。"另外，槐亦可药用。《本草纲目》云："槐初生嫩芽，可炸熟水淘过食，亦可作饮代茶。或采槐子种畦中，采苗食之亦良。"《抱朴子》云："此物至补脑，早服之令人发不白而长生。"《名医别录》云："服之令脑满发不白而长生。"槐树益人，绿化常用，亦为风水布置所不可少。

2. 植物的习俗文化之二——梧桐、竹、合欢、枣、栗

梧桐

梧桐是桐树之一种。桐有油桐、泡桐、紫花桐、白花桐、梧桐等。桐之用途很多，陈翥在《桐谱》中说："桐之材，采伐不时而不蛀虫，渍湿所加而不腐败，风吹日晒而不折裂，雨溅污泥而不枯藓，干濡相兼而其质不变，楠虽寿而其永不敌，与夫上所贵者旧矣。"油桐可榨油，泡桐最遮荫，梧桐宜制琴。王充在其《论衡》中说："神家皇帝削梧为琴。"《诗经·庸风定之方中》上说："树之榛栗，椅桐梓，爰伐琴瑟。"《齐民要术》说："梧桐山石间生者，为乐器则鸣。"梧桐被视为"灵树"，具有应验时事之能。《太平御览》引《王逸子》说："扶桑、梧桐、松柏，皆受气淳矣，异于群类也"。《礼丰威仪》说："其政平，梧桐为常生。"梧桐灵性还有它能知岁时。司马光《梧桐》诗曰："初闻一叶落，知是九秋来。"《花镜》载有：梧桐"每枝十二叶，一边六叶，从下数一叶为一月，有闰月则十三叶。视叶小处，即知闰何月也。"梧桐的灵性，传说能引来凤凰。《诗经·大雅·卷阿》云："凤凰鸣矣，于彼高冈。梧桐生矣，于彼朝阳。"宋代邹博的《见闻录》说："梧桐百鸟不敢栖，止避凤凰也。"中国的龙、凤，在神话传说中，凤是神鸟。能引来凤凰的梧桐，自然是神异的植物。祥瑞的梧桐常在图案中与喜鹊合构，谐音"同喜"，也是寓意吉祥。

竹

按现代植物分类学，竹属禾本植物。中国古人却对竹有特殊评论，加入了人文观点。在晋戴凯的《竹谱》上说：竹"不柔不刚，非草非木"。历代对竹的诗词歌赋，佳颂迭出。竹与民生关系密切，竹材可资用于建屋、制笔、造纸、家具、雕绘。《花镜》认为："值霜雪而不凋，历四时而常茂，颇无妖冶，雅俗共赏。"文人将竹视为贤人君子。白居易在其《养竹记》中说："竹似贤，何哉？竹本固，固以树德，君子见其本，则思善见不拔者。竹心空，空以体道，君子见其心，则思应用虚受者。竹节贞，贞以立志，君子见其节，则思砥砺名行，夷险一致者。夫如是，故号君子。"竹的高风亮节，令人愿与贤者居，

故有"宁可食无肉，不可居无竹"之词。在中国竹文化中，把竹比作君子；国画中，常将松、竹、梅称为"岁寒三友"。而"五清图"是松、竹、梅、月、水，"五瑞图"是松、竹、萱、兰、寿石，常显于画家笔端。

竹种浩繁，类别上百。许多竹都已寓有文化意蕴。如斑竹（湘妃竹）、慈竹（亦称孝竹、子母竹）、罗汉竹、天竹（天竺、南大竹）等等。如将天竹加南瓜、长春花合成图案，谐音取意可构成"天地长春"、"天长地久"的寓意。竹又谐音"祝"，有美好祝福的习俗意蕴。

合欢

合欢属落叶乔木，羽状对偶复叶，夜间双双闭合，夜合晨舒，象征夫妻恩爱和谐，婚姻美满。故称"合婚"树。汉代开始，合欢二字深入中国婚姻文化中。有合欢殿、合欢被、合欢帽、合欢结、合欢宴、合欢杯。诗联有："并蒂花开连理树，新醅酒进合欢杯"。合欢被文人视为释仇解忧之树。《花镜》上说："合欢，一名蠲人忿，则赠以青裳，青裳一名合欢，能忘忿"。嵇康的《养生论》也尝谓："合欢蠲忿，萱草忘忧。"因多"种之庭阶"，适于宅旁庭院栽植。

枣

枣为中国民居宅旁常见树种。木硬，可制器具，可为木刻雕版。古书曾称"枣本"。果可食用，可"补中益气，久服神仙"（《本草经》）。枣树生果极早，幼树可结果。北方民谚有："桃三杏四梨五年，枣树当年即出钱"，言其结果之速。枣谐音"早"，民俗尝有枣与栗子（或荔枝）合组图案，谐音"早立子"。婚礼中，有将枣与桂圆合组礼品，谐音"早生贵子"，新婚"撒帐"用枣、栗子、花生等以图吉利。

栗

栗子可食用，可入药，阳性。古时用栗木作神主（死人灵牌），称宗庙神主为"栗主"。古人用以表示妇人之诚挚，《礼记·曲礼》上说："妇人之挚，其榛脯，修枣栗。"《国语》也说："夫妇挚不过枣栗，以告虔也。"《太平御览》上说："东门之栗，有靖家室。"利于家庭和美。栗子与"立子"谐音，是求子的吉祥物。枣、栗子、花生、石榴等，常有用在新婚桌上或帐中或新妇怀中，以求吉利的习俗文化。

3. 植物的习俗文化之三——桃、石榴、橘、梅、莲花、芙蓉、牡丹、月季

桃

桃原产在中国，具有中国文化特色。在民俗、宗教、审美观念中，都有其重要文脉。桃花红、白、粉红、深红、烂漫芳菲，娇媚出众。中国人常以桃花喻美女娇容，与女人有关的事也都常带"桃"字。如桃花妆、桃花运、桃色新闻等等。此文化东传日本，日本的风昌场（浴池）也标明有"桃之汤"、"松之汤"（女浴池，男浴池）。但是人们却都爱桃。俗信桃有灵气，桃在三月如不开花，则预报火灾。三月也叫"桃月"。中国神话中说桃树是追日的夸父的手杖化成的。《山海经》载："夸父与日逐走，入日，渴欲得饮，饮于河渭，河渭不足，北饮大泽，未至，道渴而死，弃其杖，化为邓林。（邓林即桃林）"。而《春秋运斗枢》又说："玉衡星散为桃"。桃是神杖变的也好，是北斗星变的也好，总之都带有神异。《太平御览》引《典术》上说："桃者，五木之精也，故厌伏邪气者也。桃之精生在鬼门，制百鬼，故今作桃人梗著门，以厌邪气。"桃制百鬼，鬼畏桃木。古人多用桃木制作种种避邪用品。如桃印、桃符、桃剑、桃人等。自从五代后蜀时开始在桃木板上书写春联以后，春节时至今仍流传着春联习俗，只是改为红纸材料。端午节，门上插桃枝，亦是桃可避邪气的习俗观念。此外，桃果有"仙桃"、"寿桃"之美称。源自神话西王母瑶池所植的蟠桃，三千年开花，三千年结果，吃了可增寿六百岁的传说。桃树花美，果鲜，在习俗心理上可趋吉避煞，又少病害而易植，故为庭园绿地宅居所常植。

石榴

石榴又名安石榴。史载石榴乃汉武帝时，张骞出使西域从安石带回，故称安石榴。但马王堆汉墓出土的医典中却记载早在西汉以前在中国即有石榴。古文咏石榴词赋甚多。如梁元帝《咏石榴》诗："涂林应未发，春暮转相催。燃灯疑夜火，辖珠胜早梅。"潘岳的《安石榴赋》中："遥而望之，焕若隋珠耀重渊；详而察之，灼若列宿出云间。千房同膜，千子如一，御饥疗渴，解醒止醉。"在习俗文化中，认为"石榴百子"，是"多子多福"的象征。实际上，石榴花果红似火，果又可解渴止醉，有美观和实用价值，而广为民居庭院宅房栽植。

橘

屈原曾以《橘颂》歌咏了橘的形质品格。橘性因地气而应变。《周礼·考工记》中说："橘窬淮而化为枳，……此地气然也"。橘有灵性，传说可应验事物。《广五行记》说："陈后主梦黄衣人围城，绕城橘树尽伐之。乃隋兵至，上下通服黄衣，未几为隋攻城这应。"又有人认为，橘是北斗的天璇星变化来的。《春秋运斗枢》说："璇星散为橘"。实际价值主要是果鲜美可食，皮核可入药，植之有经济效益。在民俗中，橘与吉谐音，简化字通用桔字。以桔趋吉祈福。金桔可兆明。《中华全国风俗志》载有杭州一带"元旦日，签柏枝于柿饼，以大桔承之，谓之百事大吉"。

梅

梅曾被中国视为国花（现已定为牡丹）。梅在冬春之交开花，"独天下而春"，有"报春花"之称。《花镜》称梅为"天下尤物"。有谓梅，琼肌玉骨，物外佳人，群芳领袖。男女少年称为"青梅竹马"。梅的品格，傲霜雪，有"四德"之说："梅具四德，初生为元，开花如亨，结子为利，成熟为贞"。梅花五瓣，象征五福：快乐、幸福、长寿、顺利、和平。又合中国的阴阳五行——金木水火土。寿联常有"梅开五福，竹报三多"（竹叶三片），寓意吉祥。庭栽，盆景皆有观赏价值。梅有"四贵"：贵稀不贵密，贵老不贵嫩，贵瘦不贵肥，贵含不贵开。故有"梅开二度"来形容美的恰当。故稀、老、瘦、含为梅的美学"四贵"。此四贵常见于画家的笔端。

莲花

莲为睡科水生宿根植物，别名很多：荷花、水芙蓉、芙蓉、水华、水芸、水旦，藕可食用，可药用，莲子可清心、解暑、藕能补中益气。《本草纲目》说："医家取为服食，百病可却"。除实用价值外，莲花在中国有深邃的文化渊源。唐代将佛教立为国教后，莲花备受人们敬爱。佛祖释迦牟尼的家乡盛产荷花，因此佛教常以莲花自喻。《本草纲目》载："释氏用为引譬，妙理俱存"。佛国也指莲花所居之处。也称"莲界"。佛经称"莲经"，佛座称"莲座"或"莲台"，佛寺称"莲宇"，僧舍称"莲房"，袈裟称"莲衣"，等等。莲花图案也成为佛教的标志。佛教的建筑、装修、器物也都有莲花图案。在中国，莲花被崇为君子，《群芳谱》中说，"凡物先华而后实，独此华实齐生。百节疏通，万窍玲珑，亭亭物华，出于淤泥而不染，花中之君子也。"后有周敦颐的《爱莲说》，影响深远。《本草纲目》说："夫莲生卑污，而洁白自若；南柔而实坚，居下而有节。孔窍玲珑，纱纶内隐，生于嫩弱，而发为茎叶花实；又复生芽，以续生生之脉。四时可食，令人心欢，可谓灵根矣！"莲有一蒂二花者，称并蒂莲，以象男女好合，夫妻恩爱。喜联常有"比翼鸟永栖常青树，并蒂花久开勤俭家"等等。莲谐音"廉"（洁）、"连"（生），民俗有"一品清廉"，"连生贵子"等谐音取意，但有的国家、地区的民俗文化不同，而不可忽视，如日本民俗对莲花并不认为"出淤泥而不染"那么贞洁，而视莲花为"下贱"之花。

芙蓉

芙蓉，莲花类，分为水芙蓉、木芙蓉。木芙蓉又称木莲、地芙蓉、拒霜等。四川盛产，秋冬开花，霜降最盛。五代时蜀后主孟昶于宫苑城头，遍植木芙蓉，花开如锦，故后人称成都为锦城、蓉城。芙蓉耐寒，遇霜花盛，故又名"拒霜"。王安石《拒霜花》诗中："群芳落尽独自芳"。苏东坡在《和陈述古拒霜花》赞有"千林扫作一番黄，只有芙蓉独自芳"。芙蓉谐音"富荣"，在图案中常与牡丹合组为"荣华富贵"，均具吉祥意蕴。

牡丹

牡丹属毛茛科灌木，有"花王"、"富贵花"之称。牡丹是中国产的名花，分为神品、名品、灵品、逸品、能品、具品六大品类。据传，唐玄宗观牡丹时曾问及咏赞牡丹之诗谁作得最好，有人奏推李正封的诗"天香夜染衣，国色朝酣酒"佳句，后世便有"国色天香"之号称。在《本草纲目》中谓有："群花品中，牡丹第一，芍药第二，故世谓牡丹为花王。"至宋代，洛阳牡丹已被推为天下之冠，遂有"洛阳花"之称。牡丹花朵丰腴妍丽，周敦颐在《爱莲说》中有"牡丹，花之富贵者也"名句，牡丹为"富贵花"的称誉，也更加流传。牡丹既然是国色天香的富贵之花，历代名人雅士常以此命为书斋、园圃。如宋代周必大的"天香堂"、明代周王的"国色园"等。牡丹有美色和美誉，寓意吉祥，因此在造园中，常用以与寿石组合为"长命富贵"，与长春花组合为"富贵长春"的景观。

月季

月季属蔷薇科直立灌木，由十五种蔷薇属植物反复杂交而成。我国有600多种月季。花期特长，又名月月红。《群芳谱》说月季"逐月一开，四时不绝"。杨万里的《月季花》诗有："只道花无十日红，此花无日不春风"。月季原产在中国，据传18世纪80年代，月季经印度传入欧洲，当时值英法战争，为使中国传入的名贵月季安全由英国传入法国，双方和谈，护送此花。英国人至今奉月季为国花。我国的天津、常州等市立月季为市花。因月季四季常开而民俗视为祥瑞，有"四季平安"的意蕴。月季与天竹组合有"四季常春"意蕴。

4. 植物的习俗文化之四——葫芦、茱萸、菖蒲、万年青

葫芦

葫芦为藤本植物。藤蔓绵延，结实累累，子粒繁多，中国人视做象征子孙繁盛的吉祥植物。枝"蔓"与万谐音，寓意万代绵长。民俗传统认为葫芦吉祥而避邪气。端午节习俗，民间门上插桃枝挂葫芦。现代气功测试证明，葫芦有隔绝气场功能。民语有"不知葫芦里卖的什么药"，意即难以穿透葫芦测视内中物品。从风水场气分析，乃葫芦的曲线外形状含"S"形的太极阴阳分界线的神奇功能。因此常在风水化煞中应用。

茱萸

茱萸，气味香烈，九月九日前后成熟，色赤红，民俗以此日插茱萸，做茱萸囊。以此避邪。《群芳谱》云："九月九日，折茱萸戴首，可辟恶，除鬼魅"。《太平御览》引《杂五行志》说宅旁种茱萸树可"增年益寿，除患病"。《花镜》也说："井侧河边，宜种此树，叶落其中，人饮是水，永无瘟疫"。图吉祥，汉代锦缎有"茱萸锦"、刺绣有"茱萸绣"。中国的重阳节九月九日民俗集会也称为"茱萸会"。

菖蒲

菖蒲为多年生草本植物。多为野生，但也适于宅旁绿地中养植。《本草纲目》说菖蒲"乃蒲之昌盛者"。《吕氏春秋·任地》说："菖者，百草之先生者也"。民俗认为菖蒲其花主贵，其味使人延年益寿。中国古代认为菖蒲是天星的再生。《春秋运斗枢》云："玉衡星散为菖蒲"。传说人见菖蒲花当贵。据《梁书》载：太祖皇后张氏"尝于室内忽见庭前菖蒲生花，光彩照灼，非世所有，后惊异之，谓侍者曰：'汝见否？'，皆云未见。后曰'尝闻见菖蒲花当贵'，因取食之，生高祖。"菖蒲在民俗中广为喜用，视为避邪气的吉祥草木。菖蒲有医药价值。《本草经》云："菖蒲主治风寒湿痹，咳逆上气，开心孔，补五脏，通

九窍，明耳目，出声音。久服轻身，不忘不迷，延年。益心智，高志不老"。《道藏经·菖蒲经》云："菖蒲者，水草之精英，神仙之灵药也"。"其药以五德配五行，叶青，花赤，节白，心黄、根黑。能治一切诸风，手足顽痹……坚骨髓，长精神，润五藏，裨六腑，开胃口和血脉，益口齿，明耳目，泽皮肤，去寒热……"。

万年青

万年青又名千年菖，多年生草本植物。叶肥果红，民俗视吉祥，建宅迁居，小儿初生，一切喜事常用为祥瑞象征。迁居寓顺遂，嫁娶寓如意，生了寓长寿。中国画中，织物图案中常用万年青形象。皇家喜用桶栽万年青，寓意"一统万年"。《花镜》云："吴中人家多用之，造屋易居，行聘治圹，小儿初生，一切喜事，无不用之，以为祥瑞口号"。是见传统习俗，君民共爱万年青。

第二章　千姿百态——趣味植物探秘

第一节　千奇百怪——植物王国

1. 枚不胜举——植物中的"世界之最"

自然界中的植物五花八门，变化多端，数不胜数。在这令人眼花缭乱的植物界中，无论是植物生长的快慢，寿命的长短，还是植物茎的高矮，花的香臭，果实的大小，种子的轻重等各个方面均不相同。因此，在植物界中也有"吉尼斯世界纪录"。那么，植物界都有哪些世界纪录呢？

树干最高的植物

世界上树干最高的植物是澳洲的杏仁桉树，最高的一棵高达 156 米，树干直插云霄，有 50 层楼那么高。如果有鸟在树顶上唱歌，那么在树下听起来，就像蚊子的嗡嗡声一样。第二高的是生长在美国加利福尼亚洲的巨杉，它以百米以上的雄伟身姿闻名于世，号称"世界爷"。巨杉的"胸围"（树干的周长）可达 30 米，树龄高达 3 000 岁以上。19 世纪人们在修筑公路时，发现一棵巨杉正好挡住去路，于是就打穿树干，修出一条隧道，汽车竟能穿行无阻。一百多年来，这条隧道成了当地的一处名胜，不知吸引了多少过往的游客行人。而且这棵巨杉是在森林火灾中幸免于难而存活下来的。为什么它能"绝处逢生"呢？原因在于它的树皮厚达半米以上，而它的导热性又极差，因此未被大火化为灰烬。比"世界爷"稍"矮"一点的是我国台湾省阿里山上生长的红桧，也是世界闻名的高大树木，其中最大的一株，高达 60 米，树龄为 2 800 岁，被人们称为"神木"。

树干最矮的植物

在植物界中最矮的一种树叫矮柳，生长在高山冻土带，高不过 5 厘米。如果拿杏仁桉的高度与矮柳相比，一高一矮相差 1 500 倍。生长在北极圈的高山上的矮北极桦也很矮，高度还不及那里的蘑菇。

茎最长的植物

世界上茎最长的植物是产于热带雨林的白藤，它的茎从根部到顶部可达300～400米。从长度上看，比世界上最高的杏仁桉树还长1倍多。据说，最长的一棵白藤的茎竟达500米。因白藤的茎直径只有4～5厘米，不能直立，故显不出它的高度。它用茎尖和往下弯的硬刺攀援在别的大树上，这条带刺的"长鞭"攀到树顶后，无处可去，那越来越长的茎只好往下坠，形成无数怪圈套在大树周围，因此人们称它为"鬼索"。这是陆地上茎最长的植物，海洋中茎最长的植物是巨藻，它的茎长达300～400米，可谓海中"巨人"。

茎最粗的树

世界上茎最粗的树是生长在地中海西西里岛埃特纳山边的一棵大栗树，名叫"百马树"，它树干的周长竟有55米左右，要30多个人手拉着手才能围住。树下部有大洞可供采栗人住宿或当仓库，传说它因能容纳"百骑"而闻名。

最大的草本植物

有种叫旅人蕉的植物堪称世界草本植物之最。它有一抱粗，高7丈，即有六七层楼那么高。有趣的是它的汤匙状叶基部里储存着大量清水，成为热带沙漠中旅行者的甘美清凉饮料。

最小的草本植物

世界上最小的草本植物要数无根萍，它的根退化了，茎几乎看不见，只有一小片叶子，花开在叶的下方。

最轻的木质茎

世界上最轻的木质茎是轻木的茎，它的木材平均比重只有水的1/5，1立方米木材重100公斤。它也是世界上生长最快的树木，每年平均长高3～4米，直径加粗6厘米，素以速生、材轻而闻名，轻木主要产于美洲中南部，我国云南已引种。

最重的木质茎

世界上最重的木质茎是铁刀木的茎，它的木材质地坚硬如铁，遇水下沉。这种树刀斧难入，用斧劈竟会迸出火星，其硬度为每平方厘米承受656～698公斤重量。

我国也已有引种。后来发现我国的黄檀木、蚬木的硬度和铁刀木不相上下。

毒性最大的植物

当今世界上毒性最大的植物是"见血封喉"。它的树皮内含有的乳汁毒性极大，吞食微量可麻痹心脏，甚至死亡。若进入眼睛，可使人立即失明。

寿命最长的叶

世界上寿命最长的叶是非洲热带植物百岁兰的叶子，它的寿命长达百岁，可谓叶中老寿星。

寿命最短的叶

世界上寿命最短的叶是短命菊的叶，只能活 3 ~ 4 周。

世界上最大的花

大王花是世界上最大的花。大王花是 1918 年英国探险家拉弗尔斯爵士在苏门答腊西南部发现的一种大花草——阿诺尔特大花草。他称它是："植物世界最伟大的奇观"，并把它命名为大王花。后来人们知道，大王花在印度尼西亚、马来西亚、菲律宾也有分布。大王花是寄生草本植物，整个植物体无叶、无茎、无根，一生只开 1 朵花，花朵直径可达 1 米多，重可达 6 ~ 7 公斤。盛开的大王花艳丽多彩，它有 5 片厚而坚韧的类似花瓣的裂片，外带浅红色的斑点，裂片每片可长达 30 ~ 40 厘米，花心像一个面盆，有圆口，可盛 2.5 ~ 3 公斤水。大王花的花期为 4 天，开花期间花粉有恶臭，专门吸引爱吃腐烂物的蝇和甲虫来为它传粉，松鼠对这些花粉也很感兴趣。

寿命最长的花

热带有一种兰花，一朵花能开 80 天，可算是花中的"老寿星"了。

寿命最短的花

一朵水稻花总开花时间不过 5 ~ 30 分钟，比起"昙花一现"恐怕寿命更短。

最大的种子

世界上最大的种子是复椰子树的种子。复椰子树的果实重达 25 公斤，剥去外壳后的种子还有 15 公斤之多，种子直径约 50 厘米。

最小的种子

世界上最小的种子是斑叶兰种子，小得像灰尘，5 万粒种子只有 0.025 克重，1 亿粒斑叶兰种子才 1 两重。

寿命最长的种子

寿命最长的种子是北极羽扇豆的种子。1967 年，加拿大报道，北美育肯河中心地区的旅鼠洞中，发现了 20 多粒羽扇豆的种子，这些种子深埋在冻土层里。经过测定，它们的寿命至少有 1 万年。在播种试验中，其中 6 粒种子发了芽，并长成了植株，真可谓"万岁爷"了。还有 1951 年，人们在我国辽宁省普兰店泡子屯的泥炭层里发现 1 千年前的古莲子，栽种后竟然发芽并开出了粉红色的荷花，沉睡了千年的古莲子被人们唤醒了。

最大的果实

世界上最大的果实恐怕要数木菠萝，因为搬动它需要动用起重机械。一颗木菠萝果实长达 3 英尺，重量可达 80 磅，这重量足以压断细弱的树枝。幸好这种巨大的果实并不是结在树枝上，而是由短而坚韧的柄与树干直接相连。俗话说"人不可貌相"，同样，木菠萝的好坏也不应仅仅从外表上判断，虽然木菠萝的果实具有粗糙的表皮，然而一旦成熟，这种果实的味道却是十分甜润爽口的。

最香与最臭的花

世界上最香的花和香气传得最远的花都要算"十里香"———一种白色的野蔷薇。最臭的花是印度尼西亚的苏门答腊地区的一种名叫纳米来亚的藤蔓植物的花，每当它开花时，就会散发出烂鱼一般的臭味。

最大的荚果

花生、大豆等一类植物，是大家熟悉的豆科植物。这个科的植物种类繁多，约有 12 000 多种，是世界上五大有花植物科之一，且名列第三名，仅次于菊科和兰科植物。豆科植物最重要的标志是豆荚，因此豆科植物的果实叫做荚果。一般见到的花生、大豆等植物的荚果只不过几厘米长，可是有一种豆科植物的荚果要比一般的荚果大几十倍，它的名字叫藤子，又名眼镜豆、过江龙。这种荚果为木质，长达 1 米多，"过江龙"的美名可能由此而得。荚果宽 12 厘米，略弯曲，由数个节组成，成熟时逐节脱落，每节内有 1 粒种子。荚果的种子近圆形，直径 6 厘米左右，扁平巨大，两个种子拼在一起，活像一副眼镜，所以人们形象地叫它"眼镜豆"。藤子是一种木质大藤本植物，二回羽状复叶，开出的花淡黄色，还有香味。在我国云南可以见到这种植物。

最大的葡萄藤

1842 年在美国加利福尼亚州卡宾塔里亚，曾有一棵葡萄藤。它在 1900 年以后的 10 年间，每年产葡萄 7 吨。可惜，这棵世界上最大的葡萄藤于 1920 年死了。

最高的篱笆

1946 年在英国苏格兰曾有人种了一排密克鲁尔山毛榉，做成了一个篱笆。现在，这些山毛榉树长高了，形成了一个高达 26 米，长达 550 米的大篱笆。篱笆经常有人进行修剪。这可是世界上最高的一个大篱笆了。

最大的仙人掌

最大的仙人掌生长在美国新墨西哥州的亚利桑那和墨西哥。这种仙人掌形似一盏绿色的枝形大烛台，高达 16 米。它结的果实呈绯红色，是可以吃的。

长得最快的水草

世界上长得最快的水草是 1959 年 5 月在非洲卡里巴湖附近发现的一种水草。过了 11 个月，这种水草蔓延了 200 平方公里。到 1963 年，这种水草已蔓延了 1 000 平方公里。

分布最广的植物

有一种茅草狗牙根，分布在加拿大、阿根廷、新西兰、南非、日本、法国、科西嘉岛等地，是世界上分布最广的一种植物。

生长在最高地方的植物

1952 年，一名叫阿·齐默尔曼的登山运动员，在攀登珠穆朗玛峰期间，在海拔高达 6 350 米的地方发现了一棵植物（无花）。生长在最高地方的绿色开花植物是一种匍匐在地上的星形植物俯仰繁缕，这棵植物是在喜马拉雅山海拔 6 135 米的地方发现的。

最大的一棵绿色开花植物

世界上最大的一棵绿色开花植物，是一棵中国紫藤。这棵藤本植物于 1892

年种在美国加利福尼亚州的马德雷山脉。这棵藤本植物的枝丫长达 152 米，可以覆盖半公顷地，树重约为 230 吨。在为期 5 个星期的开花季节里，它可以开放出 150 万朵花。

最大的兰花

世界上最大的兰花是热带美洲一种兰科植物所开的花，直径达 92 厘米，花瓣长达 46 厘米。

最小的兰花

澳大利亚的一种兰花和委内瑞拉的一种兰花是很小的兰花科植物。但还有一种兰科植物开的花最小，直径不到 1 毫米，但仍然保持着兰花所具有的独特形状，是世界上最小的兰花。

最大和最小的蕨

世界上有 6 000 多种蕨，以生长在太平洋诺福克岛上的一种蕨为最大，其高度可达 25 米。在蕨类植物中，中美洲的一种蕨和美洲的一种蕨是世界上最小的蕨。

最大的树叶

有两种棕榈树的叶子极大，一种是生长在印度洋马斯卡林群岛上的酒椰棕榈，另一种是名叫亚马孙河竹子的棕榈。这两种棕榈的叶子长达 20 米，叶柄有 5 米长。

最大的花序

世界上最大的花序是一种很少见的玻利维亚的巨型菠萝蜜树的花序，直径达 2.5 米，高 10~12 米，每个花序上开白花，多达 8 000 朵。

最高的竹子

1940 年 11 月，在印度巴塔齐砍伐了一根竹子，这根竹子高达 37.03 米，堪称世界第一高的竹子了。

根最长的植物

世界上根最长的植物是一种野生无花果树，它的根长达 130 米。这种树生长在南非德兰士瓦的东部地区。

覆盖地面最大的植物

有一种野生草莓，覆盖地面的面积特别大，好像是铺在地上的一块大地毯。1845 年，在美国宾夕法尼亚州，发现了一块 3.2 公顷的草莓地。1920 年 7 月 18 日又发现了一块野生草莓地，有 4 公顷。估计这种野生草莓是在 13 000 年前开始在这块地上生长扩展开来的。

最大的一棵玫瑰树

在美国亚利桑那州有一棵玫瑰树，名字叫妇女墓碑。树干直径为 1 米，高 2.75 米，树枝伸展面积达 499 平方米。由于树枝太重，底下用 68 根柱子和几百米铁丝支撑着。150 人可以同时坐在这棵玫瑰树下乘凉。

最大的杜鹃花树

世界上最大的杜鹃花树是一种木本红色杜鹃花树。生长在尼泊尔的这种植物，高达 18 米。在英国因弗雷尔公园里，有一棵这样的红色杜鹃花树，高达 27 米，是所有杜鹃花树中最高的。

世界上最老的树

1976 年 3 月根据 C_{14} 的测定，日本的几棵特大的日本柳杉可以追溯到公元前 5200 年，那么，到 1996 年止，这些日本柳杉已经至少有 7 195 岁了。

历史最长的树

在所有树木中，一种叫银杏（又叫白果树、公孙树）的树资格最老，它是我国的特有树种，这种树 3 亿多年前就有了。1690 年凯普费重新发现了这种树，这种白果树被称为"活化石"。

长得最快的树

1974 年 6 月 17 日，在马来西亚的沙巴种了一棵树，这棵树在 13 个月当中竟然长高了 10.75 米，真是棵贪长的树。

长得最慢的树

美国北部有一种锡特卡冷杉长得极慢。它长高 38 厘米要花 98 年，而树干的直径还不到2.5厘米，真是个实足的"懒汉"！但还有比它长得更慢的，有一种产于美洲热带的植物，名叫大藏米亚，它生长1000年树干才只有30厘米。

最大的杉木树

杉木树是我国特有的用材树种，它生长快、材质好、用途广、产量高，是深受群众喜爱的造林树。最近在浙江庆元县丰墙的莲花山上发现了一棵大杉树，相传是明朝弘治年间种植的，树龄有490多年，树高35米，有10层楼高。树干周长有5.51米，3个人手拉手才能围一圈。这棵树的木材有37立方米，可做双人课桌1360张，人称"杉木王"。其实，真正的"杉木王"还不是它，而是生长在台湾的一棵大杉树。这棵大杉树在台湾中部海拔1000多米的高山上，它的树干6个人手拉手还抱不过来。在杉木中，它算是世界上最大的杉木树了。

最老的荔枝树

荔枝是我国的特产，被誉为世界上最鲜美的水果。在福建省莆田县城内，有一棵唐朝时候的古荔枝树，名叫"宋金香"，已有1200多年的历史了。这棵老树至今仍生机勃勃，枝繁叶茂，果实累累。它不仅是最老的荔枝树，也是世界上罕见的高龄多产果树。在漫长的岁月里，"宋金香"经受了严寒、飓风和烈火等恶劣环境的摧残和考验，多次衰败下去，而又复壮起来。现在，这棵树有两个主干，树高6.4米，树冠直径为南北8.9米、东西7.17米，覆盖地面60多平方米。一般年景能采收荔枝100多斤，丰收年可采收350多斤，真是老当益壮。

"宋金香"素以果实品质优良而闻名于世，它的果实皮呈鲜红色，薄而脆，单果重为12～14克，吃起来脆滑无渣，甜香可口。经过分析，果肉含糖12.5%，含果酸0.9%，还含有大量的维生素C，果实的质地比其他所有的品种都好。"宋金香"古荔，在欧美评价很高。现今"宋金香"这棵千年古荔，已被列为福建省莆田县重点保护文物。

最大的红桧

红桧为常绿高大的树木，是我国台湾特有的树种。在阿里山，有2棵参天的红桧，其中大的一棵号称"神木"，高达60米，直径6.5米，木材体积达504立方米。如果用这棵树的木材做成双人长凳，那么可以做35000多条，能供7万人坐着开会。这棵红桧的树龄大约有3000年，是我国最古老的树木之一。由于这棵红桧长得特别大，所以有"亚洲树王"的美称。它虽然比不上美洲的红杉，但在同一树种内，却是世界最大的了。

最高的泡桐树

我们平常看到的泡桐树，一般只有 20 多米高。最近，中国林业科学院在我国四川酉阳县，发现一棵高 44 米的白花泡桐树，这是世界上已发现的最高的泡桐树。这棵树直径 134.4 厘米，树龄约 75 年。泡桐的木材纹理直，不翘不裂，可以用来做木箱、床板、柜子等家具板，也可做琵琶、月琴等乐器的板面。航空模型、半导体盒子、电视机外壳等也可用泡桐板。泡桐的叶、花和果实，可作药用和饲料。近几年，用它的花和果实治疗慢性气管炎，效果很好。

寿命最长的甘蔗

世界上甘蔗宿根的寿命一般只有 3~6 年，古巴有能活 25 年的，而我国福建省松溪县有一片"百年蔗"，据考证是清代雍正四年种下的，至今已有 260 多年了，这可算是世界上甘蔗年龄最长的"老寿星"了。这片"百年蔗"在 1979 年还能发新苗，平均每丝宿根发苗 24 棵，高 75 厘米，根系粗壮，叶色浓绿，生机盎然。"百年蔗"具有省种、省工、早熟、高产等优点，在宿根甘蔗栽培的理论和生产实践上都有很大的价值。

结实最多最大的丝瓜树

1985 年，日本群马县藤冈市农艺师中山在住宅附近种植的一株丝瓜树，结了几十条比人还高的丝瓜。最长的瓜长达 175 厘米，平均长度为 150~160 厘米，最粗的瓜腰围达 40 厘米，这是迄今结实最多最大的丝瓜树。

世界上最大的森林

世界上最大的森林在苏联北部，分布在从北纬 55°一直到北极圈的广阔地区内。这些森林的总面积达 2.6 亿公顷（占世界森林总面积的 9%），其中 38% 是西伯利亚的桦树，整个森林面积占苏联总面积的 34%。

吃用植物品种最多的国家

我国的有花植物大约 3 万种，近年来新品种还在不断被发现。我国植物中直接或间接供人吃、穿、住、用的种类是世界上最多的，其中光是能吃的就有 2 000 多种。除了栽培的庄稼以外，还有很多野生淀粉植物、油料植物、糖料植物以及野菜和野生的水果等。而欧洲和美洲的吃用植物加起来也只有 1 000 多种。

栽培蔬菜种类最多的国家

我国是世界上栽培蔬菜种类最多的国家，总数大约有160种。常见的蔬菜有100种左右，其中原产我国的和引入的各占一半。

原产地是我国的蔬菜有白菜、萝卜、芥菜、韭菜、蕹、茼蒿、竹笋、草石蚕、百合、莲藕、芥菜、金针、木耳、蘑菇等。从中亚和非洲一些国家引入的有蒜、豌豆、蚕豆、胡萝卜、菠菜、莴苣、豆豆、黄瓜等。从美洲各国引入的有番茄、辣椒、马铃薯等。这些引入的蔬菜，经过菜农长期的精心培育，逐渐改变了它们的习性，创造了适应我国风土特点的许多新的优良品种。如原产印度的茄子，原始类型只有鸡蛋大小，而我国很早就育成了长达7寸至1尺的长茄和重达几斤的大圆茄。如今，华北的紫黑色大圆茄已引种到许多国家。

蔬菜生产在我国有悠久的历史。在西安半坡新石器时代遗址中，发现一个陶罐里保留有芥菜和白菜一类的菜子，时间大约在6 000年前。据甲骨文推测，大约在3 500年前，我国劳动人民已开始围篱种菜。春秋战国时代，随着城镇的发展，我国已有了专业种菜的园圃，汉代开始出现利用人工温室种菜。长期以来，我国培育出了许多的优良蔬菜品种，如野生芥菜，在古代是取它的种子磨碎做成调料，现在已经培育出大叶芥、皱叶芥、结球芥、芥菜头、大头菜、雪里红等优良变种或品种。

芳香植物种类最多的国家

我国是世界上芳香植物种类最多的国家。据统计，全国已知的芳香植物共有240余种，分属于56科。目前，被利用于生产中的大约有百余种。

茉莉花，它的花瓣香味极浓，主要被用来熏制茉莉花茶。

桂花，香气袭人，主要用于制作各种小食品和酿造桂花酒。

依兰，一种高大乔木，它的花含油率达2%~2.5%，从中提取的浸膏，被用作高级香料以及高级化妆品的原料。

玫瑰，原产于我国，多用于食品、酿酒、医药及高级香料的制作。

留兰香，制作牙膏、食品、医药、烟草的高级原料。

八角茴香，我国特产的香料，干果中含油量达8%~12%，用于烹调和提取芳香油。

花椒，果实含油量为2%~4%，也用于调味和提取芳香油。

此外，樟树提取的樟脑，是医药工业的重要原料。

在我国众多的香料植物中，樟油、樟脑、八角茴香占世界总产量的80%，而肉桂、薄荷、茉莉为我国的特产。目前，我国从植物中提取的芳香油可达 200 多种，如八角油、丁香油、桂皮油、月桂油、香草油、柠檬油、熏衣草油等等。

我国自古以来，就开始利用芳香植物。早在 1 600 多年前，劳动人民就懂得用水煮法提取某些香油料；民间早就懂得用桂花泡制美酒，用桂皮作调料，用鲜姜做菜可医治风寒、感冒等症，用艾叶燃烟驱蚊，等等。我国幅员辽阔，植物资源丰富，还有许多芳香植物等待着我们去开发利用。

2. 精神需求——植物欣赏音乐

植物除了对营养物质的需求以外，也有对"精神生活"的"需求"。

加拿大安大略省有个农民，做过一个有趣的实验，他在小麦试验地里播放巴赫的小提琴奏鸣曲，结果"听"过乐曲的那块实验地获得了丰产，它的小麦产量超过其他实验地产量的 66%，而且麦粒又大又重。

20 世纪 50 年代末，美国伊利诺州有个叫乔·史密斯的农学家在温室里种下了玉米和大豆，同时控制温度、湿度、施肥量等各种条件，随后他在温室里放上录音机，24 小时连续播放著名的《蓝色狂想曲》。不久，他惊讶地发现，"听"过乐曲的子苗比其他未"听"乐曲的子苗提前两个星期萌发，而且前者的茎秆要粗壮得多。史密斯感到很出乎意料。后来，他继续对一片杂交玉米的试验地播放经典和半经典的乐曲，一直从播种到收获都未间断。结果又完全出乎意料，这块试验地比同样大小的未"听"过音乐的试验地，竟多收了 700 多公斤玉米。他还惊喜地看到，"收听"音乐长大的玉米长得更快，颗粒大小匀称，并且成熟得更早。

美国密尔沃基市有一位养花人，当向自家温室里的花卉播放乐曲后，他惊奇地发现这些花卉发生了明显的变化：这些栽培的花卉发芽变早了，花也开得比以前茂盛了，而且经久不衰。这些花看上去更加美丽，更加鲜艳夺目。

这是一株番茄，在它的枝干上还悬着个耳塞机，靠近它可以听到里面正传出悠扬动听的音乐。奇迹出现了，这株番茄长得又高又壮，结的果实也又多又大，最大的一个竟有 2 公斤。原来番茄也喜欢听音乐呢。

那么，它到底喜欢听哪种音乐呢？人们继续做实验，对一些番茄有的播放摇滚乐曲，有的播放轻音乐，结果发现，听了舒缓、轻松音乐的番茄长得更为苗壮，而听了喧闹、杂乱无章音乐的番茄则生长缓慢，甚至死去。原来番茄也有对音乐的喜好和选择。

几乎所有的植物都能听懂音乐，而且在轻松的曲调中苗壮成长。

甜菜、萝卜等植物都是"音乐迷"。有的国家用"听"音乐的方法培育出 2.5 公斤重的萝卜，小伞那样大的蘑菇，27 公斤重的卷心菜。

科学工作者还发现，不同植物有不同的音乐"爱好"。黄瓜、南瓜"喜欢"箫声；番茄"偏爱"浪漫曲；橡胶树"喜欢"噪声。美国科学家曾对 20 种花卉进行了对比观察，发现噪音会使花卉的生长速度平均减慢 47%，播放摇滚乐，就可能使某些植物枯萎，甚至死亡。

植物听音乐的原理是什么呢？原来那些舒缓动听的音乐声波的规则振动，使得植物体内的细胞分子也随之共振，加快了植物的新陈代谢，而使植物生长加速起来。

3. 药物宝库——云南"植物王国"

云南是全国植物种类最多的省份，几乎集中了从热带、亚热带至温带甚至寒带的所有品种，在全国约 3 万种高等植物中，云南省有 274 科、2076 属、17 万多种，占全国高等植物总数的 62.9%，故云南有"植物王国"、"香料之乡"、"天然花园"、"药物宝库"等美称。云南热带、亚热带的高等植物约 1 万种，占全国高等植物种类的一半以上。其中许多种类为云南所特有，如云南樟、四数木、云南肉豆蔻、望天树、龙血树、铁力木等。可供利用的资源植物在千种以上，而经济价值较高并能直接开发利用的有 900 种以上。此外，云南还拥有许多在遗传育种上具有很高价值的农林园艺植物的野生种质资源，以及蕨类植物（占全国一半）、裸子植物等古老植物。

4. 奇妙无穷——食虫植物

在我们看来，动物吃植物是正常的事。可是，你知道吗？还有植物吃动物的。在众多的绿色植物中，约有 500 种植物能捕捉小虫，这类植物叫食虫植物。你想知道它们是怎样捕食小虫的吗？

狸藻是我国各地池沼中常能见到的一种水生植物，虽然，它的名字中带有"藻"字，但是，它是种子植物而非藻类植物。它的茎细而长，叶如细丝，有一部分叶变成了特别的捕虫囊，囊口边上生了几根刺毛，还有一个能向囊内开的"门"。当小虫随流水游入囊中时，就被关在里面被狸藻慢慢地消化掉了。

茅膏菜也是一种食虫植物，在我国东南各省常见。它的个子仅 10 厘米左右，叶片变成一盘状捕虫器，盘的周围生有许多腺毛。腺毛是植物上的一种分泌结构，不同植物上的腺毛所分泌的物质不一样。当小虫爬到茅膏菜的叶上，腺毛受到刺激就向内卷缩，把小虫牢牢地"捆住"。与此同时，腺毛也开始分泌消化液把小虫消化掉。之后，腺毛又慢慢地张开，等待下一个受害者的到来。

捕蝇草在世界许多植物园都有栽培，是一种珍奇的食虫植物。它的捕虫器形状很像一个张开的"贝壳","贝壳"的边缘有二三十根硬毛,靠中央还生有许多感觉毛,当小动物触动感觉毛时,"贝壳"在 20～40 秒之内就闭合上了,然后靠消化液把小动物"吃"掉。捕蝇草的一顿美餐大约要花 7～10 天的时间。

在我国的云南、广东等南方各省,你可以见到一种绿色小灌木,它的每一片叶子尖上,都挂着一个长长的"小瓶子"(实为变态的叶),上面还有个小盖子,盖子通常情况下是半开着的。这"小瓶子"的形状很像南方人运猪用的笼子,所以人们给这种灌木取了个名字,叫"猪笼草"。奇妙的就是它的这个"小瓶子"。猪笼草的"瓶子"内壁能分泌出又香又甜的蜜汁,贪吃的小昆虫闻到甜味就会爬过去吃蜜。也许就在它吃得正得意的时候,脚下突然一滑,一头栽到了"小瓶子"底上,瓶子上面的盖自动关上了,而且瓶子里又储有黏液,昆虫很快被黏液粘得牢牢的,想跑是跑不掉了。于是,猪笼草便得到了一顿"美餐"。

用瓶状的叶子捕食虫类的植物还有很多,在印度洋中的岛屿上就发现了将近 40 种。那些奇怪的"瓶子"有的像小酒杯,有的像罐子,还有的大得简直像竹筒,小鸟陷进去也别想飞出来。但是要说构造的精巧、复杂,我国的特产——猪笼草的"瓶子"是要排在第一位的。

进入夏天后,在沼泽地带或是潮湿的草原上,常常可以看到一种淡红色的小草,它的叶子是圆形的,只有一个小硬币那么大。叶子上面长着许多绒毛,一片叶子上就有二百多根。绒毛的尖端有一颗闪光的"小露珠",这是由绒毛分泌出来的黏液。这种草叫毛毡苔,也是一种吃虫草。如果一只小昆虫爬到它的叶子上,那些"露珠"立刻就把它粘住了,接着绒毛一起迅速地逼向昆虫,把它牢牢地按住,并且分泌出许多黏液来,以把小虫溺死。过一两天后,昆虫就只剩下一些甲壳质的残骸了。最奇妙的是,毛毡苔竟能分辨出落在它叶子上的是不是食物。如果你和它开个玩笑,放一粒砂子在它的叶子上,起初那些绒毛也有些卷曲,但是它很快就会发现这不是什么可口的食物,于是又把绒毛舒展开了。

食虫植物食虫全靠它们各种奇妙精致的捕虫器。但是,不要忘记这些捕虫器都是由叶子变化来的。也许你会问,绿色植物不是自己能制造养料吗?为什么这些绿色植物要吃虫呢?科学家们研究发现,这些植物的祖先都生活在缺氮的环境中,而且它们的根系又不发达,吸收矿质养料的能力较差。为了获得它们所不足的养料,满足生存的需要,经过长期的自然选择和遗传变异,一部分叶子就逐渐演变成各种奇特的捕虫器了。

5. 轻盈曼妙——会"跳舞"的植物

植物会运动,这在现代人看来已不是什么新鲜事了。例如,合欢树的小叶,随日出日落而张开闭合；你用手轻轻摸一下含羞草的叶子或茎枝，它就会像一个害羞的小姑娘低下"头"去。还有一种更令人叹为观止的植物，它的运动既不像向日葵那样被太阳"牵着鼻子走"，也不像含羞草那样要外界刺激才会运动，而是我行我素，别具一格。它就是舞草。

科学工作者形容舞草的运动犹如跳舞，所有的舞步都是由叶子完成的，在它的三出复叶（指由三片小叶共同组成的叶子，排列像扑克中的"梅花"图案）中，一对侧小叶或做360°大回环，或做上下摆动。同一棵舞草上，有的小叶运动快，有的则慢，看上去颇有节奏感。一会儿两片小叶同时向上合拢，然后又慢慢地分开展平，像彩蝶在轻舞双翅；一会儿一片小叶向上，另一片小叶向下，如同艺术体操中的造型；有时许多小叶同时翩翩起舞，像是在开一个盛大的舞会，蔚为壮观。当夜幕降临，舞草便进入"睡眠"状态：叶柄向上贴向枝条，三小叶中的老大——顶端小叶下垂，像一把合起的折刀。另两小叶仍然"舞兴"未减，还在慢慢转动，只是劳累了一天，速度不如白天了。

舞草以植物中"舞星"的荣誉已步入花卉行列。但是，舞草起舞的原因是什么？这还有待于进一步的研究。

6. 毒素麻醉——致幻植物

什么叫"致幻植物"呢？简单地说，就是指那些食后能使人或动物产生幻觉的植物。具体地讲，就是指有些植物因它的体内含有某种有毒成分，如裸头草碱、四氢大麻醇等，当人或动物吃下这类植物后，可导致神经或血液中毒。中毒后的表现多种多样：有的精神错乱，有的情绪变化无常，有的头脑中出现种种幻觉，常常把真的当成假的，把梦幻当成真实，从而作出许许多多不正常的行为来。

有一种被称做墨西哥裸头草的蘑菇，体内含有裸头草碱，人误食后肌肉松弛无力，瞳孔放大，不久就发生情绪紊乱，对周围环境产生隔离的感觉，似乎进入了梦境，但从外表看起来仍像清醒的样子，因此，所作所为常常使人感到莫名其妙。

当人服用哈莫菌以后，服用者的眼里会产生奇特的幻觉，一切影像都被放大，一个普通人转眼间变成了硕大无比的庞然大物。据说，猫误食了这种菌，也会慑于老鼠忽然间变得硕大的身躯，而失去捕食老鼠的勇气。这种现象在医学上称为"视物显大性幻觉症"。

褐鳞灰生的致幻作用则是另外一种情形。服用者面前会出现种种畸形怪人：或者身体修长，或者面目狰狞可怕。很快，服用者就会神智不清、昏睡不醒。

大孢斑褶生的服用者会丧失时间观念，面前出现五彩幻觉，时而感到四周绿雾弥漫，令人天旋地转；时而觉得身陷火海，奇光闪耀。

美国学者海·姆，曾在墨西哥的古代玛雅文明中发现有致幻蘑菇的记载。以后，人们在危地马拉的玛雅遗迹中又发掘到崇拜蘑菇的石雕。原来，早在 3 000 多年前，生活在南美丛林里的玛雅人就对这种具有特殊致幻作用的蘑菇产生了充满神秘感的崇敬心情，认为它是能将人的灵魂引向天堂、具有无边法力的"圣物"，恭恭敬敬地尊称它为"神之肉"。

国外有不少科学家相继对有致幻作用的蘑菇进行过研究，他们发现在科学尚未昌明的古代，秘鲁、印度、几内亚、西伯利亚和欧洲等地有些少数民族在进行宗教仪典时，往往利用致幻蘑菇的"魅力"为宗教盛典增添神秘气氛。应该引起注意的是，这种带有浓厚迷信色彩的事情，在科学已很发达的今日，仍被某些人利用，作为他们骗取人们钱财的一个幌子，这是非常可悲的！

除了蘑菇，大麻也有致幻作用。大麻是一种有用的纤维植物，但是在它体内含有四氢大麻醇，这是一种毒素，吃多了能使人血压升高、全身震颤，逐渐进入梦幻状态。

再比如，在南京中山植物园温室中有一种仙人掌植物，称为乌羽飞，它的体内含有一种生物碱——"墨斯卡灵"，人吃后 1~2 小时便会进入梦幻状态。通常表现为又哭又笑、喜怒无常。这种植物的原产地在南美洲。

由于致幻植物引起的症状和某些精神病患者的症状颇为相似，药物学家因此获得新的启示：如果利用致幻植物提取物给实验动物人为地造成某种症状，从而为研究精神病的病理、病因以及探索新的治疗方法提供有效的数据，那将是莫大的收获。

7. 灵丹妙药——罗汉果

罗汉果又叫"汉果"、"拉汉果"，它是我国广西省的特产。罗汉果具有很高的药用价值，具有消暑、润肺、化痰、止咳、润肠通便、提神生津的效用。它同时还是制作高级饮品的原料。

罗汉果形状很有趣，像是罗汉的大肚皮，而它的根则如罗汉佛形状，或许这正是它得名的由来吧。

关于罗汉果有一个故事：很久以前，有个瑶民入山砍柴，发现一棵老树的青藤上挂有许多圆球状的果实，他好奇地摘下了一些，带回家中，挂于檐下。有一天，这个瑶民突然受了风寒，咳喘不止，很是痛苦。乡亲们为他请来一个瑶族医生名叫罗汉。罗汉医生看到了檐下的果子，他把果子摘下来尝一尝，非常甜而且咽喉清爽。他试着把这种果子熬成汤药，让那山民服下去，只喝了三次，那个山民的病就全好了。罗汉医生用这种果子给许多人治好了病。瑶族同胞为了纪念他，把这种果子亲切地称做"罗汉果"。

罗汉果既是味美的果子，又可以治疗慢性咳嗽、老年性便秘、百日咳、支气管炎、哮喘等多种疾病。

8. 滋生疯长——速生植物

有人路过一片茂密的竹林，打算在这儿过一夜，他随手把帽子挂在一株青嫩的竹子尖上。夜里，竹林里不时传来"叭叭"的声音，仿佛是一首催眠曲。第二天，这个人一觉醒来，想接着赶路，却发现帽子被竹子顶得高高的，必须跳起来才能够着。是谁跟他开玩笑，把帽子给抛上去的吗？不是，原来是那棵青竹开的玩笑，它长个儿了，一夜之间竟高了40多厘米，难怪那个人够不着帽子了。而夜里听到的"叭叭"之声，竟是竹子拔节时发出的声音。竹子真不愧是长个儿最快的植物了，有时一昼夜间它就能长1米多，如果耐心地观察，你可以看到竹子像钟表的指针一样移动着向上生长。

自然界里有不少植物都长得很迅速。像树中"巨人"杏仁桉，能长到150多米，简直可以和星星交朋友了。当它栽种后的第一年就可长五六米，五六年后，就已是近20米的巨树了。

海岸边的先锋木麻黄负有抵御台风、防止风沙的任务，为了适应海滩恶劣的环境，木麻黄一边深深扎根，一边迅速长高，如果条件较好，一年就能长高3米！这惊人的长个儿速度，使一些去远海捕捞，数月后才能回来的渔民，居然不敢认自己的渔村了。是啊，出海时光秃秃的沙滩，现在已成了一片郁郁葱葱的木麻黄的天下。

绿化城市时，人们也爱选用一些速生树种。在我国北方，白杨树是比较普遍的，它笔直的树干高高伫立，浓密的树荫遮蔽了夏日炎热的阳光。它的生长速度就比较快，七八年就有10多米高，十几年就能用材了。人们称赞它是"5年成椽，10年成檩，15年成柁"。

北京的车公庄大街，道旁是高大的速生树泡桐，春天紫花飘香，夏天浓荫蔽日，秋天是成串的铃铛般的果实惹人喜爱。

速生植物真给人们带来了许多好处。

9. 花中奇葩——形形色色的花

太阳花

在我国四川省万源县大竹河有一种奇妙的太阳花。它高约15厘米，针状的绿叶柔软异常，花共有 5 个花瓣，呈深红色或嫩黄色，美丽极了。最奇妙的是：它早上日出时开花，而日落时花儿就收拢如笔头儿状了。因它随日出落而开闭，所以人们都叫它"太阳花"。

飞刀花

在秘鲁索千米拉斯山上，有一种能伤害鸟兽的"飞刀花"。这种花花株很矮，不到半米高，可是开花时有脸盆那么大。每朵花有 5 个花瓣，花瓣边缘上生满像针那样尖利的刺。如果轻轻碰它一下，它的花瓣就会猛地飞弹起来，要是被花瓣刺着了，轻的会刺出血来，重的会使人的肌肤划出一条很深的"刀痕"。

催眠花

非洲坦噶尼喀有一种木菊花，喜欢生长在荒山野岭之中。这种花色彩夺目，香气浓郁，不但博得人们的喜爱，就是野生动物也常常立足欣赏。然而这种花具有强烈的催眠作用，人们只要用舌头舔下花瓣，马上就会入睡，野生动物吃后，立刻卧地而眠，即使是 2 吨多重的犀牛，只要吃了它，也会昏倒在地，呼呼大睡。

音乐花

扎伊尔蒙博托湖上有一种荷花，基部有 4 孔，气孔内壁覆盖着一层薄膜。微风从气孔进入，吹动干燥的花膜，花朵便会发出一种如同音乐的声响。

变色花

在世界各地都生长着各式各样的"变色花"，它们色彩斑斓，非常有趣。

据古书记载，在唐代，洛阳曾有株牡丹，"一枝两头，朝则深红，午则深碧，暮则深黄，夜则粉白，昼夜之间，香艳各异。"这段话的意思是说，这株牡丹花，从早晨到中午、黄昏以及入夜这一天当中，花的颜色由深红变成深碧，又变成深黄，再变成粉白。在当时，这株牡丹被人们看做是"妖花"。

在温州一带盛产一种芙蓉的佳品——三醉芙蓉，开花时颜色会有三种变化：早上白色，中午桃红，晚上暗红。

云南省傈僳族自治州，有一种 4 米来高的木本花卉，花瓣有单、双两种，花蕊呈金黄色颗粒状。这种花在开花时会不断长出新花蕾，更罕见的是，早晨花开时为淡红色，到了正午就变成了白色，下午 3 点左右呈粉红色，夜里 9 点为深红色，深夜 12 点左右又变成玫瑰色，次日下午 4 点就凋谢了。

10. 花中之魁——花之最

最香的花。普遍认为是素有"香祖"之称的兰花。兰花还有"天下第一香"的美誉。

香气传得最远的花是十里香，属蔷薇科。

香味保持最久的花是一种培育的澳大利亚紫罗兰，这种花干枯后香味仍然不变。

最小的花是热带果树的菠萝蜜花。平常看到的花是包含千万朵小花的花序。

最长寿的花是一种热带兰花，能开放80天才凋谢。

最短命的花是麦花，只开5～30分钟就凋谢。

最耐干旱的花是令箭荷花，又称仙人掌花。

最毒的花是迷迭香。闻之后令人头昏脑胀，神经系统受损害。

最臭的花是土蜘蛛草的花。其味如臭烂的肉，它利用臭味引诱苍蝇等传播花粉。

颜色和品种最多的花是月季花。全世界有上万种，颜色有红、橙、白、紫，还有混色、串色、丝色、复色、以及罕见的蓝色、咖啡色等。

最会变颜色的花是石竹花中的一个名贵品种。这种花早上雪白色，中午玫瑰色，晚上是漆紫色。

11. 奇花异草——神奇的新植物

随着现代生物学的发展，许多科学家经过不懈的努力，培育出各种植物新品种，为科学的进步作出了新的贡献。

变换颜色的植物

英国利用基因工程培育出一种能够改变颜色的植物。这种植物在紫外线的照射下，因缺水而干渴时会自动变成蓝色；需要肥料而感到饥饿时会显示黄色；遇到有虫害侵蚀时则会自动变成红色。人们根据这种植物的颜色变化可以及时采取有效的措施。

"吃"炸药的烟草

英国科学家利用基因工程改造了一种烟草，可以用来"吃"炸药。经过改造后的烟草能够产生一种细菌酶，可以把 TNT 炸药进行分解，并把分解后的物质作为使自身生长的养料来吸收。只要将这种烟草栽种在受到炸药污染的土地里，几年之后就可以将土壤中的炸药成分清理掉。

有免疫功能的香蕉

美国康奈尔大学植物研究所的研究人员最近培植了一种具有免疫功能的香蕉。只要吃上一个，就会像注射疫苗一样，可以避免乙肝、霍乱和痢疾等传染病。

据介绍，这种香蕉在种植时，要将某种改变了形式的病毒疫苗注射进香蕉树，在以后的生长过程中，该病毒的遗传物质就会永远成为植物细胞的成分。人食用后就会在免疫系统中产生抗体来抵御该病毒的侵害。一棵含有疫苗的香蕉树可产大约 45 公斤香蕉；若将这种香蕉制成粉状食品更便于婴儿食用。每年吃上一两次就能起到预防疾病的作用。

变换香味的花朵

美国印第安那州立大学教授杜德莱瓦曾宣布，她已经发现植物制造香味的秘密，并且可以设计花香和提高花香的浓度。杜德莱瓦发现花的香味是由多种挥发性物质所组成。这些物质是油性的，在温暖的条件下可以挥发。但是，每种花都有自己的特殊性能。不同的花香，组成物质的种类相差很大。有的只有几种，有的则由上百种组成。例如，金鱼草的香味由 7 种物质组成，而人们熟悉的兰花，香味的组成物质则达 100 多种。根据这些不同的香味产生的密码，可以准确地确定花的香味。

杜德莱瓦领导的科研小组，成功地提取了一定数量的花香挥发物质，通过对这些物质进行不同的组合，可以获得人工制造的花香。同时，实验证明，按照植物生长的规律可体现白天比夜晚释放更多的香味，以及发现病毒侵害后告诫同类采取的防卫行动，以达到植物间通过气味进行信息交流的目的。

12. 树中珍品——水杉

在距今 1 亿年以前即中生代的白垩纪，水杉的祖先在北极圈的森林里诞生。那时地球上的气候温暖潮湿，北极也不是现在这个样子，而是温暖潮湿的气候，非常适宜水杉生长。到了晚白垩纪，水杉的足迹已遍布北美洲。这以后，由于地球上的气候逐渐变冷，水杉只好南迁并扩展到欧亚大陆及中欧平原。到了距今 300 万年前的第四纪，地球上出现了第三次大冰川，南极、北极、北美和北亚的辽阔大地全被冰川淹没，水杉及一些来不及"逃走"的动植物群，几乎全部销声匿迹。但是，中国由于得天独厚的自然地理条件，有些地方未被冰川覆盖便成为各种动植物的"天然保护区"。在湖南龙山县人们发现了3棵水杉都有10层大楼高，粗的4个成年人合抱不过来，树龄在300岁左右。人们把水杉视为树木中的"珍品"，不只是因为它是"活化石"，而且还由于它生长迅速、适应性强、树木优美、本身具有很高的经济价值，水杉已被50多个国家引种，成为全球内繁衍的"活化石"。所以水杉一被人们重新发现就立刻名声大噪。

13. 奇异功能——用途不同的草

指南草。在中亚细亚，盛产一种草，人们称它为"指南草"。这种草的特殊之处是：在阳光照射下，它的叶子老是从北方指向南方，人们根据叶尖的位置就能辨别方向，这对旅行的人来说简直太方便了！

彩色草。人们常见的草是绿色的，可美国洛杉矶植物学院的研究人员培养出了紫色的、浅蓝色的、黄色的和不同颜色相间的小草。最美丽的是一种绿色的草，它的上端呈鲜红色，很像花朵。

长腿草。在南美洲有一种草，名叫"卷柏"。在干旱季节，它的根能从地下跳出，整个身体卷缩成圆球状，然后随风滚动，到了潮湿处就扎根生长。遇到旱情，它便再寻新居。

咬人草。有一种小草叫荨麻，牧民们称之为"咬人草"。当你顺手抓它（从下往上顺毛捋）则不痛，逆手抓或撞上即奇痛难忍。"咬人草"茎上的螫毛，用以杀伤来犯的敌人而保卫自己。荨麻为荨麻科多年生的草本植物，春发冬谢，通常高为50~150厘米，茎直立，有四棱，全株密生螫毛，叶似大麻叶子。别看它其貌不扬，农牧民却把它视为珍宝。如果有人遭到毒蛇咬伤，将新鲜的全株荨麻捣烂取汁敷伤处，可迅速治愈；对于草原上常见的风湿性关节炎，寻适量荨麻煎水洗患处，相当有效。

伏兽草。在埃塞俄比亚北部的山上，生长着一种叫"伏兽草"的山藤，它的茎上生有芒刺，芒刺下有刺穴，能分泌一种黄色的浆汁，若粘到动物身上，能使皮肉溃烂。

测醉草。巴西亚马孙河流域生长着一种奇特的"含羞草"，凡是饮酒过多的人走近它，浓烈的酒味会使它枝垂叶卷。因此，当地常用这种草测试那些饮酒后开车的人。

瘦身草。在印度有一种不可思议的野生草，肥身的人服用后会逐渐消瘦下来，故名"瘦身草"。印度传统医学用该草治疗肥胖症已有2000年的历史。日本东邦大学医学部名誉教授幡井勉先生对该草的药效作了研究，认为"瘦身草"能使人体摄入的一半糖分不被吸收，从而降低新陈代谢的速度，达到减肥的目的。如今，"瘦身草"已成为风靡日本的一种健美药品。许多人服用后，体重明显下降，有人服用该药，两个月体重减轻7.6公斤，减肥效果十分显著。

石头草。在美洲沙漠中有种草，样子就像沙漠中的小圆石，当地人叫它"石头草"。剥开这种草来看，圆石部分原来是两片对合的叶子。因为长在沙漠中，所以叶子里储有水分，显得圆鼓鼓的。这种草杂生在真正的石头中间，使人分不清是石头还是草。

美洲沙漠中有不少食草兽类，这种草就利用它的伪装本领逃避了被吞食的灾难。有趣的是，从"石头草"两片叶子中间的小孔中，还能开出朵朵美丽的小花来。

九死还生草。到广东四大名山之一的粤北丹霞山旅游，在饱览山峦秀色的同时，你会发现一种神奇而美丽的小草——卷柏。这种小草生在岩缝、石头上，高二三寸，扁平四散的枝叶簇生在黑色小茎的顶端，每一分叶排列着四列细小的鳞片叶，酷似扁柏。有趣的是，每逢干旱，它枝叶收缩，卷如拳状，由绿转黄，如同死去；但当见到雨露时，它又还魂般地苏醒过来，青绿如初，并由此获得"九死还生草"、"长生不死草"等美称。

还生草非但自身"长生不死"，还能造福人类——它有止血功能，常用来治疗痔疮出血、尿血及脱肛等症。

邙山金鱼草。在河南省郑州市北部30公里的邙山坡上，人们发现了一棵金鱼草。3年来，无论春夏秋冬，金鱼草季季开花，花期长，花带盛，花色多。耐暑抗寒性强是它的突出特征。

会"跳舞"的草。前面已讲过，有一种会"跳舞"的草，在我国南方的山坡野地里，就有这种奇妙的"舞草"。在无风的天气，只要有阳光照射到它，它就像鸡毛那样跳动，因此，当地人也称它为"鸡毛草"、"风流草"。跳舞草属蝶形花科，学名叫山绿豆。它高约1尺，为奇数复叶，有小叶3片，前边1片较大，后面2片较小。它对阳光很敏感，一旦受到阳光照射，后面的2片小叶就会迎着太阳舞动，恰似蝴蝶在花丛中飞舞，从朝阳东升一直舞到夕阳西下才停止，不知疲倦地舞动一整天。

跳舞草为什么会"跳舞"呢？原来，它的老家在热带，它很怕蒸发失水。当阳光照射时，它就以舞动的叶子抗拒酷热的阳光，这是为适应环境，谋求生存而锻炼出来的一种特殊本领。跳舞草可以入药，味淡微苦，有清热解毒、消肿散毒之功效，能治疗风热感冒、毒蛇咬伤、痛疮毒等病症。

能测温的草。在瑞典南部有一种名叫三色鬼的草，人们管它叫天然的"寒暑表"。因为这种草对大气温度的变化反应极为灵敏。在20℃以上时，它的枝叶都斜向上方伸出；温度若降至5℃时，枝叶向下运动，直到和地面平行为止；当温度降至10℃时，枝叶向下弯曲；如果温度回升，则枝叶就恢复原状。

芳香扑鼻的茶香草。在湖南省新化县田坪区境内，发现一种格外芳香的多年生草本植物。这种植物茎皮上有4条很有规则的棱皮保护着。叶为互生，叶片状似茶叶，较茶叶嫩薄，兜多须根，长到尺许就开花，而且花开得奇特，它从尾部的叶柄处长出一根细条，顶端开花球，花为黄色。当地一些群众喜欢把这种植物的茎叶采摘回来，放到米饭上烹蒸，然后用手揉搓烘干，再置于米饭上烹蒸数次，米饭香味更浓。把它置于茶叶中，可使茶叶芳香扑鼻，因而被称之为"茶香草"。

会"流泪"的草。湖南黄双自然保护区有一种奇特的眼泪草，当地人叫它"地上珠"、又叫"叶上珍珠"。这种草的叶子能分泌一种黏糊状液体，像眼泪一样黏附在叶尖上。奇怪的是，这种带甜味的液体能招引小昆虫前来啜饮。当小昆虫碰上"泪珠"时，叶片就会突然收缩，把"顾客"擒住，黏液便裹住它，慢慢将其溶化，变为滋补自己的营养品。

盐草。牙买加生长着一种盐草，它的茎和叶中含有盐分。当地居民割回盐草，洗净晒干后放在锅里煮，再将汁液晒干，水分蒸发后便留下了盐。50公斤盐草可提取三四公斤盐。这种盐的味道并不次于一般的海盐。

纸草。在非洲尼罗河下游盛产一种阔叶状似芦苇的水草，古埃及人采下加工，称为"纸草"。在造纸术尚未发明之前，它是地中海沿岸各国通用的"纸张"，许多古代文献是赖"纸草"保留下来的。现在，这种"纸草学"已被公认为历史学的一门辅助学科。英文"纸"（paper）即从"纸草"（papyrus）一词而来。

灯草。在冈比亚西部的南斯朋考草原，长着一种红色的能发光的野草——"灯草"。这种草的叶瓣外部长着一种银霜似的晶素，仿佛上面涂了一层银粉。每到夜间，"灯草"叶瓣上的晶素就闪闪发光，好像在草丛里装上了无数只放光的"灯"。在"灯草"集生的地方，会亮得如同白昼，使周围的一切都看得很清晰。因为"灯草"能发光，当地居民就把它移植到自己屋门口或院门口，作为晚上照明的"路灯"用。"灯草"的根茎还含有40%以上的淀粉，磨成粉末，可以代替粮食。

另外，哥伦比亚西南森林里有一块称做"拉戈莫尔坎"的草地。"拉戈莫尔坎"在哥伦比亚的尼赛人的土语中就是"光明的草"或"放光的草地"。原来，这块草地上生长出来的草，细短而匀称，叶瓣碧绿略带黄色，草柔软如绸，而且长得浓密。远远向草地望去，仿佛地上铺上了一块平整翠绿的地毯。一到晚上，这块草地就一片光明，宛如被月亮照亮的大地一样，然而可能此时天空里却并不见一轮月影。那么，这些光是从哪里来的呢？"放光的草地"在还没有被科学地解释之前，人们都认为这是"神光"，是神所赐放出来的，这就使草地蒙上了一层神秘的色彩。但是如果你仔细观察就会发现，光是从草瓣上闪耀出来的。由于这种草能够制造一种叫"绿莹素"的莹光素，所以它的草瓣能发出光来。即使将这种草割下来晒干，在黑暗中它也能闪光很长一段时间才渐渐"熄灭"。这就是放光草地的秘密。

蜜草。在南美洲巴拉圭草原上，有一种野生的奇草，它的叶面经常分泌一些黏性汁液，叶和茎中含有一种很甜的物质——蜜草素，比蔗糖还要甜300倍。因此人们称它为"蜜草"。"蜜草"的茎很高，叶小，花呈白色或紫红色，聚生在一起，呈伞状。当地瓜拉尼印第安部落的人常到草原去采集它，然后晒干磨碎，做成一种他们喜爱的饮料来代替糖。"蜜草"对人体无害。当地农场已开始试种这种草。

毒草。在西印度群岛上，生长着一种毒草，它的毒性很大。马如果吃了这种草，全身的毛会脱得一根不留。

乌龟草。南美洲荒漠中生长着一种像乌龟壳的草，它的茎很矮，外表有不规则的花纹，当地人称为"乌龟草"。有趣的是，这种草的壳很难透水，每当下过雨后，它就会从壳上很快伸长出一根绿色细长的鞭状茎来吸收水分。天气干旱时，这些长出来的枝叶很快就会死去，仍然只剩下一个乌龟壳；等到再次下雨后，才重新长出鞭状茎来吸取水分。

五香草。湖南省绥宁县黄桑自然保护区有一种草，香气袭人，味似五香，人称"五香草"。这种草长在小溪旁边，高六七十厘米，形似菖蒲，茎节繁殖。当地人将它作为调味品食用。如煎一盘鲜鱼，放二三厘米长的一段"五香草"，味道极鲜美。

长寿草。在非洲尼日利亚北部地区的丘陵地带，有一种能活百年的草，遍地皆是。当地人称这种草为"生寿草"或"幸福草"。这种草的根茎非常坚韧，呈赤色，每棵草上有8瓣又细又长的叶子。叶子像常绿的松柏一样，终年不枯。这种草每过一年，根茎上就会长出一个茎节。大的百年草约有十五六米高。因此，在百年草丛生的地方，常有许多树木被淹没在草丛之中。

还魂草。安徽黄山的高峰石壁间，生长着一种奇特的"还魂草"。它枯黄以后，只要用开水烫过，再浸在冷水里，过一会儿，仍然变成青绿色，因此叫"还魂草"。这种草是黄山的特产，很不容易采摘。

耐旱草。非洲有一种名叫"塔尔布察·埃勒干斯"的耐旱草，是一种在完全缺水的情况下不致枯死，稍有降雨便能返青的"苏生植物"，能在长期干旱条件下生存。这种草在脱水两年之后，一经浇水，仅 2～3 小时，便颜色青青。

电线草。西印度群岛上生长着一种奇特的草，竟能生长在电线上，人们称它为"电线草"。这种草属凤梨科，又叫铁兰，茎上生叶，叶重叠为莲座状，叶中含有大量水分，足够在空中生活之用。

14. 无奇不有——形状不一的树

产"米"的树。马来西亚有一种西谷椰子，树干挺直，高达十六七米。树干中心柔软，用刀把它刮出，浸入水中后，水液就会变成乳白色米汤，含有很多淀粉，经过加工，可做成大米似的颗粒，吃起来味道与大米差不多。

产"酒"的树。非洲的东部生长着一种叫"休洛"的酒树。它常年分泌出香气芬芳并含有强烈酒精气味的液体，当地人把它当做天然美酒饮用。

指南树。非洲马拉加西岛上生长着一种"指南树"，树干上长满一排排细小的针叶，它们总是指向南极。

药树。在西非的热带草原上生长着一种小树，树体内含有大量能杀菌的生物盐，故人们称它为"药树"。该树无须加工，就能治疗疟疾、贫血和痢疾，树皮和树根晒干后就是天然的"奎宁"。牙痛患者嚼一块"药树"的鲜树皮，疼痛即消。

铁树。19 世纪下半叶，俄国著名地质学家和植物学家施密特，在考察海滨地区时发现了一种不为人知的白桦树种，这种树木质坚硬，其抗弯强度可与熟铁媲美，故又名"铁白桦"。用这种树做船体，可免涂油漆，它既不怕酸，也不会生锈。

吃人树。在印度尼西亚的爪哇岛上，有一种叫奠柏的树，枝条拖到地上，当人和动物碰着它时，树上的所有枝条就会同时伸过去，把人或动物紧紧地缠住，然后，从树干和枝条中分泌出一种胶液，把人牢牢地粘住，直到死亡。这种树为什么会吃人呢？因为它生长在缺乏营养的土地上，以人和动物的腐烂尸体为养料，等它把养料吸收完了，其枝条又重新舒展开，准备捕捉新的牺牲者。

女儿树。在神农架林区茵丰乡万富村，有一棵 5 米高的"含羞树"。这棵树只在夜间开花，而且不结果。但更奇怪的是，老人、儿童、妇女无论怎样看它，它都叶茂花艳。可是，一旦青年男子看它时，哪怕稍看一眼，它便立即叶缩花萎，树枝下垂。故而，当地人给它取名为"女儿树"。

夫妻树。在四川巫山县的梁子山上，有两棵栎树（俗称青红树），一东一西，相距 5 米。两树一高一低，一粗一细。粗者雄壮，被呼"夫树"；细者秀雅，被呼"妻树"，合称"夫妻树"。"夫树"在距地 2.5 米处生有一碗口粗的树枝，像手一样凌空搭于"妻树"的树干上，共为一体，没有一点缝隙。

三树连理。福建省建瓯县潢溪畔的万木林中，有三棵巨人似的大树：一棵是南岭栲，一棵是拉氏栲，一棵是罗浮栲。它们的树龄都已超过500年。这三棵大树的红棕色树根露在土外，互相紧密愈合，浑然一体，形成罕见的三树连理现象，就像是三位巨人紧紧拥抱，构成一个风貌奇特的自然景观。

汽油树。在南美洲亚马孙河流域生长着一种树木，分泌的汁液可直接用作汽车燃料油。这种树树干周长可达1米。当地印第安人每年一次在树上钻些小孔，就可以从每株树上收集15～20公升汁液。经分析表明，这种汁液是烃类混合物。

蔬菜树。印度尼西亚和马来西亚的专家20世纪80年代初培育出一种高大的蔬菜树"卡拉姆巴尔树"。这种树高达8～15米，结的果实很大，外形古怪，味酸，可以做凉拌菜吃，也可以煮汁当清凉饮料喝。

糖树。从国外迁来海南"安家"的糖棕，长得苍郁茂盛，是一种有着挺拔的躯干和婆娑扇叶的常绿乔木。糖棕的花序中含有大量的糖棕汁，含糖量可达15%，完全可以与甘蔗媲美。糖棕汁甘甜可口，是一种上乘的清凉饮料，能消暑解渴，大热天喝上一杯，凉爽润喉。在糖棕树下乘凉，更是凉爽宜人。

喂奶树。摩洛哥西部有一种奶树，花树凋零时，在蒂托处会结出一个"奶苞"，苞头尖端生长出"奶管"。"奶苞"成熟后，"奶管"里便滴出黄褐色的"奶汁"来。奶树根上丛生着许多幼树，像小孩一样依偎在母亲身旁。大奶树分泌出来的"奶汁"，由"奶管"滴出，下面的"子女"们便用狭长的叶面吮吸"奶汁"。有趣的是，当幼树长成后，大奶树便自然地从根部发生裂变，和小树脱离并"断奶"，大奶树被分离部分的树冠，随即开始凋萎，以利于幼树经风雨、见世面，接受阳光雨露，开始独立生长。

说话树。美国科学家戈尔敦·奥莱因和大卫·鲁德在华盛顿大学证实，像赤杨和柳树这样的树种，当贪食的毛虫从一棵树落到另一棵树上时，它们能互相通报。事情原来是这样：当一棵树受到侵袭时，便能分泌出一种化合物，它的气味散布半径可达30～40米。那些尚未受到毛虫侵袭的树木闻到"报警的香气"，于是能准备起来对付袭击。

在考察这种保护机能的实验中，学者们发现，被袭击的杨树和柳树能产生出生物碱和萜烯类的化合物，它能诱发同类作同样的分泌。这种化合物在树叶上渗透出来，从而使昆虫不能食用。

唱歌树。非洲有种唱歌树，身挂柔软枝条，生着薄薄的叶片。风过处，此树枝条袅娜，叶片碰击，发出"多、来、米、法"声，如高山流水，优美动听。

跳舞树。在西双版纳的原始森林里，有一种小树，能随着音乐节奏摇曳摆动，翩翩起舞呢！当音乐优美动听时，小树的舞蹈动作就婀娜多姿；当音乐强烈、嘈杂时，小树就停止跳舞。更为有趣的是，当人们在小树旁轻轻交谈时，它也会舞动；如大声喧闹，它就不动了。

发笑树。非洲的芝密达兰哈德植物园里有一种会发笑的树。这种树在有风的时候能发出"哈哈"的笑声，和人的笑声十分相似。笑树是一种小乔木，在每个树杈间都长有一个皮果，里面有很多小滚球似的小孔，风一吹，皮蕊在里面滚动，又薄又脆的皮壳便发出阵阵类似"哈哈"的笑声了。

下雨树。浙江省文成县西山乡朱川村有两株"下雨树"。人站在树下，头发湿润，眼睛模糊。这两株树约栽于明朝嘉靖年间。据分析，这两株树因根系发达，吸水力强，但叶面蒸发量小，水分运输不畅，多余的水便从树叶毛孔中渗出。

气象树。在广西忻城县龙顶山村旁，发现了一棵能预测晴雨的"气象树"。这是一棵青冈树，高约20米，直径约70厘米。晴天时，树叶是深绿色；下雨前一两天，树叶会呈红色；雨过天晴，树叶会恢复成为绿色。据科技人员研究认为，这是由于这棵树对气候变化非常敏感。

发出不同声音的树

在巴西，生长着一种名叫"莫尔纳尔蒂"的灌木。这种树属木本类植物，白天时，它会不停地发出一种委婉动听的乐曲声；到了晚上，它又会连续不断地发出一种哀怨低沉的泣声；等到天亮时，它又变为悦耳动听的乐曲声。据一些植物学家的研究，认为这种树能昼夜发出不同的声响，与阳光的照射有着密切的关系。

蝴蝶树。每到秋天，美国太平洋沿岸的蒙特利松林里的松树上就停满了千千万万只五彩缤纷的大蝴蝶。蒙特利松树与众不同，树皮深绿而近似墨黑；树叶很长，呈绿色；树皮粗糙，表面布满带须芒的青苔。当数不清的彩蝶从北方飞过来时，就会不约而同地纷纷降落下来，爬满松树的枝枝杈杈，并且双翅紧合、纹丝不动。一霎时，这儿成了"蝴蝶世界"，一棵棵黑不溜秋的松树变成了五光十色的"蝶树"，等到过了寒冬，到来年春暖花香时，成群的蝴蝶才悄悄飞去。这种奇异的生物现象，至今仍是举世瞩目的"自然之谜"。

衬衣树。在美洲南部的巴西，生长着一种奇特的树。因为它的树皮可做成衣服，故而被当地居民称为"衬衣树"。这种树高大粗壮，呈圆柱状。它的树皮竟可以十分完整地剥下来，仍保持原来的圆柱形状。如果把这种树皮放到水里浸泡，然后取出来，用木棍轻轻捶打，漂洗干净，晾干，它就可像布匹一样柔软结实。当地的印第安人十分喜欢用"衬衣树"皮来做衣服。

一年结3次果的树。西藏发现了一株一年开3次花、结3次果的梨树。

这株梨树生长在海拔 3 200 多米的林县甲格村。从外形看，它和一般梨树没有什么两样，但从 1981 年开始，它每年 3 月初开第 1 次花，比一般梨树的开花时间早 10 天左右；当第 1 次果实长到重约 1 两时，第 2 次花又普遍开放；第 2 次结的果实快要成熟的时候，又开放第 3 次花。每次花都能结果，但果实一次比一次小，味道也一次不如一次。除这株梨树外，当地的其他梨树都是一年只结 1 次果。

种树储水。苏丹的达哈姆人居住在干旱地区，这里每年有八九个月不下雨，因此，当地居民要在有雨的三四个月里储存食用水。为了储水，差不多每家都种一种名叫"泰伯尔迪"的树。这种树不高，树干却非常粗，人们把树干挖空了，可以存许多水。每逢下雨时，全家老少一起出动，把雨水灌进树洞里。水装满后，把洞口封盖起来，等缺水时使用。

吐水的树。瑞士洛桑湖畔有棵连续 60 年向外吐水的树。村里的人在这棵树下装了个水槽，常常牵着牲口来这里饮水。人们已经完全忘记了这水到底是从哪儿冒出来的。原来，60 多年前，在村子里开始安装自来水管时，将一根水管与嫩绿的树棍绑在了一起。然而在人们不知不觉中，木棍扎了根，长成了一棵大树，并且在生长过程中，水管嵌入树干里，使人觉得这水像是从树干中流出来的。

防火树。科学家发现，非洲的丛林中有一种奇怪的树，不仅火很难把它烤着，而且它还拥有自动灭火器呢！一旦有火在它附近出现，它即能及时自动将火扑灭。一位科学家曾试验过这种树对火的敏感性。他故意在这种树的树下用打火机打火吸烟，谁知火光一闪，香烟尚未点着，无数条白色的液体泡沫由树上向他没头没脸地喷来，弄得他满头满脸是白沫，身上衣服也湿了，狼狈异常。当然，打火机的火也立即熄灭了。这种拥有自动灭火器的树，名叫"樟柯树"，生长于非洲安哥拉的西部。这种树树形高大，树叶茂密，是一种常绿树。它的叶片细而长，叶宽仅二三寸，而长则有七八尺，垂挂下来，犹如女孩子的长辫子。在高大的树枝之间，长着许多比拳头略大的球状物。从外表看，它似乎是果实，但实际上是这种树的自动灭火器，植物学家称它为"节包"。如果摘下一个来看，可以看见它的上面有许多小孔，就像莲蓬上的小孔，里面装满透明的液体，经化学家分析，这些液体竟然含有大量四氯化碳，一喷射出来就会形成大量泡沫，火很快会被扑灭，就如同灭火筒灭火一样。

饼子树。在利比亚里内起的原始森林中，有一种当地人称为"沙伊密尔起纳布"的树。这种树高近 30 米，每年 1~2 月和 7~8 月各开一次花，4 月和 9 月各结一次果。果实绿色，呈长圆形鞋底样硬干果，含淀粉达 70% 以上，无甜味。人们将这种果子摘回，剥去硬质皮，然后放在火上烤熟，就能食用。这种"饼子果"被当地人称为"树上的粮食"。一棵"饼子树"每年可收"饼子果"60公斤左右。

面条树。在南非马达加斯加山区，有一种奇异的"面条树"，它树干粗壮，叶子狭长有齿边，每年四五月开花，六七月结果。其果实为条形的"须果"，长约2米，含有丰富的淀粉。每当果实成熟时，当地居民将它割下，晒干收藏。食用时放在水里煮软，然后捞出加上作料，便成为味道鲜美的"面条"。这是当地居民的一种可口食物。

面包树。在热带森林里有一种叫"释迦果"的树，它从树根、树干到树枝上，都长满了许多大大小小的果实，成熟的有足球那么大，最重的每个达20公斤。把这种果实摘下来切开，放在火上烘烤后，即可食用，营养丰富，味道同面包差不多鲜美可口，所以人们称它为"面包树"。其果实除作粮食用外，还可用来造酒、制果酱。其种子用糖炒后，吃起来同糖炒栗子差不多。5棵这样的面包树，足可养活一个7口之家。

木豆树。海南岛有一种果实能制作豆粉、豆腐或豆沙馅的木豆树。这是一种分枝较多的灌木，高2~3米。它的花、荚果、种子的形状和圆粒大豆非常相似，几乎一年四季都开花结豆。用这种木豆制作的豆粉、豆腐或豆沙馅，含有大量的蛋白质，味道鲜美，营养丰富。

花生树。在印度、斯里兰卡、马来西亚、缅甸等地的海岸附近，到处生长着一种木本油料植物，名叫"腰果树"。它的果实腰果不仅外形和花生一样（比花生略小），而且味道也和花生差不多，香而脆，可以生吃，也可油炸或炒着吃，因此人称"花生树"。腰果也有外壳，里面有两颗仁，果仁含有21.2%的蛋白质、46.9%的脂肪和磷及丰富的维生素。果实可以榨油，这种油黏性很强，可以作漆，涂在木器上，光泽经久不退。

味精树。云南省贡山独龙族怒族自治县青拉筒山寨中，有一棵高约27米的奇特的大树，它状如古柏，叶大如掌，叶肉厚实，皮和叶具有类似味精的鲜味。人们煮肉或炒菜时，只要摘一片树叶或刮一点树皮放入锅内，菜肴便会格外鲜美。多少年来，当地居民把这棵树的叶和皮当做味精来使用，人们称它为公用的"味精树"。

泌油树。陕西省有一种叫"白乳木"的树，只要撕破它的叶子或扭断其枝条，破损处就会流出一种白色的油液。这种油既可食用，也可作燃料。

云南省的勐海县等地，生长着一种叫"羯布罗香"的树，树叶大如手掌，树干上长有茸毛，只要在上面划一道沟或挖一个洞，用一根火柴一烧，马上就会流出一种油液，既可以点灯用，又可以涂在家具上起防腐、防蛀作用。

广东省怀集、台山及海南省等地，生长着一种竹柏。它高达20~30米，每年都开花结果，果实含油量达51%，加工后既可食用，又可作工业用油。

煤树。西非有一种燃烧能力很强的"煤树"。它高三四米，树身粗壮呈黑色，树皮有光泽。这种树含有一种油脂，非常易燃，其燃烧力比煤还大。据说，有一次一棵"煤树"失火，整整燃烧了3天。当人们把火熄灭后，那棵树只烧去了一些小枝丫，而树身仍完好无损。

柴油树。巴西有一棵奇异的树，它约有100岁，高30米，只要在树干上挖一个洞，一小时内就能流出5~10升"柴油"，半年后又可进行第二次"开采"。这些"柴油"不必进行加工提炼，可直接注入汽车油箱使用。

在海南岛的三亚市、乐东、东方、昌江、白沙等地，有一种高大乔木，高可达30多米。这种树叫"油楠"，又叫"蚌壳树"、"油脚树"、"科楠"、"脂树"。它的木质内含有丰富的油脂，其可燃性能与柴油相似，故称"柴油树"。当削开它的韧皮部或砍断枝丫时，油脂就会自行溢出，尤其是砍倒大树时，油溢如泉涌。它是一种珍贵的能源树种。

石油树。美国为从根本上解决石油来源问题，成功地栽培了一种"石油树"。这种树切割后流出的乳液含有与天然石油相似的石油烃类，经脱水后的原油，同普通天然石油一样，可以加工炼制成汽油、喷气机用燃料等油品。美国已有3个州大力栽培发展这种石油树，每英亩可年产10桶石油，若加强育种和管理，产量还会提高。

碘树。南美洲有一种珍贵的植物——碘树。它长有银白色的叶子，果实类似小黄瓜，在每年的10月底成熟。熟透的果实是绿色的，散发着既像菠萝又像苹果的香味。据化验，碘树的每一个果实含有2.06~3.09毫克的碘。如果经常吃这种含碘的水果，可以防治许多疾病。

摇钱树。江西省九江县株岭山上有一棵果实奇特的树，这棵树高12米，果实的形状酷似我国古代的铜钱：果翅呈圆形，中间的种子为正方形。当微风吹拂时，满树的"铜钱"摇晃，沙沙作响，难怪人们叫它"摇钱树"。

皮肤树。在墨西哥的奇亚巴斯州生长着一种叫"特别斯"的神奇的树。它对治愈皮肤烧伤有特殊的疗效，因此，人们又称它为"皮肤树"。"特别斯"树高达8米，只生长在奇亚巴斯一带。据说，早在玛雅文化时期，玛雅人就已知道了"特别斯"的特殊性能。他们把生长了八九年的"特别斯"的树皮剥下来晒干，用来烧制玉米饼，再把燃烧后的树皮研碎，筛出细面，将咖啡色粉末敷在烧伤部位，创面很快就能长出新的皮肤。经卫生专家实验确定，它具有极强的镇痛性能，含有两种抗生素和强大的促使皮肤再生的刺激素。墨西哥红十字会医院曾用"皮肤树"治愈了2700名大面积烧伤的病人。真正在现代医院里大规模使用"皮肤树"医治烧伤还是近几年的事。目前，在欧洲、日本和美国都已经开始使用"皮肤树"医治烧伤了。

炸弹树。在非洲的北部地区，生长着一种名副其实的"炸弹树"。它的果实有柚子那么大，果皮外壳呈金黄色，非常坚硬。到成熟时，它会突然爆开，爆炸的威力像小型手榴弹一样，杀伤力很大，外壳碎片能飞出20多米远。因此，在爆炸后，往往在树的周围能捡到被炸伤的鸟。

苏打树。新疆南部孔雀河和塔里木河汇合的地方，在塔克拉玛干盐碱沙漠中，生长着一种叫异叶杨的树，能从土壤里吸收大量盐分。这种树的树皮、树枝杈和树窟窿里，每年都排出大量像雪一样洁白的苏打（碳酸钠），当地居民叫它"梧桐碱"，叫这种树为"苏打树"。这种梧桐碱可代替碱面或苏打，也可加工成肥皂。

牛奶树。在巴西的亚马孙河流域，生长着一种植物学家称做"加洛弗拉"的树。它的表皮平滑，只要用刀在树干上切个小口子，里面就会流出一种颜色和状态都像牛奶的汁液。所不同的是，这种乳白色的汁液有一股苦辣味，但加上水煮沸后，苦辣味就没有了。经化验，其化学成分同牛奶相似，富有营养，是一种难得的高级饮料。当地人很爱喝这种"牛奶"，甚至用它来充饥，并称这种树为"牛奶树"或"奶头"。每株"牛奶树"一次可"挤"奶2～3公升，隔天之后，树汁又会流出。

在委内瑞拉的森林里，也生长着一种产"牛奶"的树，叫"加拉克托隆德"。它产的"牛奶"比"加洛弗拉"产的味道还要好，而且不需加工煮沸就能饮用。

羊奶树。在希腊的吉姆斯森林地区，有一种当地叫"马德道其莱"（意即喂奶）的树。这种树高约3米，长有像萝卜缨一样的叶子；树身粗壮，凹凸不平，每隔几十厘米就有一个绿色的"奶苞"，会自己流出"奶汁"。这种"奶苞"在树根处更多。当地的牧羊人常将刚出生不久的羊羔放在那里，羊羔就会像吮吸母羊的奶一样，从"奶苞"上吮吸"奶汁"。据说，这种树上流出的"奶汁"，营养不亚于母羊奶。

鞋树。在非洲利比里亚东北部的梭那村里，有一种能长出"鞋"来的树。这种树高40米左右，叶子像一块长方形的硬底板，长30多厘米，四周生有青色的叶衣，很像鞋帮；叶子除边缘比较柔软以外，中间厚而坚硬，很像自然生成的长方形的鞋底。摘下一片树叶，在叶子底板旁的叶衣交接处缝几针，便成了一只"鞋"。当地人每逢雨天或走远路时，都喜欢穿这种"树鞋"。一双这样的"鞋"可以穿一个星期左右。

布树。乌干达有一种"树皮布"树。一棵生长10年左右的树，其皮可加工成长5米、宽2米多的一块布，可以做衣服、床单等。当地农民经常加工这种"树皮布"。黑龙江省阿穆尔湖沿岸居民，用缝连起来的桦树皮在架子上制成的小船在水上航行，可容纳 1 ~ 2 人。19 世纪中叶以前，东欧一些地区的农民主要用桦树皮编织成鞋。

棉花树。云南省有一种"棉花树"，树上结出的"棉桃"可以纺纱、织布，用来做衣服。"棉花树"是一种半乔木，高 3 ~ 5 米，每年春秋各结"棉桃"1 次，3 年的树每次可结"棉桃"300 多个，以后逐年增加，10 年可达 1 500 个左右。这种木棉纤维长达 30 ~ 40 厘米，品质轻柔，能纺 60 支以上的细纱。缺点是纤维长短不一、不够洁白。

瓶子树。在古巴的皮诺斯岛的热带丛林中，生长着一种树干形状像瓶子的棕榈树，树干上半部鼓鼓的，腰部空心，状如花瓶，当地人称之为"瓶子树"。它有长有短，有粗有细。当地居民常把中空的树身制成"棕榈瓶"作为摆设。这种"棕榈瓶"也是很好的容器，既可以盛水，又可以储藏颗粒食品。

在马达加斯加和阿拉伯也门共和国中部干旱少雨的地方，生长着一种树干像瓶子的"瓶子树"，它根部呈大肚形，往上越来越细，里面储藏着大量水分和充足的营养。因此，这种树能在石缝里、悬崖上顽强地生存。这种"瓶子树"春天不见叶，但却开着粉红色的花朵。

蜡烛树。在巴拿马地峡有一种"蜡烛树"，它的长条形的荚果酷似蜡烛，长 0.6 ~ 1.2 米，含有 60% 的油脂。当地居民从树上摘下这种果实，带回家里，晚上把它点着，可以代替蜡烛照明。它跟普通的硬脂蜡烛一样，但没有烟，光线均匀柔和。也可以从果实里先榨出油来，然后用以点灯或作其他用途。蜡烛果还可充当饲料。

牙刷树。在东非坦桑尼亚的坦噶尼喀，有一种叫"洛菲拉"的特殊小乔木，它的树枝木质纤维柔软而富有弹性，稍加削磨加工，就成为一把良好的牙刷。由于树中含有大量皂质和薄荷香油，用这种"天然牙刷"刷牙时不需要牙膏或牙粉，也能产生满口泡沫，清凉爽口。当地人都用这种天然牙刷来刷牙。

凉席树。几内亚有一种外形酷似芭蕉的巨型阔叶树，四季常青，高 7 ~ 10 米左右，叶子长 7 米多，宽 3 米以上，叶面光滑，有一种特殊的香味。当地人常把这种叶子当凉席使用，既方便又凉爽。

胶水树。俄罗斯南部有一种奇异的树，剥掉树皮后会露出一只只像大眼睛似的疤痕，每只"眼睛"里还能流出一种胶状的"眼泪"。这种黏性很强的汁液，可用来代替胶水使用。人们称这种树为"眼睛树"或"胶水树"。

捕人树。有一种树，像一棵巨大的菠萝蜜，高约 3 米，树干呈筒状，枝条如蛇，因而当地人称之为"蛇树"。这种树极为敏感，鸟儿落在它的枝条上，很快就会被它抓住"吃"掉。美国植物学家里斯尔，一只手无意中碰到这种树的树枝，很快被缠住，费了很大力气才挣脱出来，但手背的皮已被拉掉一大块。

另据报道，在非洲的中部和南部地区，有一种树身粗矮，树上长满针状枝丫的树。这些枝丫平时伏在地上，好像铺着绿色帷幔的卧榻。旅游者的脚步如果触及这些枝丫，它就立刻像巨蟒一样跃然而起，把人网在里面，并迅速刺入人体，直至把人体的血吸尽，才将尸体抛在一边。

巴拿马热带原始森林中生长着一种古怪的大树藤，印第安人叫它"捕人藤"。如果人们在森林中不小心触着它，藤条就会像蟒蛇一样把人紧紧缠住，直至把人勒死。这时，有一种张开翅膀后有大蝙蝠那样大、美丽黑色的大蝴蝶——食肉蝶，便纷纷落到被缠的人身上，吸食血肉，人的全身很快就会被咬烂，血淋淋之状，惨不忍睹。

过敏树。辽宁省东部的桓仁山区，生长着一种能使某些人产生过敏反应的树，当地群众称它为"咬人的树"。这种树树干像楸树，叶子肥大，呈柳叶形，春天时枝头发出一簇簇绿里透红的枝叶。如果有人接触它的枝叶，或采食其嫩芽，皮肤就会起鸡皮疙瘩，浑身肿胀，皮破淌黄水，黄水流到哪里，哪里的肉便腐烂，痒痛难忍，不能行动。冬季，如果有人拾了它的干枝烧火，也会被它"咬"伤。凡被"咬伤"者，轻则3日，重则两三个月才能康复。当地人见了这种树都望而却步。

电树。印度有一种"电树"，它的树叶带有强烈的电荷，人如碰上，就会遭到电击。这种电树能影响指南针的磁针。人们把指南针放在距它25米以外的地方，就会看到磁针在剧烈摆动。这种"电树"的"电压"在一天内还会发生变化，中午电量最强，半夜电量最弱。当地人常用它做篱笆，以阻拦盗贼、罪犯或野兽。

手铐树。非洲有一种不怕酷热，不怕干旱的树，当别的草木被旱得枯萎的时候，它的枝条仍然迎风摆动。当你到树下推开枝条准备乘凉的时候，它会紧紧地把你的手缠住，就像扣上手铐一样，当地人称它为"手铐树"，谁也不敢接近这种树。

捕鸟树。在南美洲秘鲁南部的高山上，有一种奇异的"捕鸟树"。这种树形似棕榈，叶上长有很多坚硬的刺，当飞鸟寻觅食物感到疲乏而飞落在这种树的枝条上歇息时，就常常会因触及叶上的刺尖而伤亡。有时一棵"捕鸟树"的周围能拾到几十只死鸟。只有美洲蜂鸟由于身体特小，才能免此杀身之祸。

捕蝇树。南美洲有一种叫"罗里杜拉"的树，它的树叶能分泌一种黏液，并能散发出一种香味。苍蝇十分喜欢这种香味。当地居民常将这种树的树叶成串地悬挂在客厅或厨房的墙壁上，既可装饰美化环境，又可以消灭苍蝇。当苍蝇飞落在这种树叶上时，便被叶面上的黏液牢牢粘住而难逃活命。

箭毒木。在海南岛的海拔山区有一种世界上最毒的树——箭毒木。这种树属桑科植物，树干粗壮，高大挺拔，其根、茎、叶、花、果都含有丰富的有剧毒的白色乳汁。这种毒液一旦触及人、畜或兽有鲜血流出的伤口，就会使血液迅速凝固，引起心脏阻塞以致咽喉封闭而中毒死亡，因此又叫"见血封喉"。如果不小心将此毒液弄进眼里，可使眼睛顿时失明。甚至这种树燃烧时，烟气熏入眼里，也会导致失明。当地黎族猎手，常将这种毒液涂于箭头，射猎野兽，被射中的野兽走上三五步就会倒毙。

据史料记载，1859年，东印度群岛的土著民族在和英军交战时，用涂有这种毒液的箭射向来犯者，开始英军不知道这种箭的厉害，中箭后仍勇往直前，但跑了几步便倒地身亡，使英军大为惊骇。

在西双版纳也有这种箭毒木。相传那里最早发现箭毒木的汁液含有剧毒的是一位傣族猎人。有一次，他打猎被一只很大的狗熊追逼而被迫爬上一棵大树。在紧急关头，他折断一枝树杈猛刺往上爬的狗熊。结果，狗熊立即倒毙。

斗树。喀麦隆有一种叫"撒息尼米"（意即斗树）的树。这种树枝丫很多，枝丫上长有许多三角形的棕黑色硬刺；枝头硬刺多而叶片少，有的枝丫上仅有一两片叶。这种树"凶残好斗"，它长长的枝丫常像一条条长绳一样，伸展出去将邻近的小树钩缠，使这些小树被钩刺得遍体鳞伤，枝断躯残，甚至含恨死去。如果两棵这样的树相邻并处，经过格斗后，要么两败俱伤，要么其中的一棵死去。由于这种树"好斗"，具有一种斗个你死我活的劲头，因此人们称之为"斗树"。当地的隆页库内人有一句谚语："做人要做善良的人，不做'撒息尼米'。"

壁树。在沙特阿拉伯的川喀沙区，生长着一种耐干旱的树，这种树有一个奇怪的习性，像爬山虎一样，不能自己独立生长，必须有一个依靠物。由于它生长时总有一边依靠别的物体，因此，这种树的树身并不是圆形的，而是一边圆，一边平直，像一根圆木被竖着锯成两半。当地人称它为"壁树"。壁树木质坚硬，尤其是做木板时，平直的一边没有树皮，可直接锯成木板，是一种优质木材。但这种树生长缓慢，一般要二三十年才能长成材。

旗树。这种树的枝叶全长在同一侧，酷似迎风招展的旗帜，高山研究的学者称它为"旗树"。由于高山上风向恒定，风速极大，强劲的风雪削去了迎风一侧的枝叶，只剩下了背风侧的枝叶，使它们成为天然的"风向计"，人们能一眼就看出这里的常风向。

我国黄山玉屏楼前的"迎客松"，也是"旗树"的一种。

雨树。斯里兰卡有一种"雨树"。在一些城市的街道两旁，晴天的早晨会突然下起一阵不大不小的雨，这种雨便是从路旁的树叶上洒下来的。这种树的叶子有30厘米长，晚上卷成小团，中间凹陷，四周微微隆起，把周围的水蒸气凝结后形成的水收藏起来。到第二天太阳出来时，叶子受热便垂下伸展开来，于是聚集在里面的水便一泄而下，来一阵"树造雨"。

　　喷泉树。在苏里南的弗仑德席普、纳绍等地，有一种枝繁叶茂、树干粗壮却又矮墩墩的常青树，树梢两侧一年四季不断地喷射出纤细的水流，酷似一眼喷泉，故称"喷泉树"。它喷射出来的水，清澈晶莹、淡而无味，可供饮用。它之所以能喷水，是因为这种树的根系特别发达。

　　淌水树。在几内亚的亚加密林里，有一棵不断淌水的树。这棵树长在河岸上，高 25 米左右，常年不落叶。因它的根须钻入了河底深处，可以从河里不断地吸收大量的水分，因此，它的枝条和叶片都能渗出水滴。在水多的季节，它每天可以从枝叶上淌出 300 公斤水。树下终年潮湿，积水不干。

　　储水树。南美洲有一种形状似纺锤的树，树干两头尖、中间粗，像一个大肚子瓷瓶，当地人称之为"纺锤树"或"瓶子树"。这种树高约 30 米，树干最粗的地方达 5 米，树干的顶端孤零零地长着几片叶子或树枝，从远处看就像一个半截埋在土里的大萝卜。雨季时，这种树能吸收大量水分储存于树干内，最大的树可储水 2 吨左右，能供 4 个人饮用半年多。当地人要用水时，只要在树干中部划一刀，就会有清凉的水流出来；如遇到天旱，人们把它砍倒，便是一个别致的储水缸。

　　旅人树。在东非的马达加斯加岛，有一种木质茎的木状草本植物，高达 7～10 米，笔直的干上生着芭蕉似的叶片，并且相对地排列成一个平面，很像打开的一把折扇，又像开屏的孔雀。这种树学名"旅人蕉"，有人叫它"扇芭蕉"、"扇子树"、"孔雀树"。它的叶子肥大坚实，既可做成杯、碟、匙、碗、盆、桶等各种器皿，又可以裁剪成台布和窗帘，也常用作房屋的覆盖物，远远望去宛如琉璃瓦。它的皮则可铺设地板。旅人蕉的叶鞘基部能储藏大量的水。在干旱季节，旅行者路过这里口渴时，用小刀戳穿叶柄基部，便可流出清冽而甘冷的水，作为消暑解渴的饮料。又因它的叶子可以遮日，外形与黄瓜相似的果实可以充饥，是疲惫干渴的旅行者的歇息之地，因此人称它为"旅人树"。我国的台湾、广州、海南岛等地也有这种树。

　　夜光树。非洲北部生长着一种"夜光树"，当地居民称它为"恶魔树"。其实并不是什么恶魔在作怪，而是由于这种树含有大量的磷，磷质变成磷化氢气体后，从树体内散发出来，遇到空气中的氧气，便燃烧起来。因此，每到夜间，其树根、树枝便会闪烁发光。晴朗的夜晚甚至可以在树下看书或做针线活。人们也称它"照明树"。

　　月亮树。在贵州省三都水族自治县的原始森林中，有一种罕见的月亮树。它干粗、枝多、叶茂，每到漆黑的夜晚，每片树叶的边缘都发出半圆形的闪闪荧光，恰似上弦月的弧影挂满枝头，微风吹拂，满树月影，婀娜多姿，十分壮观。据考证，这种树是第四纪冰川之后几乎绝迹的稀有树种。

灯笼树。在江西省井冈山无云的暗夜，远眺山上，常可看到一盏盏淡蓝而柔和的小灯笼，这就是有趣的"灯笼树"。它们生长在溪边潭侧，灯光水影，动静辉映，妙趣无穷。来这里旅游的外国友人，常与这种"灯笼树"合影留念。原来是这种树能吸收、储存磷，入夜则释放出磷化氢，自燃，远远望去，一团团淡蓝色的磷光，酷似一盏盏闪烁的小灯笼，可以为行人照亮道路。

闪光的树林。在苏联的奥莱拉地区西部发现了一片闪射出荧火光的树林。它长约 11 公里，宽约 3 公里。林中无任何动物，一到晚上，树林就发出一种很亮的绿光。即使有浓雾，1 公里以外也能看见这处发光的森林。科学家们尚未查明树林发光的原因。

火焰树。在苏联的阿尔泰山，有一种高达 1 米左右的红色灌木，叫白藓。烈日当空时，它常分泌出香喷喷的蒸气状香精。在它茎秆的附近散发着许多这样的香精。如果划一根火柴，香精蒸汽顿时就会燃烧起来，并且闪烁出红晶晶的火焰，还能听到轻轻的"噼啪"声。这时，周围的空气中充满了芬芳的气味。人们称这种树为"火焰树"。

多果梨树。河南省高城县的一位叫肖扬清的老农，精于园艺，成功地培育出一棵多果梨树，到梨树丰收时节，满树挂着形状各异、滋味不同的梨，有明月梨、鸭梨、雪花梨、莱阳梨、孔德梨等共 24 个品种，这些梨种分别来自山东、河北、安徽甚至日本。

这棵梨树是肖老农用嫁接法精心培育而成的。他还曾使 2 000 多棵泡柳挂满新疆核桃等。

结奇枣的树。在山东夏津县后屯乡，有一株远近闻名的大枣树，到结枣时节，竟结得满树不同形状的枣子，实为罕见。

这棵枣树种于唐朝末年，有千年之久了。树高 16 米，曾经创下一年产枣 850 公斤的纪录。每年七八月间，树上都能长出圆柱形、纺锤形、鸡蛋形、葫芦形甚至四棱形的共 13 种不同形状的枣子。这些枣有的个大肉多，有的甜脆爽口，有的则是甜中含酸。

大枣树何以能结出这么多不同形状的枣子，科研工作者经过研究，认为可能是枣树经受雷击之后而导致遗传基因变异的结果。

15. 珍贵稀奇——奇菜

彩色蔬菜。科学家们为了让蔬菜在餐桌上更富有色彩，近年来先后培育出了蓝色的马铃薯、粉红色的菜花、紫色的包心菜和里红外白的萝卜及红绿相间的辣椒等。目前彩色蔬菜为数不多，很名贵，它们因具有诱发食欲和一定的食疗妙用，故在国外市场上十分抢手。

袖珍蔬菜。美国植物学家成功地培育出 10 多种袖珍蔬菜，如手指般粗的黄瓜、拳头大小的南瓜、绿豆一样小的蚕豆和辣椒、弹丸似的茄子、一口能吃 10 余个的西红柿……这些蔬菜颇能满足美国人"标新立异"的心理。

减肥蔬菜。减肥蔬菜是西欧一些国家新近培育出来的一种被人称为"健康菜"的优质蔬菜。这种蔬菜嫩黄软白，入口清脆，微带苦味并含有丰富的钙及维生素 B_1、维生素 B_2、维生素 C 以及少量的维生素 A 等，而且含热量很低，是理想的减肥菜肴。

强化营养蔬菜。美国耶鲁大学的植物学家试验栽培了一种含有多种营养成分的强化营养蔬菜。他们选用氨基酸类含量较高的植物细胞移植到另一种蔬菜上，等到它逐步分裂繁殖后即可获得新品种，目前已成功地培育出西红柿和甘薯的强化营养蔬菜。这样，人们只要吃一种蔬菜，就可能得到两种蔬菜的营养成分。

16. 令人瞠目——蘑菇

雨后的树林中，常会看到一丛丛破土而出的蘑菇伞，颜色五彩缤纷，惹人喜爱。不过，有些看似艳丽的蘑菇却是含有剧毒的，误食甚至会引起生命危险。

蘑菇中的巨人要数仁王蘑了。1986 年，在日本发现一丛罕见的大蘑菇，它高达 80 厘米，宽 1.4 米，蘑菇伞的直径为 24 厘米，由 4 个人才将这丛蘑菇挖掘出来，经过测重，竟达 168 公斤，真令人咋舌。

蘑菇种类中还有一个善于捕蚊的能手。这是澳大利亚生物学家在米耳德勒一带发现的。这种蘑菇呈淡黄色，可分泌一种有特殊气味的黏液，当周围 30 米内的蚊虫闻到该气体后，便会没头没脑地向蘑菇扑来，转瞬间便被黏液吞没。一株食蚊蘑一天可以消灭近 300 只的蚊虫，真正是捕蚊高手了。

蘑菇的种类很多，你不妨多注意一下，或许能发现一些新的有趣的品种呢。

17. 五花八门——西瓜

什锦西瓜。美国阿肯色州的布拉农拉兄弟俩栽培的一个特大西瓜，重达 90.7 公斤。这种瓜含糖量比普通西瓜高 3～5 倍，成熟后瓜的肉色有 3 种，被誉为"什锦西瓜"。

方形西瓜。日本山形县专门"制作"方形西瓜，妙方是：当西瓜结实后，使用四方形的模壳，把西瓜置于其中。方形西瓜不仅味道鲜甜可口，而且不易因滚动而破损，便于运输和存放。

摔不破的西瓜。黑龙江省农科院选用"龙密"和"密宝"杂交，培育出一种摔不破的西瓜"104"号。这种西瓜从 1 米多高处落在地上也"安然无恙"，人称"摔不破的西瓜"。

酒味西瓜。美国园艺师恩德曼培育成功一种酒味西瓜。他用一根灯芯，一端浸在美酒里，另一端接在藤切口上，用石膏封固。当西瓜成熟后，酒香扑鼻，别有风味。

耐贮西瓜。这种曼谷西瓜，适应性强，生长期仅 90 天，含糖量高达 13.7%。这种西瓜表皮坚硬，具有熟老不倒瓤、贮放不汤化的特点。在室内自然贮放，等来年春节时，这种西瓜仍鲜甜可口。

18. 随风起舞——叶子的美学

自然界的植物，给了人类多少美感啊！扎根于高山贫瘠的土壤中和悬崖绝壁的石缝里的松树，不管严寒的狂风暴雪多么肆虐，也不管盛夏的骄阳酷暑多么张狂，它都那样坚定不移地挺立着，难怪人们称颂松树的风格："大雪压青松，青挺挺且直，要知松高洁，待到雪化时。"这是一种境界美。柔软的小草随风起舞，姿态翩跹，给了舞蹈家无数的灵感，这是一种动态美。花儿朵朵，果实累累，一代新的生命诞生了，这种生命律动的历久不衰是人类文学艺术永恒的主题之一，这是一种至高无上的生命美。毫不夸张地说，美存在于所有的植物和植物体所有的部分。

作为营养器官的叶子也不例外，它也是美的化身。

看看叶子的千姿百态吧：松叶像天女撒下的绣花针落在了枝条上；枫叶是从天上降落到人间的星辰；宽大的蓖麻叶仿佛是孙猴子千种变化、万般腾挪也冲不出去的如来佛那张开的巨掌；摘下一片荷叶护在胸前，那是古代将士们遮挡敌人剑戟的盾牌；田旋花叶是士兵们冲锋陷阵刺向敌人的长戟；剑麻叶是勇士们手中挥舞着的锐利宝剑；而慈姑伸出水面的叶则一如从水下射出的箭镞；芭蕉叶是硝烟弥漫的战场上一面面迎风招展的军旗，它们仿佛在讲述着一个沙场浴血的悲壮的故事；灯心草叶是慈祥的母亲在灯下给即将离家远游的爱子细细密密地纳鞋底时用的锥子；银杏叶像是孤独的旅行者感到烦热郁闷时展开在手中的折扇，那上面似乎还有忘情于山水之间的隐士在就着几样粗果野蔬举杯邀明月共酌的画面；藜叶是村姑农妇在家中织布时用的长梭；甘薯叶像跳动的心，片片绿叶如写满爱情的信笺，而薯块的饱满甘甜印证着爱情的充实与甜蜜；柳叶就是在姑娘们风情万种的双眼上卧着的秀眉；小麦叶和水稻叶是捆扎包裹和随身用的带子；蒲葵叶是白胡子老爷爷给膝下的孙儿们讲述久远而古老的故事时一边呷茶一边摇动的大蒲扇；鹅掌楸叶子是私塾先生身上穿的马褂；管状的葱叶如同仙人吹奏的玉笛；

有的植物叶子边缘部分深深地凹陷进去，像一把正在演奏着低回婉转的乐曲的大提琴。当然啦，许多植物的叶片是圆形、卵形、三角形的，在大自然中勾画出一幅幅简洁明快的几何图形。

再看看叶子着生的位置吧：有的一片片地单独着生在茎上，有的则成双成对出现，有的三片以上规则地排成一圈一圈，还有的紧贴着地面丛生。它们互相错开一定的角度，如120°、137°、138°、144°、180°，很少有例外。如果从空中俯视，你会惊异地发现：无论叶子大小、叶柄长短和枝条曲直，叶片都是片片镶嵌，各不重叠，互不遮挡，有时竟紧凑得天衣无缝。这样，既可以使植物受力均衡，叶子又能最大限度地接受阳光雨露。

叶的颜色虽比不上花朵的斑斓灿烂，却有它独具的一种沉稳、庄重的美。植物的叶多为绿色，它不但给人以生机勃勃又成熟安详的动静兼备的良好心理感受，而且它自己的品性分明就是这样的。从叶的身上所体现出来的生命力是那样旺盛，它给植物体提供了生长繁殖所必不可少的有机养料，而且还直接或间接地养活了我们人类与动物，可谓功不可没。可是它却那么谦和稳重，从不去张扬自己的丰功伟绩，甘当万绿丛中的一分子。只是到了秋天，在叶的生命即将结束的时候，它们才一起变了颜色，漫山遍野，红色、黄色的叶片随风飘零而下，盖满了大地，创造出一种热烈悲壮的辉煌！

植物的叶子不可计数，但它们却又各自保持着自己的个性：世界上找不出完全相同的两片树叶。这大概就是叶子的美学吧！

19. 墨西哥国花——仙人掌

从前，沙漠中毒蛇出没，危害人类。过着游牧生活的阿兹台克部族，为了寻找没有毒蛇的地方定居，跋涉了一年仍没能如愿。在睡梦中，他们听到了神的启示："阿兹台克人哪，走吧，找下去，当看到兀鹰叼着一条毒蛇站在仙人掌上，那就表示邪恶已被征服，你们可以在那里定居下来。"阿兹台克人按照神的指示，历尽艰辛，顽强地找寻着。一天，他们果真看到了神所启示的情景，便在特斯科湖附近的地方定居了，在那里逐渐建立起具有高度文明的特诺奇蒂特兰城。相传它就是现在的墨西哥城。

这是流传于墨西哥的关于仙人掌的神话。在墨西哥一些史书上，也记载着远古时，神把仙人掌赐给墨西哥民族的传说。

墨西哥是举世闻名的仙人掌之国。它的境内是高原和山脉，占全国一半面积的北部地区有大片的沙漠，那里的仙人掌科植物多极了，几乎占了全世界仙人掌的一半，人们都说墨西哥大地似乎特别适合仙人掌的生长。巨大的仙人掌有的高达 15 米，有几百个枝杈，仿佛是一座楼。仙人柱更有几十米高的，像是沙漠上屹立的巨人。最大的仙人球直径有 2 ~ 3 米，重达 1 吨。仙人鞭、仙人棒、仙人山，也各展风姿，独具魅力。仙人掌的花绚丽灿烂，黄色的、红色的，像喇叭、像漏斗，最大的直径达 60 厘米。它的果实有鸭蛋大小，除了黑色，什么颜色的都有，而且味道很甜。墨西哥的城市里处处栽种仙人掌，美化得与众不同。农民们也利用它们防止水土流失，保护农田。

仙人掌在墨西哥的历史上有重要的社会地位和宗教地位，有的被当做神明顶礼膜拜，有的被看成是避邪的神木，有的被用做治病的妙药。当然，仙人掌确有治疗肛肠出血和炎症的作用，甚至能抑制某些癌细胞。

墨西哥人吃仙人掌也很有一套。他们把仙人掌果实外边的刺削去，就可以生吃了；炒熟或做凉拌菜也别有风味。柔嫩多汁的绿茎可以盐渍糖腌，做凉菜、酸菜和蜜饯。墨西哥的菜市场里就有大量仙人掌嫩茎出售。除了直接吃，还可以用果实熬糖、酿酒。印第安人则喜欢把它磨成浆粉，煎糍粑当主食吃。

仙人掌和墨西哥人的不解之缘随处可见，连国旗、国徽和货币上都有骄傲的仙人掌，它衬托着口衔大蛇的兀鹰成了装饰性的图案。

仙人掌家族能在墨西哥兴旺发达，是因为它特别适合这里沙漠、半沙漠的生活环境。沙漠中降雨很少，水的来源与保存是最大的问题。它的根特别长，不仅能使自己牢牢地站在沙漠里，还特别能吸收土壤深层的水分。它的叶子退化成了小刺毛，大大减少了水分的蒸腾散失。本来主要由叶子承担的光合作用改由茎去完成。茎是绿色的，表面有角质和蜡质，既能减少蒸腾出去的水分，又不耽误光合作用；而且茎大大加粗了，变得肥厚多汁，在下雨时能很快地生长并大量储存水分。在沙漠中往来的行人口渴时，就劈开仙人掌的茎，取里面的积水来滋润焦干的喉咙。最大的仙人掌能储存几百公斤的水呢。

仙人掌耐渴的本领到底有多大？能好几年不喝水吗？有人拔起一个仙人球，称了称，有 37.5 公斤重，然后扔在屋子里 6 年，没有理睬它，它却依然活着！再称一称，体重为 26.5 公斤。也就是说，6 年它没喝一滴水，而不得不动用的储备水也仅仅消耗了 11 公斤。换了别的植物，怕是早就魂归西天啦！

20. 高雅脱俗——兰花

兰花的种类繁多，约有 17 000 种，它们广泛分布于热带和温带地区。

兰花有一种孤芳高洁之美，在百花怒放之时，兰花仍是那般高雅脱俗，令人耳目一新。

人们喜爱兰花，这在对它的各种爱称中不难看出，如"王者之香"、"香祖"、"空谷佳人"及"花中君子"等。

兰花作为被子植物中的一个大的家族，属于进比得较高级的一种。那么，它高级在何处呢？原来兰花与昆虫之间有一种十分奇妙的关系：兰花赐予昆虫以"甘露"，而昆虫则义不容辞地为兰花传花授粉。

在兰花的花瓣中可以看到有一片不同于其他花瓣的"小平台"，称为唇瓣。当昆虫飞来，就踩在唇瓣上，十分舒服地吮吸花蜜，而不觉间就有一小块花粉块贴在昆虫脑门上，昆虫当然不知道，当它飞往另一朵兰花时，不知不觉又把花粉块挤压在雌蕊柱头上了，就这样，兰花利用小昆虫巧妙地完成了自己的传粉目的。更为奇特的是，由于不同种类的兰花气味不同，小昆虫则总是不辞辛劳地去寻找同一品种的兰花，使它们确实能"门当户对"。

有一种弹粉兰，生于巴西南部和墨西哥，它的唇瓣内侧有一个十分香甜可口的瓣瘤，来采摘花粉的蜜蜂碰到花须时，雄蕊抓住时机将花粉团弹向蜜蜂后背，蜜蜂初尝甜头，不能心满意足，又忙着去寻找另一朵兰花，不由自主地替兰花完成了授粉。

马达加斯加有一种兰花，花距细长，花蜜深陷其中，这怎么能吸引到昆虫呢？别急，那儿恰有一种喙长达 1 尺的蛾子，蛾子将又细又长的喙伸入花距，就好像用吸管吮吸蜜糖一样。就这样，兰花完成了传粉。

兰花不仅素洁高雅，而且从不白白让昆虫替自己传粉，兰花真称得上是"花中君子"。

21. 身躯伟岸——桉树

在澳洲大陆及附近各岛屿上，生长着世界上最高大、最挺拔的植物——桉树，它是自然界赋予人们的最美丽、最珍贵的礼物之一。别看它长得又高又快，可它的木材致密硬重，在造木船时，把它用作船只的龙骨和桅杆，那是再好不过了。要是用它制造电线杆和木桩子，也非常经久耐用。扯下一片小叶子，揉碎后能闻到一股桉叶油特有的香味。桉叶油不但在医学上有用，还能添加在食品里，桉叶糖就因此而清香爽口。澳大利亚人非常喜欢桉树，他们自豪地把桉树尊为"国树"。

桉树的家族共有 600 多个成员，高个子特别多，最高的是世界冠军杏仁桉。杏仁桉的身高一般在 100 米以上，最登峰造极的一株高达 156 米。它的树干直插云霄，有 50 层楼房那么高，这是人类已经测量到的最高纪录了。可想而知，当鸟儿在树顶上唱歌时，人在树下听见的仿佛是蚊子的哼哼声。

住在第 50 层楼的人要想喝上水，必须给大楼安装水泵，靠极大的压力把水送到楼顶。那么处在 100 多米高的杏仁桉顶部的枝叶怎样才能"喝"到水呢？不要担心，植物自有一套输导水分的妙法。

如果你从比较靠近地面的地方折断一棵草本植物的茎，过一会儿，你就会看到从折断的伤口处流出液滴，这是植物根系的生理活动所产生的能使液流从根部向上升的压力造成的。杏仁桉这样的大树根部的压力当然比草本植物大得多。

杏仁桉毕竟有100多米高，光靠根部的这种压力还不足以把水压到树顶的叶子里。而能把水"拉"上来的力量还有蒸腾作用，它的拉力远大于根部的压力。水分从叶表面的气孔散失到空气中后，失去水分的叶肉细胞会向旁边的"同伴"要水，"同伴"再向旁边的细胞要水。接力棒这么传递下去，就得从导管里要水了。

导管里的水给了叶肉细胞，导管中的水柱会不会断裂而形成一段无水的空白区呢？不会。当你向杯子中倒满水，稍高出杯沿的水面是弧形的，它们不会流出杯子来。这是因为水分子彼此"手拉手"，团结一致，紧紧聚集在中央，才没有流出来。导管中的水也是"手拉手"的，当最远处的水分子被吸收到细胞中去时，与它"手拉手"的水分子被拖拽着向上移动，补充了它的位置，而下一个水分子又补充了与自己"手拉手"的"同伴"的位置。就这样，水分子们紧紧地"携手相随"，谁也不松开，保证一起行动。

杏仁桉靠着这几种力量把水从根部吸收进来，再经过长长的输水线送到树梢，这个过程不过只需几个小时。据测定，水在植物体内由低处向高处运送的速度为每小时5～45米，一般的草本植物只需10多分钟，全身细胞就能"喝"上水了。

植物从土壤中吸收的水分经过由低到高的"登天旅行"，绝大部分又跑出了植物体。这个消耗量可不小，实际上吸收来的水有99%被丢到了空中。不过植物干的并不是瞎折腾的傻事，水分从气孔中出来时已经"改头换面"，吸收了大量的热能，变为水蒸气，保护了在阳光照射下忙碌地进行光合作用的叶子，使叶子不至于受强光的伤害。同时，根吸收进来的无机盐是细胞的养料，它也必须溶解在水里，靠体内的这条输水道运给各处细胞。否则，细胞饥渴交加，离寿终正寝就不远啦。

在我国北方炎热干燥的天气里，我们身上的汗会很快蒸发掉，使人觉得虽然热但很干爽。在南方潮湿多雨的季节，身上总是又湿又粘，汗从脸上、身上蒸发不掉，变成道道水流。在不同气候中生长的植物也有类似情况，像热带雨林中，许多植物的水分从根部旅行到叶子时，形成颗颗水珠由叶子尖端滴下来。而干旱地区的植物面临的是更严酷的环境，它们必须有一套减少蒸腾失水的办法才能活下去。

22. 神奇"护身符"——洋葱

欧洲中世纪两军作战时，一队队骑兵高跨在战马上，身穿甲胄，手持剑戟，脖子上戴着"项链"，这条特殊的"项链"的胸坠却是一个圆溜溜的洋葱头。他们认为，洋葱是具有神奇力量的护身符，胸前戴上它，就能免遭剑戟的刺伤和弓箭的射伤，整个队伍就能保持强大的战斗力，最终夺取胜利。因此，洋葱是所谓"胜利的洋葱"。在希腊文中，"洋葱"一词还是从"甲胄"衍生出来的呢！希腊和罗马的军队，认为洋葱能激发将士们的勇气和力量，便在伙食里加进大量的洋葱。

奇妙的洋葱是植物体的哪一部分呢？原来它是一种大大缩短了的枝条。层层剥开一个洋葱头，最外层是又薄又干燥的鳞片叶；里边是厚厚的充满了汁液与糖分的肉质营养鳞片叶；把这些鳞片叶都剥去，就剩下了一个小小的扁球形或卵形的鳞片盘，这是鳞片叶着生的部位，是短短的变态茎。

洋葱的茎叶怎么长成这么个怪样子？这还得从它的老家说起。洋葱原产于西亚的沙漠地区，这里又干又热，漫天风沙常常把洋葱埋住。种子萌发后长出的小茎被包裹在沙土中伸展不开，而多水多糖的肉质叶子也因风沙掩埋而不得不层层包围着小茎，簇拥成紧密的一团。这种叶子可以抵御住干旱的侵袭，使洋葱不致因高温干旱而枯死。把新鲜的洋葱头放在火炉边，储存到整个干燥的冬天结束，它也不会干枯死去。洋葱这种耐热耐干的本领早就引起了人们的惊讶与注意。人们曾在五六千年以前的埃及陵墓中找到过与死者同时埋进去的洋葱，石棺椁上的埃及最古老的建筑物墙壁上也画着许多洋葱的图案。这说明，洋葱早就成了人类的食物。

洋葱的鳞片叶只是叶子的一种变态。包在玉米外面的苞叶，恰逢圣诞节前后开"花"的一品红那鲜红耀眼的"花瓣"，也都是包在花或果实外边，起保护作用并吸引昆虫前来传粉受精的变态叶。豌豆能够攀附在其他物体上向上爬，靠的是羽状复叶前端那几个小叶变成的卷须。仙人掌的叶变成了扎人的尖刺，木麻黄的叶子细小如针，它们都能使植物体在似火的骄阳炙烤之下减少水分的蒸发。其实，植物叶子的变态都是与植物自己生长的环境和生活方式相适应的。

23. 盐碱骄子——木盐树

食盐是人的必需品，我们每天吃的粮食、蔬菜和肉类本身就含有一部分盐，可我们做饭时还得往菜肴里撒上些盐。万一运动过量或因天热出汗太多，就必须喝淡盐水来补充过多排出的盐分。我国人民吃的盐有四川自流井的井盐、青海咸水湖的池盐、沿海地区的海盐、还有岩盐等等。奇特的是，有些植物也能产盐。

在我国黑龙江省与吉林省交界处，有一种六七米高的树，每到夏季，树干就像热得出了汗。"汗水"蒸发后，留下的就是一层白似雪花的盐。人们发现了这个秘密后，就用小刀把盐轻轻地刮下来，回家炒菜用。据说，它的质量可以跟精制食盐一比高低。于是，人们给了它一个恰如其分的称号——"木盐树"。

树如何能产盐？说来话就长了。一般植物喜欢生长在含盐少的土壤里。可有些地方的地下水含盐量高，而且部分盐分残留在土壤表层里，每到春旱时节，地里出现一层白花花的碱霜，这就是土壤中的盐结晶出来了。人们把以钠盐为主要成分的土地叫作盐碱地，山东北部和河北东部的平原地区有不少这样的盐碱地。还有滨海地区，因用海水浇地或海水倒灌等原因，也有大片盐碱地。植物要能在这样的土壤里生存，的确得有些与众不同之处。否则，根部吸收水分就会发生困难，同时，盐分在体内积存多了也会影响细胞活性，会使植物被"毒"死。

木盐树就是利用"出汗"方式把体内多余盐分排出去的。它的茎叶表面密布着专门排放盐水的盐腺，盐水蒸腾后留下的盐结晶，只有等风吹雨打来去掉了。瓣鳞花生活在我国甘肃和新疆一带的盐碱地上，它也会把从土壤中吸收到的过量的盐通过分泌盐水的方式排出体外。科学家为研究它的泌盐功能，做了一个小实验，把两株瓣鳞花分别栽在含盐和不含盐的土壤中。结果，无盐土壤中生长的瓣鳞花不流盐水，不产盐；含盐土壤中的瓣鳞花分泌出盐水，产盐了。所以，木盐树和瓣鳞花虽然从土壤中吸收了大量盐分，但能及时把它们排出去，以保证自己不受盐害。新疆有一种异叶杨，树皮、树杈和树窟窿里有大量白色苏打——碳酸钠，这也是分泌出的盐分，只是不同于食盐罢了。

我国西北和华北的盐土中，生长着一种叫盐角草的植物。把它的水分除去，烧成灰烬，分析结果显示，干重中竟有45%是各种盐分，而普通的植物只有不超过干重15%的盐分。这样的植物把吸收来的盐分集中到细胞中的盐泡里，不让它们散出来，所以，过多的盐并不会伤害植物自己，并且它们能照样若无其事地吸收水分。碱蓬也是此类聚盐植物。

阿根廷西北部贫瘠而干旱的盐碱地上有许多藜科滨藜属的植物，它们能够大量吸收土壤中的盐分。阿根廷人利用这一特点，在盐碱地上种了大片的滨藜，让它们吸收土壤中的盐分，改善土壤结构，增加土壤肥力。据报道，1公顷滨藜每年可吸收1吨盐碱。在此处建牧场真是合算，牛很爱吃滨藜，长肉又快。盐碱地上种草除盐碱，养牛产肉，这真是一举数得。长冰草不同于木盐树、盐角草和滨藜，它虽然生活在盐分多的环境里，但它坚决地把盐分拒绝在体外，不吸收或很少吸收盐分。它的品性可以说是洁身自好、冰清玉洁。前三类植物表面上"近朱者赤，近墨者黑"，实际上它们坚持原则，不被"腐蚀"。

全世界种植粮食的土地受盐碱危害的面积正日益扩大，现共有57亿亩成了盐碱地。我国也有4亿亩盐碱土，黄淮海平原是重要的农业区，却有5 000万亩盐碱地。利用盐生植物来治理盐碱地，是一个好方法。

我国海岸线很长，海滨盐碱地也很多，庄稼不易生长。现在，50万亩海滩种上了耐盐碱、耐水淹的大米草，不但猪、牛、羊、兔特别爱吃，而且能保护堤坝和海滩，促使海中的泥沙淤积，然后围海造田。在种过大米草的海滩上培育的水稻、小麦、油菜和棉花的产量，比不种大米草的海滩高得多。因此，人们把大米草赞誉为开发海滩的"先锋"。

24. 海岸"保护神"——"胎生"红树

在热带和亚热带的沿海地区，汹涌的海潮日夜不停地冲击着海岸，把岸边的岩石、泥沙以及弱小的生命统统裹挟到浪涛中，然后退入大海。

一般的植物在这狂躁不宁的海洋边和又苦又咸又涩的海水中是无法生存的。但红树林却能独领风骚，在靠近海岸的浅海地区，形成一片片绵密葱郁的海上森林，狂风巨浪对它们也无可奈何。它们那露出水面的部分繁茂苍翠，地面和地下纵横伸展着各种各样的支柱根、呼吸根、蛇状根等，形成了一道抵挡风浪、拦截泥沙、保护海岸的绿色长城。它们任凭风吹浪打，潮起潮落，始终坚不可摧，巍然不动。

这座海上长城由红树、红茄冬、海莲、木榄、海桑、红海榄、木果莲等十几种常绿乔木、灌木和藤本植物组成。它们的叶子其实仍是绿的，只是用树皮和木材中的一种物质制成的染料是红色的，所以人们便把全世界分属于 23 个科的这类植物统称为红树。

红树在盐水浸透的黏性淤泥中生活得自由自在。在炎热的阳光照射下，退潮后，淤泥表面的水分很快蒸发，形成了一薄层盐壳，而下次涨潮又带来新的盐分。所以，红树的根喝的不是普通水，而是浓盐水。盐水进入红树的茎干枝杈，使它通体是盐。幸好，大自然在它的叶子上布下了专门从体内吸收并排出多余盐分的盐腺，难怪红树的叶子上总有亮闪闪的结晶盐颗粒呢。叶子非常珍惜水，它的表面覆盖着一层厚厚的蜡质，水只能一点一点地慢慢蒸发。因为虽然它脚下有足够的水，可那些水实在太咸了，而植物汁液中的水已被淡化，是果实发育所必需的几乎全纯的淡水。没有淡水，种子就成熟不了，就要"胎死腹中"。

在这种严酷的环境中，红茄冬等植物形成了一种奇特的适应方法：胎生。一般的植物都是种子在母体内发育长大后，便挣脱"襁褓"，随着风、水或动物等旅行到远方，一旦自己完全成熟，作好了萌发的准备，又有了合适的水分、温度和空气等条件，就破土而出，开始新的一生。红茄冬却完全不是这样。它的种子几乎不休眠，还没有离开母体植物，便在果实中萌发了。它的胚根撑破果实外壳，露出头来；下胚轴迅速伸长，增粗变绿，和胚根共同长成了一个末端尖尖的棒状体，好像一根根木棍挂在枝条上。有的植物则像豆荚、像羊角、像纺锤、像细长的炮弹。子叶呢，拼命地吸取母体那清淡爽口而富于营养的汁液，但随着身体长大，它从母体吸取到的盐分也在不断增多。大树把自己的孩子养上半年左右，当种子萌发形成的幼苗长出几片叶子，根有几十厘米长时，一阵风吹来，它便把幼小的红茄冬从树上抖落，幼苗就垂直地掉了下去。这大概可以算是母体的"分娩"吧。

幼苗的重心在根的中部，所以它绝不会像倒栽葱似的狼狈落下。此时若正涨潮，幼苗就直立着漂浮在水中，直到潮水退尽，它便在新地方安身立命，于是，红茄冬的家族便占有了新的地盘。幼苗扎根于淤泥后，很快就会长出嫩叶和支柱根。它已经毫不惧怕苦咸的海水，因为它已在"母亲"身上习惯了这种盐水。

除了盐水不利于红茄冬的种子成熟与萌发外，风大浪急也使幼小的根不容易扎牢。"胎生"方式能使红茄冬的后代积蓄起足够的力量后，再去与险恶的海浪作斗争，这真是善于保护自己、巧妙对敌的高招啊！

25. 无独有偶——坐落在银杏树根上的村庄

太湖附近的一个村子里有一棵古老的大银杏树，树龄已有800多年了。它那苍劲虬曲的树根盘根错节，时隐时现，伸展到几十米外的房屋中和沟壑间。村民在树荫下铺的砖石常常被崛起的树根顶起来，而墙根、石板或泥地上也常能见到树根的踪影。有一条树根竟伸进了一家农民的灶屋里，从地面上隆起，成了几代人烧火时坐的凳子。村民们挖井开沟或破土造屋，每次都能挖到古银杏的根。这棵大银杏树的根到底能伸展多远，谁也说不清楚，反正整个村子差不多就坐落在它的根系上。

无独有偶。在美国，人们发现一棵15米高的树，竟然把树根伸进了将近50米深的矿井里；在南部各州中，如果在污水排放场周围几十米处长有榕树的话，那可要格外当心，它的树根多次"侵入"污水排放场，堵住发酵池，实在让人伤脑筋。

植物的根到底能长多长？俗话说："树有多高，根有多深。"其实，这个说法可够保守的。一般农林作物的地下部分要比地上部分高出5～10倍！像小麦、水稻、玉米、谷子等粮食作物和一些随处可见的杂草，个子一般都不高，但它们的根常可伸入到地下一二米处。野地里的蒲公英也不过十几厘米高，但它的根竟能钻到地下1米多的地方。沙漠中的苜蓿，拼命地寻找地下水，所以，根有12米长。生活在丘陵干旱地区的枣树，主根也能深入地下12米。沙漠中的小灌木骆驼刺，根的深度为15米。非洲的巴恶巴蒲树，根能到达30多米深的地层中。那么根的长度冠军属于谁呢？现在已知的是生长于南非奥里斯达德附近的一株无花果树，估计它的根深120米。要是把它高挂在空中的话，它就敢和40层的大楼一争高低了。

什么样的根向地下生长并扩展的能力强呢？这要看根的种类和植物生长在什么地方了。一般直根比须根要长；地上的茎越高，根越深。乔木多为直根，所以被称为"树"的乔木扎根要比草深得多。枣树生于旱地，骆驼刺在沙漠安家，它们的根肩负的吸水任务实在是性命攸关，因而长得特别长；水生的浮萍与荷、沼泽地里的芦苇，都不发愁水的来源，它们有恃无恐，根都长得又短又浅。

根长得深，扩展得广，吸收水分和无机盐才充分。无论主根、侧根或不定根，根尖都生长着数不清的细小根毛。这些只有用显微镜才能看清的根毛，正是植物的根吸收水和盐的主要部位。水分子和无机盐离子从根毛的表面进入细胞、进入导管，被输送到所有需要它们的地方。把全体根毛的表面积加起来，这个数越大，越有利于根的吸收作用。要是没有根毛，植物可根本"喝"不够水、"吃"不饱饭。就好比一座大饭厅里聚集着千万个又饿又渴的人（如同细胞），如果只有很少几个卖饭窗口（如同根毛），很多人必然饥渴难忍，不知要排多长时间的队才轮到自己。而如果饭厅的几面墙上全开着卖饭窗口，大家就能很快买到饭吃。

一株植物的根不计其数，每条根上的根毛数不胜数。一株小麦长长短短、大大小小的根共约有 7 万条，总长 500 ~ 20 000 米。一株西伯利亚黑麦的根多达1400 万条，共有根毛约 150 亿条，根系与土壤接触的总面积约为 400 平方米，是黑麦在地面上的茎叶总面积的 130 倍。可想而知，那无比高大的"世界爷"巨杉，它的根的长度、根毛以及根的总表面积，恐怕是一组惊人的天文数字了。

根，向地下深钻，向左右扩展，尽心尽力地完成自己的"本职工作"，使植物枝繁叶茂，花果飘香；同时，它牢牢地"抓"住土壤，让植物骄傲地挺立在大地上，狂风吹不走，大雨吹不倒。难怪太湖边上有这样一棵古老而神奇的大银杏树，它的发达根系稳稳地托起了整整一个村庄。

26. 关系密切——草木和蚂蚁

植物和昆虫的关系十分密切，这中间鲜明的例子便是植物和蚂蚁了。

蚂蚁是一种十分勤劳的小昆虫，它们常常被花儿的气味吸引，不辞辛劳地爬上高高的植株，去搬取花蜜，而花儿的传花授粉的工作也就让这些浑身沾满花粉的蚂蚁们代劳了。

蚂蚁爱把巢筑在能结鲜美果实的植物下面。这些植物能给蚂蚁的宫殿遮蔽风雨、防止日晒，而且它们的叶子下面有时会寄生一些细小的蚜虫，蚜虫的分泌液甜甜的，是蚂蚁最钟爱的食品了。而蚂蚁也对植物施以回报，它们的粪便及杂物是植物的上好肥料；蚂蚁在土中爬来爬去，扒松了泥土，使植物的根能更好地呼吸和吸收养分。

在巴西有一种蚁栖树，它身上的大大小小的洞成了益蚁的住房，益蚁成了蚁栖树的保护神，常常把缘木而上想偷吃叶子的啮叶蚁轰下去，当然蚁栖树也要感谢蚂蚁。在它的叶柄处能长出一种小球，富含蛋白质和脂肪。

植物和蚂蚁就这样互相依赖，成为动、植物界互相帮助的楷模。

27. 矿藏指针——丝石竹

在我国新疆与邻国蒙古、俄罗斯、哈萨克的边界周围，延伸着阿尔泰山脉。这里可以见到一种多年生草本植物，它长着狭长的蓝灰色叶子，浅红色的花朵密集绵软如朵朵云霞，它的名字叫帕特兰丝石竹，又称"霞草"。有时候，它们连成很大的一片，形成一个宽阔的长达几十公里的草丛带。人们发现，这种草丛带下面往往蕴藏着铜矿。根据这个经验，地质工作者在开始找矿之前，往往先绘制出丝石竹分布图，然后按图确定铜矿的可能位置。

丝石竹的根很粗壮，互相纠缠盘绕着扎向大地深处，穿过土壤，沿着岩石裂纹直达地下水源，含铜的地下水就被吸收到蓝灰色叶子和粉红色花朵里面了。在6~8月，乘飞机来到这里，人们会看到，多石的山坡上百花不争，青草萎蔫，但大自然似乎有意用一条玫瑰色的花绸带装点这草枯石瘦的荒山。这条清晰的花绸带，在空中摄影胶片中，留下了铜矿蕴藏地的位置。

我国北部有一种叫海州香薷的唇形科草本植物，它喜欢生长在酸性土壤的铜矿脉上，也是一种铜矿指示植物，因此，人们干脆叫它"铜草"。赞比亚则有种"铜花"，凡"铜花"生长的地方，就可能有优质铜。据说，有家铜矿公司的地质学家，在赞比亚西北省的卡伦瓜看见"铜花"后，发现了一座富铜矿。与赞比亚同为世界产铜大国的智利，也曾根据植物进行追踪，并发现了有开采价值的铜矿。

植物为什么能指示矿物的存在呢？原来，植物生长之处的地下岩层对它至关重要。地下水能溶解一部分金属，含金属的水向上渗入土壤，再被植物吸收到体内。因此，生长在铜矿上的植物能吸收含铜的水，镍矿上的草木吸收含镍的水。无论地下埋藏着什么物质，铍、钽、锂、铌、钍、钼等元素都会被水溶解一部分并带到地表上来，植物吸水后，每一段茎、每一片叶子便都累积着微量的元素。即使水深到20~30米，植物组织仍会积蓄一部分这样的金属，所以它们依然灵敏地反映出金属物的存在。大部分金属元素在各种植物里有微量积蓄，植物需要它们，没有反而会"饥饿"生病。但是过犹不及，如果金属含量过高，对植物就会产生毒害作用。所以，在金属矿区，大部分植物都不见了，剩下来的只是那些经得起某种金属在自己体内大量积蓄的草木。于是，这些地区就只生长着这一类植物，它们便成为这种金属矿的天然标志了。

铀是核工业必不可少的原料。为了制造核武器、建造核电站，许多国家都要绞尽脑汁购买或寻找这种放射性元素。在寻找铀矿的过程中，植物也能帮上忙。若是把树枝烧成灰烬进行分析，铀的含量超过正常标准，这就意味着在那种植物生长的地方有找到铀矿的希望。水越桔能比较准确地指示铀的存在。一旦喝了含铀的地下水，它的椭圆形果实就会变成各种各样奇怪的形状，有时还能从藏青色变为白色或淡绿色。生长在铀矿上的柳兰花会显示出从白色到浅紫色的全部色阶，在阿拉斯加的铀矿附近曾收集到8种不同颜色的柳兰花，而它本来应为粉红色。

沙漠里的金矿所在地几乎没有任何植物，然而蒿子和兔唇草却生活得很自在，它们的体内积累了大量的金元素。因此，把它们叫做"金草"该是名正言顺的。蕨类植物问荆也能吸收土壤中的黄金，鸡脚蘑、凤眼兰生长旺盛的地方，地下也往往藏有黄金。我国湘西会同县漠滨金矿的含金石英脉旁，发现了大量的野薤子，它们长得很茂盛，同样指示着地下的"金库"。

利用植物找矿，不单要寻找某些"孤独"的特有品种，还要特别注意那些改变了自己本来面貌的畸形草木。过多积累在体内的金属元素可以把一些植物变得"连亲娘也认不得"，如镍矿脉上的白头翁和锦葵的花变得都很"出格"。

28. 人类奇迹——离开土壤种庄稼

仿佛造物主偏心似的，在地球上，有的地方土地肥沃，一望无际的玉米、小麦、水稻、蔬菜和果树，看上去平展展、绿油油的，满目生机，令人心旷神怡。每到收获时节，繁忙的人群和机器在田野里穿梭往来，一车车果实运向世界各地，那种欢乐的丰收景象让人的心都醉了。人们禁不住要赞美大地母亲慷慨无私地给了人类如此丰富的物产。可是，有的地方却十分贫瘠、荒芜，那岩石密布的高山、飞沙走石的戈壁荒漠、水一过就一片白花花的盐碱地，别说种庄稼，就是那些特别能耐寒抗热、忍饥挨饿、什么条件都能凑合的植物，在这里落脚生根也并非易事。而庄稼经过人们长期的栽培驯化，固然能够给人类提供丰富的糖类、蛋白质和维生素，但它们同时也被娇惯坏了，对环境的要求越来越高：土壤要疏松，水肥要充足，病虫害要有人去防治，杂草要有人锄掉，否则就长不好，就减产。它们在高山、荒漠、盐碱地等贫瘠地区，根本就无法生存。而这种不适合种庄稼的地区，其面积要比肥田沃野大得多。那里的人们不免要埋怨大自然的不公平。他们要么离开故土远走他乡，要么就从外地运进食品，否则就活不下去。

现在出现了新的希望，人们经过长期的摸索、实践，发现无土栽培不失为一条有效的途径。

在一座明净敞亮的大房子里，油菜叶子又大又亮，叶柄又粗又白；西红柿高高地站起，倚在支架上，沉甸甸、红艳艳的果实挂在枝头；莴苣那粗大的肉质茎稳稳地竖立着，一棵就能炒出一盆菜来。这并不是一座普通的温室，这些蔬菜也并非长在室内的土壤里，而是长在一块特制的多孔板上，根留在板下。这个特制的多孔板的下面，是一个水槽，根就泡在里边。水槽里的"水"也不是一般的水，而是按植物生长需要配制的营养液。营养液里，氮、钾、磷、钙、镁、氯、铜、钼、锌及硼等元素，应有尽有，比肥沃土壤的养分更全面、更充足。庄稼在这样的条件下，当然长得比大田里要好得多，产量高得多。

种庄稼不用土，是人类创造出的一个奇迹。所以，当 1929 年，美国人利用营养液种出了一棵 7.5 米高的西红柿，并收获果实 14 公斤时，整个世界都轰动了。人们把无土栽培看做是 20 世纪最伟大的科学进步之一。

1945 年，驻扎在伊拉克和巴林的英国空军，发现这里的土壤不适合种粮食后，改用无土栽培法，为自己解决了吃饭的大问题。

如今，无土栽培技术已广泛应用于大田作物、蔬菜、水果、花卉、药用植物，甚至牧草的生产。荷兰是全球最大的鲜花生产国，它的国土不仅大片地种植鲜花，还推广发展无土栽培技术。用这个方法培养出的香石竹香味浓郁，开花时间长，花还特别多，叶片也似乎更结实强健。无土栽培对荷兰的鲜花生产大有帮助，使它的出口更受欢迎。谁都知道，各国对生物的环境有着严格的规定，不仅花、果要严格检疫，连根部所带的土壤都受到限制，因为这里也很可能隐藏着危害极大的昆虫、细菌和病毒等。所以，人们日益希望进口无土栽培的鲜花。我国要想大量出口花卉，也必须走无土栽培的道路。

无土栽培生产的水果、蔬菜，不但个大、色艳、口味好，又因不施农药而成为无公害产品，最宜生吃。无土栽培节水节肥，和它相比，在土壤里种植庄稼要多耗 7 倍以上的水和 2 倍以上的肥料。无土栽培供给植物充足的水肥，产量远远高于土壤栽培，如西红柿每亩收几万公斤，是土植法的 20 倍左右；豌豆亩产近 1 500 公斤，亦为土植法的 9 倍之多。小地块出高效益，总的来看，省工省力，节约能源。另外，这种种植方法是把农业生产工业化了，不受季节和地理条件的限制，还能向空中和地下发展。

29. 移花接木——嫁接的树木

1667 年出版的英国皇家学会会报第二卷中有这样的记载：在佛罗伦萨，有一种橘树结出的果实很特别，它的一半是柠檬，另一半是橘子，仿佛两部分嵌合在一起似的。这个听上去像是天方夜谭的报告问世不久，一个英国人证实确有这种奇怪的树，他说他不但亲眼看见过这种树，而且 1664 年在巴黎还买过它结出的果实。

虽有证人，但科学家们对此仍是半信半疑，关于这种树的争论持续了 260 年之久。1927 年，日本遗传学家田中亲自进行实验研究。他观察到，这种树的果实外表有一层凸起的小瘤子，金色的果皮上还有许多浅黄色的斑纹，粗看上去的确是橘子的模样。但用刀切开后，里边的果肉不是橘黄色，也不甜或略带酸味，而是像柠檬果肉那样呈灰白色，并且酸极了。关于怪树的争论总算靠田中的工作成果画上了句号。

现在，经过嫁接的果树到处都有，它们具有果树本身和砧木的双重特点，所以当年的奇树在如今早已司空见惯了。不要说专门的果树栽培技术人员，就连农民也掌握了"移花接木"的本领，培养出深受人们喜爱的果实。

1984 年，我国湖南省涟源县的工程师陈锡松培育出三棵能开多种鲜花的树木。他在白玉兰上嫁接了不同时期开花的土木莲、红花玉兰、紫木笔和洋玉兰；在桃树上嫁接了红梅、绿梅和樱花；在山茶树上嫁接了油茶和重瓣山茶。这三株花树在一年内可以开花数次，8 种不同颜色、不同形状、不同大小的花先后绽放，就像变魔术一般，创造出四季开花集一树，一树多花随人意的奇迹。

日本长野县的一个农民，引进了各个优良品种的苹果树，然后把枝条逐一嫁接到一株海棠树上。现在，每年春天，这棵树就开出了黄、红、白等几种不同颜色的花朵；秋天，枝条上排列着红、黄、绿色的丰满硕大的果实，有国光、津轻、佳味、富士、王丽、陆奥和奈良等几个不同品种。一棵树能收获这么多不同口味的苹果，也实在是闻所未闻。

谁不喜欢吃橙子呢？酸甜的滋味让人未吃口水先流下来。可是橙子树却是个短命鬼，辛辛苦苦栽了 20 年，没结多少果子就要死去，真是不太合算。能不能让开花结果的全盛期长达 70 年的苹果树来延长橙树的寿命呢？通过多年的实验，印度中央邦的科学家用当地名为"大象"的苹果树做砧木，嫁接橙子获得了成功。"大象"苹果树容易栽培，产量高、树龄长，选用的接穗是优良品种的橙子树枝。到了收获时节，嫁接后结出的橙子比未经嫁接的还要大，味道更加甜美。更重要的是，它具有"大象"苹果那样的抗虫害能力，并且继承了苹果树长寿的优点。

温州无核蜜柑是柑橘中的珍品，可普天下的温州无核蜜柑，竟都是一棵嫁接树的后代。传说明代的时候，日本一个叫智惠的和尚，到我国浙江天台山进香。他见浙江的柑子子少味道好，就带了些种子回日本，在鹿儿岛播下。小树结果后，他无意中发现有一棵树结出的果实没有子，味道却依旧。后来，日本和尚用嫁接的方法繁殖了无核蜜柑，使它逐渐成为一种人所共知的优良品种。约在 20 世纪初，温州无核蜜柑从日本引进到它的老家——中国。

在我国，嫁接技术取得的喜人成果可真不少。把月光花嫩苗接在甘薯砧上，结出的最大一个甘薯重约 60 公斤；甜瓜接在西瓜上，产量成倍增加；番茄接在马铃薯上，开花后结出的果实自然是番茄，但地下却仍然长有马铃薯的块茎，一株植物上能收获两种蔬菜，真是一举两得；黄瓜苗接在南瓜苗上，结出的黄瓜又多又大，大棚中用此法培育的黄瓜平均亩产 1.5 万公斤。

嫁接，一种古老而又新鲜的技术，正给我们不断创造着新的植物品种，丰富着人类的想象和人类的生活。

30. 根系启示——混凝土的发明

作为站着生活的生物——植物，全靠它的"脚"——根的支撑，才能遇风雨而依然巍然不动，昂"首"挺立。

植物大量的根系，在土内伸向四面八方，像千万个船锚一样"抓"住土壤，把植物牢牢地固定在大地上，这样，庞大的根系便给自己的地上部分以抗拒风暴的能力，而且接受阳光普照，尽情地进行光合作用。

植物根系的这种强大的固定作用，使人类得到有益的启示：19 世纪末，法国有一位园艺家发现，许多植物都是从根部与土壤结合而矗立在狂风暴雨之中，从而想到仿照植物的这种方式建造花坛。他用水泥（好比泥土）把铁丝（好比植物的根）包裹起来，造出了能抗击风雨侵蚀的花坛，从而发明了建筑材料中的钢筋水泥。

31. 人类老师——有关植物的发明

人是地球上最聪明的动物，靠着智慧的头脑和灵巧的双手，造出了种种工具，使自己对世界的征服与改造步步深入，成为万物之灵。但大自然虽然默默无语，却也蕴藏着无穷无尽的智慧，人再聪明，比起动、植物身体的巧妙构造来，仍有许多望尘莫及之处。所以，人类就得像木工的祖师爷鲁班那样，虚心向动、植物学习，从生物界这个巨大的博物馆中搜寻几乎是无所不有的技术设计蓝图。

1851 年，英国的建筑师约瑟打算参加在伦敦举行的世界展览会博览馆的设计竞赛。他很想建造一个辉煌明亮的博览馆，但当时的建筑行业还没有类似的设计可供参考。约瑟把眼光投向自然界，他想到了王莲那巨大的叶片。王莲的叶子又大又圆，虽然不很厚，但叶片下表面的叶脉却向四面八方伸展，彼此连缀成网，使得巨大的叶片不但能浮在水上，还能承受得住一个小孩在上面玩耍。他仔细观察研究了王莲叶脉的构造和整个叶脉的布局后，胸有成竹地完成了博览馆的设计。工程竣工后，拱形的屋顶明亮辉煌，里侧由网格状的架子支撑，结构轻巧，跨度达 95 米，整个大厅雄伟壮观，人称"水晶宫殿"。

椰子树生长在海边，那巨大的叶片在空中不停地摇摆，遇到飓风和暴雨却很少被折断。为什么它能承受那么强大的压力呢？一方面叶片本身较轻，另一方面它的结构比较特殊。它并不是完全平整的，而是凸起凹下形成一道道波纹。鱼尾葵、蒲葵、油棕的叶子也有这个特点。这种有皱折的叶子与平整的叶子有什么区别呢？科学家用纸做了一个实验：一张纸平展展地搭放在两个相距23厘米的酒杯上，跨越酒杯中间地带的那部分纸略微向下弯曲；把这张纸像折扇那样折叠起来，再放回原位，弯曲就不会出现了。不但如此，把一个装了200克酒的酒杯放到原来弯曲处的纸面上，折扇形状的纸仍不弯曲！后来，科学家们计算出，经过这种折叠压模处理的纸比平展的纸能提高强度100倍。1965年，根据这个原理，法国勃朗峰下的隧道入口处建起了一个类似的保护棚顶，以提高棚顶抗压的能力。波形板、瓦楞纸板和石棉板，也是应用这种原理制作的。

车前草是一种路边草地上常见的小草，近年来却名声大振。原来，建筑师从它身上发现了一个秘密：它的叶子按螺旋形排列，每两片叶子的夹角都是137°30′，这种结构使所有的叶子都能得到充足的阳光。普通的人类住房，总是有的房间阳光多些，有的房间阳光少些。人们根据车前草叶子的排列特点，设计建造了一幢螺旋形的13层大楼，使得一年四季，阳光都能照到每一个房间里。这对人的健康该多么有利啊。

禾本科不少植物的叶子常常卷曲成一个长圆筒，如玉米叶和羽茅草的叶子。这有什么不一般之处吗？是的，它比普通叶子结实牢固，不容易被破坏。人们据此设计出一种筒形叶桥，它真的像一个卷曲的长玉米叶，跨度很大，连接宽阔的河流两岸或海峡两岸，中间部分桥面的两侧向上卷起成筒状，汽车与行人就从筒的中央穿行。这么长的桥当然讲究强度与稳定性，筒形叶桥恰恰能满足桥梁设计中的各种要求。

日本是个多地震的国家，建筑师仿照挺拔坚韧的翠竹设计了一幢43层的高楼，即使遇到强烈地震，楼顶摆动幅度达70厘米，它也只是"弹跳"几下而不会受到任何破坏。它的墙体模仿了热带森林中的大树，上窄下宽，非常牢固。

由此看来，植物真不愧是人类的老师。

32. 大自然神医——植物治病

我国云南的一位哈尼族医生有过这样一段亲身经历：一天，他正坐在路边的一棵大树下休息，突然一条20多厘米长的大蜈蚣摆动着两排长足向他爬过来。他立即拔出刀砍下去，把蜈蚣一劈两段。可蜈蚣并没有死，它的两段身体一直在不停地挣扎和蠕动。过了一会儿，另外一条雄蜈蚣爬了过来，看到自己的同类在痛苦挣扎，它仿佛十分焦急，绕着两段身体转了转，就匆匆忙忙地离开了。不久，雄蜈蚣又爬了回来，而且嘴里嚼着一片嫩绿的叶子。哈尼族医生仔细地观察，发现雄蜈蚣把被斩断的蜈蚣的两截身体连在一起，然后把绿叶放在连接处，自己在一边静静地守候。过了一阵儿，奇迹出现了：那条被砍成两段的蜈蚣竟然恢复了一个完整的身体！它轻轻地蠕动了几下，然后爬进了草丛。大为惊奇的哈尼族医生拿起这片绿叶，照着它采回了许多同样的叶子。他做了个实验：把鸡的腿骨打断，然后敷上捣碎的叶子再包扎好。过了 3 天，解开一看，鸡腿骨已连接起来了。从此，他又多了一种止痛、止血、消炎、接骨的草药配方，这种配方疗效神奇，药到伤愈，他也被人们称为"接骨神医"。

　　这种神奇的草就是"接骨草"，是忍冬科的一种植物，在我国南方的森林里生长。说起来，植物真是一座医药的宝库，它们不但在现代医学发展起来以前就发挥着治病救人的作用，即使在今天，许多特效药中的有效成分还是从植物中提取出来的呢！谁不知道长得像个娃娃的人参呀！它可是能使人身体强壮起来的大补药。犯了咳嗽，医生经常给病人一包甘草片，其药用成分主要是从豆科植物甘草的根里获得的。俗话说："哑巴吃黄连，有苦说不出"，那让人"苦不堪言"的黄连素存在于毛茛科植物黄连的根茎里。别看它苦，可它去火解毒、抑制细菌的功能真是独特得很呢，所以治疗痢疾、泻肚子的常用药就是黄连素片，良药苦口利于病嘛。现在，人们利用先进的技术手段，从粗榧、三尖杉、美登木等植物中提取出抗癌的有效成分，让植物在攻克尖端医学课题方面也发挥了作用。我国从古至今的民间大夫、中草药学家对植物的药用功能研究得最多，贡献也最大。他们发现，几乎所有的植物都有一定的药效，只要科学合理地利用，植物就能服务于人类。

　　当然，在外国也有数不清的药用植物。恶性疟疾的克星——奎宁，就存在于一种叫做金鸡纳的植物的树皮中。

　　金鸡纳树原产于美洲，生活在那里的印第安人很早就知道了它的药用价值，并开始种植。但他们从不外传用金鸡纳树制药的秘方。

　　据说在 17 世纪，西班牙的一位伯爵夫人，由于不适应秘鲁的气候及饮食，不幸染上了疟疾，几天后就奄奄一息了。伯爵急得向印第安人求救，但印第安人没有理睬他。伯爵无意中发现了印第安人嘴里总嚼着一样东西，他暗中打听，才知道那东西是金鸡纳树皮，与防治恶性疟疾有关。伯爵闻知心喜，到金鸡纳树林中剥回一块树皮，煎汤给妻子服下，结果，病完全好了。

　　消息传到欧洲大陆引起了轰动，人们想方设法也要弄到金鸡纳树。一个名叫加斯卡尔的德国植物学家受雇于荷兰人，化名缪勒来到秘鲁。他以帮助印第安人建立金鸡纳林场为名，大量收购金鸡纳种子，并用重金收买了海关人员，在一个黑夜里盗走 500 棵树苗，运到荷兰船上。但是，在海上的多日航行，使树苗大部分死亡，剩下的 3 株"幸存者"在爪哇岛上却奇迹般地生长繁殖起来。几十年后，爪哇岛上的金鸡纳树长成了树林，树皮的产量竟占到全世界的 90%。连我国 1912 年和 1931 年先后在台湾、云南引种的金鸡纳树都是它们的子孙呢。

这种有着传奇经历的金鸡纳树是茜草科的热带树种。它的树皮中有好几种药用成分，不仅能治疟疾，还可镇痛、解热，并用于局部麻醉。所以，用它制成的金鸡纳霜用途可多啦。

33. 大自然礼物——森林浴

所谓"森林浴"，主要是指登山观景、林中逍遥、荫下散步和郊游野餐等一些广泛接触森林环境的活动。不要小看这些看似平常的活动，通过它们可以达到调节精神、解除疲劳、抗病强身的功效。因为"森林浴"可使你投入绿色森林的怀抱，尽情享受大自然的美丽馈赠。

让我们看看绿色森林的功能吧：

一亩树林一天可蒸发水分 120 吨；

一亩林地比无林地多蓄水 20 吨；

一亩防风林可保护 100 多亩农田免受风灾；

一平方公里绿地可减少噪音 16 分贝；

一公顷绿地树木，一天可以消耗掉 1 000 公斤二氧化碳，制造出 730 公斤氧气，可供上千人呼吸之用；

一亩林地每年可以吸附各种灰尘 22~60 吨，每月吸收有毒气体 4 公斤；

一棵树便是一个小型的蓄水库；

一棵树便是一个微型的空气净化器；

一棵树便是一个看不见的空调。

生活在城市里的人们常受到噪声和各种有害气体的侵扰，在森林中则不同了，这里充满宁静，到处是和谐的绿色和怡人的风光。森林里的空气也新鲜异常，有些树木还分泌出能杀菌的树液，像松树等。由此可见，经常进行"森林浴"的确能起到强身健体的功效，难怪日本人正大力推广这种别具一格的"森林浴"呢。

如果你家靠近森林，何不"近水楼台先得月"，去沐浴一番呢？

34. "荒漠卫士"——白刺

去过内蒙古以及西北地区的人们，一定见过一类叫做白刺的植物。也许你当时不知道它的名字，又或者熟视无睹，但它肯定在你的视野中出现过。

白刺是一种典型的荒漠植物。它匍散的身躯，多而又密的分枝，护住一个个小沙丘、小荒坡。它不怕沙埋土掩，枝条在被沙埋土掩之后，极容易向下生出不定根，向上萌生不定芽，枝端也继续向上生长。这样沙积多高，它就爬高多少。它的枝条白白的，长着一簇一簇鲜嫩可爱的小叶片。这些鲜嫩的叶片营养丰富，本是牛、羊、骆驼喜食的很好的饲料，但无奈白刺它只肯一点一点地施舍给它们，因为小枝顶端几乎无一例外地都硬化成的枝刺不答应。白刺不炫耀它的花朵，它的花小，5 个白色的小花瓣。许多小花组成蝎尾状聚伞花序，看上去密密的一小片。白刺结的果肉质多汁，里面含一粒种子，可称为浆果状核果，熟时暗红色，汁液丰富。白刺果实酸甜可食，可治肺病和胃病；也能用以酿酒和制醋；果核还可榨油。

在白刺的同属兄弟中，大白刺的果个头最大，直径 15～18 毫米，且酸甜可口，故有"沙漠樱桃"之称。如果让猪吃大白刺果，有催肥之效。人类现在都流行减肥，也许就不适合吃了。另外，还一种常见的叫小果白刺，又叫西伯利亚白刺。顾名思义，它的分布远及西伯利亚，在我国华北及东北沿海盐碱沙滩也有。它同白刺、大白刺的区别除果实小一半之外，叶片却以多一倍的数量簇生在一起，白刺、大白刺 2～3 枚簇生，小果白刺 4～6 枚。

无论白刺、大白刺，还是小果白刺，它们都是沙漠和盐碱地区重要的耐盐固沙植物。它们耐盐碱、耐沙埋；它们积聚流沙和枯枝落叶而固定的沙丘，人们称之为白刺包。据观察，白刺包固定的沙丘和其他的沙生相比是最牢固有效的，别的植物的枝条多高傲地向上伸展着，只顾生长自己的，而白刺却不同，它用全身的枝条护压着沙丘，它要同沙尘暴作斗争。

白刺，真可谓沙丘的守护神，荒漠的卫士。

35. 藤本植物——"流血"的树

麒麟血藤

麒麟血藤是我国广东、台湾一带生长的一种多年生藤本植物，属棕榈科省藤属。其叶为羽状复叶，小叶为线状披针形，上有 3 条纵行的脉。果实卵球形，外有光亮的黄色鳞片。它通常缠绕在其他树木上。它的茎可以长达 10 余米。如果把它砍断或切开一个口子，就会有像"血"一样的树脂流出来，干后凝结成血块状的东西。这是很珍贵的中药，称之为"血竭"或"麒麟竭"。经分析，血竭中含有鞣质、还原性糖和树脂类的物质，可治疗筋骨疼痛，并有散气、去痛、祛风、通经活血之效。除茎之外，果实也可流出血样的树脂。

龙血树

龙血树原产于大西洋的加那利群岛。全世界共有 150 种，我国有 5 种，生长在云南、海南岛、台湾等地。龙血树属于百合科的乔木，树高可达 10 多米，树干粗壮，常常可达 1 米左右。叶片长带状，先端尖锐。当它受伤之后，也会流出一种紫红色的树脂，把受伤部分染红，这块被染的坏死木，在中药里也称为"血竭"或"麒麟竭"，与麒麟血藤所产的"血竭"具有同样的功效。

胭脂树

胭脂树分布于我国云南和广东等地，属红木科红木属。为常绿小乔木，一般高达 3~4 米，有的可达 10 米以上。其花色有多种，有红色的、白色的或蔷薇色的。果实红色，其外面密被着柔软的刺，里面藏着许多暗红色的种子，而且种子有鲜红色的肉质外皮，可做红色染料，所以又称红木。如果把它的树枝折断或切开，也会流出像"血"一样的汁液。

36. "怕痒的树"——紫薇

人们俗称它"怕痒树"，是树木中一种奇特的树种。紫薇为花叶乔木，又名无皮树、满堂红、百日红。由于花期特长，7~10 月花开不断，故名百日红。

宋代诗人杨万里诗赞颂："似痴如醉丽还佳，露压风欺分外斜。谁道花无红百日，紫薇长放半年花。"

北方人叫紫薇树为"猴刺脱"，是说树身太滑，猴子都爬不上去。它的可贵之处是无树皮。物以稀为贵，世界上千树万木之中有几种是无皮的？年轻的紫薇树干，年年生表皮，年年自行脱落，表皮脱落以后，树干显得新鲜而光滑。老年的紫薇树，树身不复生表皮，筋脉挺露，莹滑光洁。

紫薇树长大以后，树干外皮落下，光滑无皮。如果人们轻轻抚摸一下，立即会枝摇叶动，浑身颤抖，甚至会发出微弱的"咯咯"响动声。这就是它"怕痒"的一种全身反应，实是令人称奇。

紫薇属共有 4 个种，有赤薇、银薇、翠薇等。以花瓣蓝色的翠薇最佳，为圆锥花序，着生新枝顶端，长达 20 厘米，每朵花 6 瓣，瓣多皱襞，似一轮盘。花开满树，艳丽如霞，故又称满堂红。结果为蒴果，状如大豆，内有种子多粒，11 月成熟。

紫薇原产中国，分布于长江流域，华南、西北、华北也有栽培，它的适应性很强。

紫薇耐旱、怕涝，喜温暖潮润，喜光，喜肥，对二氧化硫、氟化氢及氮气的抗性强，能吸入有害气体。据测定，每千克叶能吸硫 10 克而生长良好。紫薇又能吸滞粉尘，在水泥厂内距污染源 200~250 米处，每平方米叶片可吸滞粉尘 4 042 克。因此，它是城市、工矿绿化最理想的树种，也可作盆景。

紫薇还具有药物作用，李时珍在《本草纲目》中论述，其皮、木、花有活血通经、止痛、消肿、解毒作用。种子可制农药，有驱杀害虫的功效。叶治白痢、花治产后血崩不止、小儿烂头胎毒，根治痈肿疮毒，可谓浑身是宝。

37. "药草之先"——甘草

"十药九甘"，人们这样形容甘草在中药中的位置。甘草是中医使用最多的药材之一。可是，你知道吗，甘草不产在山清水秀、气候宜人的南方，却偏偏分布于我国干旱、寒冷的西北地区，如新疆准噶尔盆地、塔里木盆地，甘肃河西走廊以及内蒙古、宁夏的沙漠地带。"梅花香自苦寒来"，甘草真可谓西北植物中的一宝。

平时我们所说的甘草指的是乌拉尔甘草。它是一种多年生草本植物，高不过 1 米。根粗壮。羽状复叶，小叶 3~8 片。蝶形花紫色，稍带白色。荚果镰形或环形弯曲，密被刺毛或腺毛，在果序轴上排列紧凑。与甘草同属的兄弟姐妹在全世界有 13 种左右，我国 8 种，有 5 种都生长在西北沙漠地区。除乌拉尔甘草外，光果甘草和胀果甘草也都具有同样的药用价值。光果甘草荚果比较平直、光滑无毛，在果序轴上排列疏散；胀果甘草荚果粗短、光滑鼓胀，里面大都只有两粒种子。

甘草的干燥根及枝条都可入药。药性平，味甘。有补脾益气、清热解毒、祛痰止咳、缓急止痛等作用。用于脾胃虚弱、倦怠乏力、心悸气短、咳嗽多痰、元腹、缓解药物毒性烈性等。利用甘草作为许多中药的臣药、使药及佐药，可以缓解某些药物毒性烈性，还使苦药不苦了，便于患者服用。

从甘草中提取的有机化合物达 100 多个，包括甘草甜素（甘草酸钾钙盐）、甘草贰等等。利用这些有用成分，人们开发出了许许多多的药品。甘草还在食品工业和烟草制造中有重要作用，例如某些蜜饯的香料和香烟的添加剂等。

甘草还是重要的固沙植物，它的根扎入沙地很深以吸取水分。在很多地方，甘草与胡杨林、红柳为伴，共同把沙漠绿洲打扮得更加美丽。不过，由于甘草在中药上的重要性，野生的甘草被毫无计划的滥采乱挖，许多地方资源已近于枯竭。而且使沙漠本来难得的植被遭到了破坏，沙尘暴又起。所以我们应该提倡人工种植甘草，甘草播种很容易出苗，据测算，种植甘草比种植一般粮食作物，收入高出许多。

38. "植物杀手" ——一枝小黄花

一种被称为"植物杀手"的外来物种一枝黄花正借着花期在宁波城乡大面积蔓延。一场植物保卫战正在打响!

瘦长的茎秆,细长的叶子,头顶上开着一串串犹如蝎子尾巴一样的金黄色小花,看起来是那样娇艳欲滴,细细一闻,还有一股清香……这一外形美丽却隐藏着歹毒秉性的植物,正是遭到紧急"通缉"的"植物杀手"——"加拿大一枝黄花"。

原产北美的一枝黄花,属菊科草本植物,每年 9~10 月开花,12 月种子成熟。这种花有惊人的繁殖能力以及快速占领空间的特征。一株植株可形成 2 万多粒种子,萌发近万株小苗。小苗能在 4 个月内长到 1 米以上,而当花序形成后可长到 3 米左右。在生长过程中,它会与其他物种竞争养分、水分和空间,从而使绿化灌木成片死亡,同时它还蚕食棉花、玉米、大豆等,影响农作物的产量和质量。

文献记载,该植物最早从 1935 年引入我国,作为庭园花卉栽培于上海、南京一带,后逸生野外。20 世纪 80 年代扩散蔓延成为恶性杂草。

据悉,一枝黄花的入侵已使 30 多种土著物种相继消失,而在宁波面积已超过 2 万亩。

据《中华大药典》记载,我国土著一枝黄花具有疏风清热、消肿解毒的功效,可治感冒头痛、咽喉肿痛、黄疸、百日咳等病症。

经查询资料发现,世界上确有一些国家允许把"加拿大一枝黄花"作为药用,有报道称它有一定的散热祛湿、消积解毒功效,有的还用其研制天然营养霜和沐浴露。但专家指出,由于中国和其原产地在气候、土壤等各方面差异很大,一枝黄花在繁殖过程中是否可能产生变异还未可知。

宁波市药检所的一位专家认为,判定一种植物能否入药要通过研究部门确认其组成成分,分析毒性、药性,再经过药品研究程序,通过动物试验后再进入临床试验,这一过程十分复杂,少则三五年,多则数十年。

令人担忧的是,该植物种子极小,可以像蒲公英种子一样随风传播。在一枝黄花生长区域,已很难找到成片的其他植物。它对棉花、玉米、大豆等旱生作物的潜在威胁也不容忽视。宁波市农技总站的专家说,绝不能贻误战机,须尽快采取措施加以清除,以免其危害面积扩大、防治难度加大。

由于一枝黄花属于多年生植物且根状茎发达,现有方法仅限于药剂防治和人工拔除两种。目前该植物正处于开花期,用除草剂难以奏效。专家指出,眼下最重要的还是对其蔓延进行控制。

人工拔除是目前最有效的办法。一些地方采取先砍下叶秆，然后挖出其根茎，待晒干后集中焚毁的方法，虽然很费人力物力，但效果比较明显。

专家呼吁，对外来物种的风险评估、预警、引进、消除、控制、生态恢复、赔偿责任等作出明确规定迫在眉睫。要特别加强对农业、林业、养殖业等有意引进外来物种的管理，并建立外来入侵物种的名录制度、风险评估制度。

39. 有性繁殖——被子植物

被子植物是现代植物界中种类多、分布广、适应性强的一个类群。被子植物的一个显著特征是具有真正的花，所以被子植物又叫有花植物。花的出现代表着植物繁殖部分的一个高度进化与特征。被子植物的繁殖在所有植物里是最复杂精妙的。被子植物通过有性生殖产生新个体，这是在花中进行的，是从精子、卵子的形成，经过受精作用，最后形成胚和胚乳的整个过程。

被子植物的花由花萼、花冠、雄蕊和雌蕊组成。花萼和花冠的主要功能是保护花并招引昆虫传送花粉。花的中间是雄蕊和雌蕊，这是花的雌雄性器官。一个雄蕊由花丝和花药组成，花药里产生花粉粒。成熟的花粉粒在内部结构上有两种形式，一种是含有一个营养细胞和一个生殖细胞，例如棉花、百合的花粉；另一种是含有一个营养细胞和两个精子，例如小麦、白菜的花粉。精子是由生殖细胞分裂形成的，生殖细胞的分裂可能在花粉粒里进行，也可能在花粉萌发后长出的花粉管中进行。

雌蕊分柱头、花柱及子房三部分，形似一个花瓶，子房内壁着生有一至多个胚珠。胚珠是植物"胎儿"生长的地方，早期每个胚珠的中间有一个囊状的东西，称做胚囊，它是由胚囊母细胞经减数分裂形成的。在显微镜下可以看到成熟的胚囊里包含一个卵细胞、两个助细胞、三个反足细胞及一个含有两个极核的中央细胞。

植物开花时，成熟的花粉被风或昆虫传送到同一种植物雌蕊的柱头上，受到柱头上黏液的刺激，花粉粒开始萌发，形成花粉管。花粉管穿过花柱和子房壁直达胚珠，进入胚囊，并将花粉管内的两个精子释放到胚囊里，一个精子与卵细胞结合形成受精卵，由受精卵发育成胚；另一个精子与两个极核结合形成受精极核，由受精极核发育成胚乳。这样，受精后的胚珠就整个变成了种子。

当卵细胞受精以后，整个花受到新的刺激，花的各部分发生显著变化。花柱、柱头、雄蕊、花冠等都凋谢了，多数植物的花萼也脱落了，只剩下子房。大量的有机物不断地运向子房，子房就开始发育、膨大，最后形成果实。

在被子植物中，两个精子同时分别与卵细胞和极核结合的现象，叫做双受精现象。双受精现象在低等植物里没有，动物里也没有，而是被子植物所特有的。双受精的结果，不仅使"胎儿"带有父母双方的遗传特性，而且供给"胎儿"发育用的胚乳，也带有父母双方面的遗传物质。这样产生的后代，必然具有较强的生活力和适应性，从而保证了被子植物在多样化的自然环境中得以广泛地生存和繁殖。

40. 冰山奇花——雪莲

雪莲（雪兔子）以其美好的名字和顽强的性格给人们留下了深刻的印象。它们生长在海拔 5 000 米左右近雪线的高山碎石坡上。雪莲的茎、叶上密密生长着白色绵毛。既可以防风保温，又可以反射高山阳光的强烈辐射，是适应高山风大、温度低、光线强、天气变化快等特殊气候的典型植物。雪莲是菊科风毛菊属的多年生草本植物，高约 20～30 厘米，根茎粗壮。在茎的基部密生着许多卵状矩圆形叶片，茎顶则由 10 多枚薄薄的淡黄绿色的苞叶所包裹。苞叶膜质宽 5～7 厘米。苞叶上下排列成两层，顶部微微向外张开，外形有如盛开的莲花花瓣，故有"雪莲"之称。不过，雪莲真正的花却在苞叶叶片包裹的中心。它由约 20 个圆形的头状花序组成。许多头状花序密集地挤在一起好像菊花的大花盘。每年 7 月中旬，头状花序上的紫红色筒状小花竞相开放，形成一团艳丽的大"花芯"，与周围宽大的膜质苞叶相配，这时，才真正像一朵伴着残冰和积雪一同盛开的冰山上的雪莲花。

雪莲主要分布在我国新疆的天山，西藏昌都地区和四川西北部海拔 4 500～4 800 米的高山上。在青海、云南、甘肃等省区也有其他几种雪莲分布，但植株稍小。像树叶雪莲花极小，高仅几厘米，花序上还有白色绒毛或黑褐色绒毛。以雪莲命名的虽有多种，但新疆天山产的大雪莲现已为数不多，故已被国家列为三级保护植物。

雪莲是一种贵重的药材。全株均可入药，一般在夏天开花时采收。其茎、叶、花对治疗风湿性关节炎、活血通经、散寒除湿、闭经等疾病均有显著疗效。

41. 不结种子的植物——孢子植物

在植物界的约 50 万种植物中，有 10 万种是不会产生种子的。不过，它们能产生一种比种子小得多的生殖细胞——孢子，以进行繁殖。孢子身轻体小，到处飘浮，在空气中、土壤里、水中及我们所接触的任何物体表面都散布有孢子。我们熟悉的藻类、菌类、苔藓及蕨类植物，都是不产生种子的植物，在植物学上称为孢子植物。

孢子植物大多比种子植物小，而且大多生长在潮湿的地方。如藻类植物，大多数生活在水中，许多植物体为单细胞，要用显微镜才能看清它们的面貌。美丽的硅藻也不过 400~500 微米，一张普通邮票就可放下 5 000 个。最大的藻类要数美国产的巨藻，长达 30 多米，是藻类中的"巨人"。

菌类则包括供人们食用的蘑菇、猴头、木耳等，做面包、馒头时常用的酵母及烂水果或皮革上长的霉也都属于此类。

地衣是植物界中最特殊的分子，它是真菌和藻类的复合体。地衣多分布于岩石、树皮及土壤上。即使在南极、北极地区它们也能生存，并常常在海滨与绿茵如毯的苔藓组成色彩缤纷的图案。经调查，在北极就约有地衣 2 000 种。

苔藓与蕨类，在结构上比前面几类都要复杂些，是较为适应陆地生活的种类。特别是蕨类植物，已有根、茎、叶的分化，具有植物由水生登陆后完全适应陆地生活的结构。在遥远的古代，蕨类曾盛极一时，很多是高大的乔木，直至以后地质变迁，很多种类相继绝灭，有的演变为草本。在现今的一些热带和亚热带地区，还可以找到为数不多的长得像树一样的蕨类植物，通常统称为树蕨（或桫椤）。

42. 不怕盐的植物——盐生植物

土壤中的盐碱，是植物生长的大敌。土壤含盐量在 0.2% 以下，对植物无害；在 0.2%~0.5% 之间仅对幼苗有危害；在 0.5%~1% 之间，大多数植物不能生长，只有一些耐盐性强的植物，如棉、西瓜、甜菜等可以生长；在 1% 以上，则只是具有特殊适应力的植物才能生长。

土壤中盐分过多，可造成植物根系吸水困难，同时，大量盐离子进入植物体后，对其细胞的原生质产生毒害，因此，大多数植物不能生长。但是，在含盐量较高的盐土里，仍可看到有些植物健壮地生长着。这些植物是怎样适应这种特殊环境的呢？

能够在盐碱地里生长的植物，它们都有一系列适应盐碱生态环境和生理特性，如体瘦而硬，叶不发达，蒸腾表面积缩小，气孔下陷，表皮细胞的外壁厚，还常具有灰白色绒毛，以减少水分蒸腾。叶结构向着提高光合效能方面发展，在叶肉中栅栏组织发达，细胞间隙缩小。还有一类盐土植物，具有肉质茎叶，其叶肉中有特殊的储水细胞，使同化组织不致受高浓度盐分的伤害。储水细胞的大小，还能随叶子的年龄和植物体内盐分绝对含量的增加而扩大。

盐生植物的抗盐特性各不相同。有些植物如盐角草、滨藜、海蓬子等，它们能在细胞内积累大量的易溶性盐，使得植物细胞的渗透压在 40 个大气压以上，个别的可达 150 个大气压，保证水分的吸收。同时，它们的原生质对盐分又有很高的抗性，所以能在含盐分高的土壤中繁茂生长。有的植物靠在细胞内积累盐分的方法，来保证其从盐渍化的土壤中取得水分，又能通过茎、叶表面的分泌腺，把盐分排出体外。排在茎、叶表面上的盐呈结晶状，积成硬壳，可被风吹掉或雨露淋洗掉，如矾松和滨海的红树等。这类植物是耐盐植物，它们在非盐碱地上生长得会更好。

还有一类盐生植物，植物体内含有较多的可溶性有机酸和糖类，细胞的渗透压增大，从而提高了从盐碱土里吸收水分的能力。所以这类植物只能在盐渍化程度较轻的土壤上生长，又称为抗盐植物。

盐生植物是由于长期受到盐渍土壤的特殊条件的影响，新陈代谢类型发生了深刻的变化，并在遗传上固定下来而形成的。实践证明，不抗盐的植物种，若连续几代栽种在盐土中，也能获得一定的抗盐能力，同时，在播种前把种子进行提高抗盐性的处理，也可以使不抗盐的作物有可能在易溶性盐分含量较高的土壤中栽培。

43. 不畏火烧——"英雄树"

我们知道，植物都是怕火的，然而有些植物大火却奈何不了它们。

落叶松就是一种不怕火烧的树种，它们能够"劫后独生"。为什么呢？这是因为落叶松挺拔的树干外面包裹着一层几乎不含树脂的粗皮。这层厚厚的树皮很难被烧透，大火只能把它的表皮烤糊，而里面的组织却不会被破坏。即使树干被烧伤了，它也能分泌出一种棕色透明的树脂，将身上的伤口涂满涂严，随后凝固，使那些趁火打劫的真菌、病毒及害虫无隙可入。因此，落叶松就成了熊熊林火中令人瞩目的"英雄树"。

不久前，南非乔治森林研究站的工作者，发现芦荟不怕火烧。一般来说，植物的叶子枯萎后便脱落了，而非洲大草原上的一些芦荟的枯叶却死而不落。一场火灾后，死叶覆盖主干的芦荟中有 90% 以上经受了炼狱的考验活了下来。由于芦荟的死叶有某种不易燃的物质，在死叶的保护下，无法达到致芦荟于死的高温，帮助芦荟逃过劫难。

据悉，美国林业专家发现常春藤等几种植物也不怕火烧，甚至可以称为灭火植物。原来它们接触火苗后本身并不燃烧，只是表面发焦，因而能阻止火焰蔓延。有人设想，如果将常春藤成排地种植在森林的周围，就能形成防火林带。

在我国粤西山区森林中，有一种木荷树也是防火能手，能遏止火焰蔓延。它的树叶含水量高达45%，在烈火的烧烤下焦而不燃。它的叶片浓密，覆盖面大，树下又没有杂草滋生，因此既能阻止树冠上部着火蔓延，又能防止地面火焰延伸。所以说，木荷树是一种不可多得的防火树。

生长在我国海南的海松也是一种不怕火烧的树。用它做成的烟斗，即使成年累月的烟熏火燎也不会被烧坏。这是因为海松具有特殊的散热能力，木质又坚硬，特别耐高温。

在非洲的安哥拉，生长着一种奇特的树——梓柯。它的枝杈间长着一个个馒头似的节苞，里面储满了液体，节苞满布着小孔。当它们一遇到闪耀的火光，就立即从小孔喷出液体，这种液体含有灭火能力很强的四氯化碳。因此，人们称这种树为"灭火树"。

不怕火烧的植物说奇其实也不奇，只是这些物种在其漫长的进化过程中，逐渐形成的一种自身保护能力而已。

44. 长相奇特——"五代同堂"茄

乳茄，茄科半木质植物，又叫五代同堂果，乳头茄。为一年生灌木，高1米左右，花紫色、呈五星状，茄果如鼠标大小，并在果体上长出5个乳头状的突起，成熟果实呈金黄色，其表面光滑如塑，成为一种天然的工艺品。摆放在茶几案头可观赏数月之久。除观赏外还可药用，具有消炎镇痛、散瘀、消肿的功效。主治心胃气痛、淋巴结核、腋窝生疮等。一般在春季播种，秋季收果。

乳茄原产南美洲，现已广布于东南亚，因有奇异形状的果而种植。果倒梨形，光滑，黄色或橙黄色，成胀大的球果，基部具3～5个乳头状突起，又名五指茄，人们以示吉祥，故称"五代同堂茄"。

45. 众说纷纭——吃人植物之谜

近年来，许多报纸杂志不断刊登了有关吃人植物的报道，有的说它在南美洲亚马孙河流域的原始森林中，也有的说在印度尼西亚的爪哇岛上时有发现，众说不一。这些报道对各种不同的吃人植物的形态、习性和地点作了详细的描述，结果使许多人相信，世界上的确存在这样一类可怕的植物。但十分遗憾的是，在所有发表的有关吃人植物的报道中，谁也没有拿出关于吃人植物吃人的直接证据——照片或标本，也没有确切地指出它是哪一个科，或哪一个属的植物。为此，许多植物学家对吃人植物是否存在的问题产生了怀疑。

有关吃人植物的最早消息来源于19世纪后半叶的一些探险家们，其中有一位名叫卡尔·李奇的德国人在探险归来后说："我在非洲的马达加斯加岛上，亲眼见到一种能够吃人的树木，当地居民把它奉为神树，曾经有一位土著妇女因为违反了部族的戒律，被驱赶着爬上神树，结果树上 8 片带有硬刺的叶子把她紧紧包裹起来，几天后，树叶重新打开时只剩下一堆白骨。"于是，世界上存在吃人植物的骇人传闻便四下传开了。从此以后，又有人报道在亚洲和南美洲的原始森林中发现了类似的吃人植物。

这些报道使植物学家们感到困惑不已。为此，在 1971 年有一批南美洲科学家组织了一支探险队，专程赴马达加斯加岛考察。他们在传闻有吃人树的地区进行了广泛搜索，结果并没有发现这种可怕的植物，倒是在那儿见到了许多能吃昆虫的猪笼草和一些蜇毛能刺痛人的荨麻类植物。这次考察的结果使学者们更怀疑吃人植物存在的真实性。

1979 年，英国一位毕生研究食肉植物的权威——艾得里安·斯莱克，在他出版的专著《食肉植物》中说，到目前为止，学术界尚未发现有关吃人植物的正式记载和报道，就连著名的植物学巨著——德国人恩格勒主编的《植物自然分科志》以及世界性的《有花植物与蕨类植物辞典》中，也没有任何关于吃人树的描写。除此以外，英国著名生物学家华莱士，在他走遍南洋群岛后撰写的名著《马来群岛游记》中，记述了许多罕见的南洋热带植物，也未曾提到过有吃人植物。所以，绝大多数植物学家倾向于认为，世界上并不存在这样一类能够吃人的植物。

为什么会出现吃人植物的说法呢？艾得里安·斯莱克和其他一些学者认为，最大的可能是根据食肉植物捕捉昆虫的特性，经过想象和夸张而产生的；当然也可能是根据某些未经核实的传说而误传的。根据现在的资料已经知道，地球上确确实实存在着一类行为独特的食肉植物（亦称食虫植物），它们分布在世界各国，共有 500 多种，其中最著名的有瓶子草、猪笼草、茅膏菜和捕捉水下昆虫的狸藻等。

艾得里安·斯莱克在《食肉植物》中指出，这些植物的叶子变得非常奇特，有的像瓶子，的有像小口袋或蚌壳，也有的叶子上长满腺毛，能分泌出各种酶来消化虫体，它们通常捕食蚊蝇类的小虫子，但有时也能"吃"掉像蜻蜓一样的大昆虫。这些食肉植物大多数生长在经常被雨水冲洗和缺少矿物质的地带。由于这些地区的土壤呈酸性，缺乏氮素养料，因此植物的根部吸收作用不大，以致逐渐退化。为了获得氮素营养，满足生存的需要，它们经历了漫长的演化过程，变成了一类能吃动物的植物。但是，艾得里安·斯莱克强调说，在迄今所知道的食肉植物中，还没有发现哪一种是像某些文章中所描述的那样："这种奇怪的树，生有许多长长的枝条，有的拖到地上，就像断落的电线，行人如果不注意碰到它的枝条，枝条就会紧紧地缠来，使人难以脱身，最后枝条上分泌出一种极黏的消化液，牢牢把人粘住勒死，直到将人体中的营养吸收完为止，枝条才重新展开。"

有些学者认为，在目前已发现的食肉植物中，捕食的对象仅仅是小小的昆虫而已，它们分泌出的消化液，对小虫子来说恐怕是汪洋大海，但对于人或较大的动物来说，简直微不足道，因此，很难使人相信地球上存在吃人植物的说法。但一些学者认为，虽然眼下还没有足够证据证明吃人植物的存在，但是不应该武断地加以彻底否定，因为科学家（不包括当地的土著居民）的足迹还没有踏遍全世界的每一个角落，也许，正是在那些沉寂的原始森林中，将会有某些意想不到的发现。

46. 繁殖惊人——除不尽的杂草

杂草不仅主要指草本植物，还包括灌木、藤本及蕨类植物等，这些长错了地方的野生植物都是杂草。杂草危害农作物和经济作物，它们与作物争肥、争水、争光照，有些杂草还是作物病虫害的寄主和越冬的场所。据调查，世界范围内的农业生产每年受杂草危害损失达 10% 左右，仅美国每年由于杂草造成的谷物损失就达 90 ~ 100 亿美元。我国因遭受杂草的危害，每年损失粮食约 200 亿公斤、棉花约 500 万担、油菜子和花生约 2 亿公斤。长期以来，杂草就是农业生产上的一大灾害。年年除杂草，岁岁杂草生。为什么杂草有这样强的生命力呢？

首先，杂草有惊人的繁殖力。一株稗草能结种子 13 000 粒，狗舌草能结 20 000 粒，刺菜能结 35 000 粒，龙葵能结 178 000 粒，广布苋能结 180 000 粒，加拿大飞蓬能结 243 000 粒，日苋能结 500 000 粒。我国东北地区水边滋生的孔雀草，茎秆只有 10 厘米高，却能结子 185 000 粒，种子重量竟占全株总重的 70%。

杂草不仅产子多，而且种子的寿命长，可连续在土壤中多年不失发芽能力。稗子在水中可存活 5 ~ 10 年，狗尾草可在土中休眠 20 年，马齿苋种子的寿命是 100 年。在阿根廷一个山洞里所发现的三千年前的苏菜种子仍能发芽。而一般作物种子的寿命不过几年，要想找一株隔年自生自长的庄稼，那是很困难的。

其次，杂草具有顽强的生命力。有些杂草耐旱、耐寒、耐盐碱；有些杂草能耐涝、耐贫瘠。严重的干旱能使大豆、棉花等许多作物干枯致死，而马唐、狗尾草等仍能开花结子。热带地区的杂草仙人掌，在室内风干 6 年之后还能生根发芽。凶猛的洪水能把水稻淹死，而稗草以及莎草科的一些杂草却能安然无恙。多数杂草都有强大的根系、坚韧的茎秆。多年生杂草的地下茎，具有很强的营养繁殖能力和再生力，折断的地下茎节，几乎都能再生成新株。

同一株杂草结的种子，落在地上不一定都能迅速发芽，有的春天发芽，有的夏季萌发，甚至还有的隔很多年以后再发芽。这种萌发期的参差不齐是杂草对不良环境条件的一种适应。

最后，杂草种子具有利用风、水流或人及动物的活动广泛传播的特性。蒲公英、刺菜、白茅等果实有毛，可随风云游；异型莎草、牛毛草和水稗的果实，能顺水漂荡；苍耳、猪殃殃、鬼针草、野胡萝卜等果实上的刺或棘刺能牢牢地附着在人或鸟兽身上，借以散布到远处去。通过文化、贸易交流，杂草也会"免费"旅游全球。杂草到了新环境，一般来说比在原产地生长得更旺盛。例如，无刺仙人掌被请到澳洲原想作饲料用，但时隔不久，这位贵客仅在昆士兰一地就使 3 000 万英亩的土地变成了荒地。美国为了护坡、护岸和扩大饲料来源，从日本引进了金银花和葛藤。后来，这些植物使大片森林受损，并迫使美国人向"绿魔"宣战。

在生存竞争的过程中，杂草相对于一般作物确实有许多有利的条件，因而田间的杂草是很难除净的。随着科学技术的发展，农业科技工作者和生产者正在研究各种杂草的生长发育规律，探索新的农田杂草防除方法。现在杂草及其防除日渐成为一门新的独立学科。

47. 大气的"清洁工"——树木

每当人们在田野或树林中散步时，往往会感到心旷神怡，因为那里空气清洁、新鲜。而在人口稠密的大城市或工业区，人们会感到那里的空气污浊并时有窒息感，这是因为那里人多、工厂多、汽车多。人们的呼吸作用要消耗掉大量氧气和呼出大量二氧化碳；金属冶炼厂、发电厂、造纸厂、化工厂等各种工厂，以及数量庞大的汽车，除消耗大量氧气和不断排出二氧化碳外，还排出二氧化硫、一氧化碳、氟化物、氯气、氮氧化物、碳氢化合物等，以及大量的烟尘和粉尘，使空气遭受严重污染，直接或间接地危害人类的健康和生命。

全世界每年约有 1 亿吨烟尘排放到大气中，每燃烧 1 吨煤，大约就要产生 3 ~ 11 公斤烟尘。烟尘除本身有毒和刺激性外，还能与其他有毒物质相结合危害人体，它能吸收有害的气体和经高温冶炼排出的各种重金属粉尘，尤其是致癌性很强的物质，使人患上癌症。另外，空气中的污染物粉尘，通过呼吸道进入肺部沉积下来，甚至进入肺细胞和血液，引起中毒。如长期在受粉尘污染的环境中工作和生活，易使人患气管炎、支气管炎、矽肺、肺气肿等疾病。

发电厂等工厂排出的二氧化硫有很强的刺激性，它进入人的呼吸系统后，可引起支气管炎，尤其是抵抗力较弱的儿童和老人更易患呼吸系统疾病。二氧化硫氧化后形成硫酸。刺激和腐蚀人的肺，造成弥漫性肺气肿。当空气中的二氧化硫浓度增高到一定程度时，即可造成人的死亡。

汽车尾气排出的碳氢化合物和氮氧化合物，在阳光照射下产生光化学反应，生成臭氧、醛类、二氧化氮等多种化合物，这些化合物在适当的条件下，与水蒸气一起形成浅蓝色烟雾。人的眼、鼻、气管、肺黏膜受到这种烟雾刺激，便会出现流泪、眼睛发红、咳嗽、气喘等；严重时，可出现头晕、发烧、恶心、呕吐、血压下降、呼吸困难、昏迷不醒，甚至死亡。

世界上就曾发生过几起大气污染造成的严重事件：

1930年12月1~5日，比利时的马斯河谷浓烟弥漫，当时天空中二氧化硫的含量每立方米高达25~100毫克，前后几天造成多人丧生，造成了举世闻名的"马斯河谷烟雾事件"。

1948年10月的一天，美国的多诺拉工业小镇下了一场"大雾"，烟雾持续了4天4夜，引起了5 000多居民咳嗽、喉痛、胸闷，有17名体弱的居民在烟雾中死亡，这就是震惊全美国的"多诺拉烟雾事件"。

1952年12月5~8日，一场特大的浓雾笼罩了英国首都伦敦，使全城交通停顿了整整4天，有4 000多人因吸入有毒气体中毒而死亡，随后又有8 000人陆续丧生，造成了历史上最悲惨的"伦敦烟雾事件"。

1955年在美国的汽车城洛杉矶发生了一次"光化学烟雾事件"，造成当地65岁以上老人有400人死亡。

那么，有什么办法可以减轻空气污染对人体健康和生命的威胁呢？除了设法减少排放污染物之外，最简单而又有效的办法是大力绿化造林。因为绿色植物特别是树木可以帮助我们清除污染，净化空气。

树木对粉尘、烟尘有很强的阻挡、滞留和过滤作用，茂密的树林枝冠，可以降低风速，使空气中飘浮的大粒灰尘降落到地面。有的植物叶片很粗糙、凹凸不平，或在叶子的表面长有很多绒毛；有些植物的叶片还能分泌油脂、黏液或汁浆，能够滞留、吸附、粘着空气中大量的粉尘，使大气得到一定程度的净化。落满灰尘的植物叶片，经过雨水冲洗后，又能恢复吸尘能力。据有关资料记载，每公顷云杉每年可吸附32吨灰尘，每公顷松林可吸附36吨灰尘，每公顷水青冈可以吸附68吨灰尘。据测定，每平方米的榆树叶，一昼夜大约能滞溜3克尘埃，每平方米夹竹桃叶片，每昼夜可滞溜5克多尘埃。

草坪绿地也具有明显的减尘作用，一些粗糙、长有绒毛的叶片，也能够过滤和粘滞粉尘。据测定，草坪滞留尘埃的能力要比无植被土地大70倍；没有绿化的地区比已绿化的地区，空气中的尘埃要多15倍，所以人们称赞树木和绿地是空气的"滤尘器"。

绿色植物不仅能通过光合作用吸收大气中的二氧化碳和释放氧气，以消除大气中积累的二氧化碳，补充所损失的氧气，还能吸收各种有害气体。树木对二氧化硫有很强的吸收能力。据测定，每公斤柳树叶（干重），每月可吸收 3.2 克二氧化硫；每公斤石榴叶（干重）能吸收 7.5 克二氧化硫。又据测定，每公顷柳杉林，每年可吸收二氧化硫 720 公斤，而柑橘叶片的吸收数量比柳杉还要多 1 倍。在空气受二氧化硫污染的地方，臭椿叶片中的含硫量比没有受污染的地方含硫量大 30 倍。

空气中的有毒气体氟化氢对人体的危害更大，要比二氧化硫大 20 倍。一些树木对空气中的氟化氢的吸收能力也很强，每公顷洋槐能吸收 3.4 公斤氟化氢，垂柳能吸收 3.9 公斤氟化氢，桑树能吸收 4.3 公斤氟化氢，油茶能吸收 7.9 公斤氟化氢，拐枣能吸收 9.7 公斤氟化氢，银桦树能吸收 11.8 公斤氟化氢。此外，丁香、柑橘、石榴、臭椿、女贞、泡桐、梧桐、大叶黄杨、夹竹桃等对氟化氢的吸收能力都比较强。

树木对氯化物也有一定的吸收能力。据测定，在距离污染源 500 米处，每公顷洋槐能吸收氯 42 公斤，银桦能吸收氯 35 公斤，蓝核能吸收氯 32.5 公斤。女贞、君迁子等，也都有较强的吸氯能力。

据有关资料，银杏、柳杉、樟树、青冈树、洋槐、悬铃木、连翘、冬青等多种树木，能够吸收臭氧，同时，对汞、铅、铜、镉等重金属元素也有一定吸收能力。栓皮栎、桂香柳、加拿大白杨等树木，对空气中的酮、醛、醇、醚等都分别有很强的吸收能力。铁树、美洲槭等几十种树木，对二氧化氮也有较强的吸收能力。

树木对放射性污染也有一定的净化作用，不仅可以阻隔放射性尘埃和射线的扩散和传播，并可以吸收放射性物质，减少放射性污染的危害。很多种树的叶片能够分泌出具有杀菌作用的物质，人们称它为"杀菌素"。早在 19 世纪末，就有人将针叶分泌物用于外科手术的消毒。据测定，1 公顷圆柏林一昼夜能分泌 30 公斤杀菌素，可以消除一个中等城市空气中的细菌。黑胡桃、柠檬桉、悬铃本、复叶槭、柳杉、樟树和各种松树所分泌的挥发性物质，都具有很强的杀菌能力，柠檬、天竺葵、肉桂等芳香油植物，也都是杀菌"能手"。据调查，闹市区空气中的细菌数，要比绿化区高 7 倍以上。

有人把绿色植物比作大气的"清洁工"，这个比喻既形象又恰当，它能够滞留、吸附、吸收空气中的粉尘、烟尘等污染物和各种有害气体，使空气变得干净、新鲜。它们总是勤勤恳恳，从不懈怠。

48. 珍贵药材——冬虫夏草之谜

大千世界，无奇不有。竟然有冬虫夏草这种植物，真是让人难以捉摸。冬虫夏草，也叫"旱草"，属于囊菌纲，麦角菌科植物，多产于我国四川、云南、甘肃、青海、西藏等地,在中医药中是味珍贵的药材。冬虫夏草,正像它的古怪名字一样,形状很奇特:说它是动物,它的根又深扎在泥土里,头上还长着一根草;说它像植物,它的根部又是一条虫子,长有头和嘴,还有几对整齐的足。冬虫夏草这种怪模怪样的东西是如何形成的呢?它到底是植物还是动物呢?为什么会生成这般怪模样呢?

49. 独木成林——榕树

俗话说:"独木不成林。"但是,在形形色色的植物界中也有例外的情况,榕树就是一个典型的例子。

榕树是一种生活在热带的常绿大乔木。榕树的树冠之大,在植物界中可以说是绝无仅有的。有的榕树的树冠,可以覆盖 1 公顷左右的土地,足足有一个半足球场那么大。

榕树不仅枝叶茂盛,而且树枝能够向下生出许多气生根。榕树的一些气生根悬挂在半空中,可以吸收空气中的水分。大多数气生根形成支柱根,活像树干。一棵大榕树,支柱根可多达 4 300 多条。正因为支柱根林立,所以树冠可以不断地向四周扩展,远远望去,真像一片森林。

50. 色彩缤纷——地衣世界

在人迹罕至的冻岩绝壁上,有一个色彩缤纷的小世界,它们有的爬在整个树干的基部,有的挂在树枝上,还有的为岩石披上了一层绿装,更多的是紧贴大地。只有有心人,才能一窥它们的世界,这就是植物世界中的地衣。

地衣是新世界的拓荒者,在一片不毛世界中它是第一个登陆者。你可能不知道,它不是一种生物,而是有两种以上物种和平共处的混和体,这种共生关系已经存在了近 7 000 万年,是生物界目前共生关系最成功的典范。这种不但让一般人为之迷惑,而且就是科学家目前也没有完全弄明白。

地衣一般由真菌和藻类组成。这些藻类中的有的可以独立生活,而真菌如果离开这些藻类将被活活饿死。

一些地衣对环境的要求很高,只能生活在大气条件很好的地区。科学家利用它们的这些特点来监控我们的环境。

51. 用途广泛——多枝柽柳

多枝柽柳为柽柳科落叶小乔木或灌木,树高 1.3~8 米,在新疆阿勒泰地区广泛分布，多生于公路两侧及荒漠地带。其小枝柔软，叶茂密丛生，花期较长，夏季开花时，粉红色穗状花序布满全树，远远望云，犹如一团粉红色的的火焰，光彩夺目，常引得外地旅客停车观看，赞叹不已。

多枝柽柳喜光，抗干旱，耐高温，在极端高温47.6℃，降水量20毫米，蒸发量达3 000毫米以上的地区仍能利用地下水正常生长；抗寒能力强，在极端最低温-44℃时无冻害；耐盐碱能力尤为突出，在土壤总含盐量达1.4%时生长良好，当土壤总含盐量达2%～3%时仍能顽强生长；耐沙埋，当流沙埋没枝条后，枝条生出不定根，新梢还能长出地面；耐水湿，在低洼水湿的盐碱地也能正常生长。

多枝柽柳用途广泛：

（1）由于多枝柽柳具有抗严寒、耐高温、耐干旱、耐盐碱、耐瘠薄、耐风蚀、耐病虫的特性，所以将其作为防风、固沙、改良盐碱地的重要造林树种。阿勒泰地区的开展绿色通道建设及退耕还林工作中，就把多枝柽柳作为重要的造林树种加以推广种植，收到了很好的效果。其次，它的枝干坚硬、燃烧时间长，可作为沙荒地区人民的重要燃料。枝条还可编制筐篓等用具。

（2）可作为园林观赏植物。多枝柽柳花期长（5～9月），花色艳丽，枝条婀娜多姿，再加上其耐修剪的特性，可将其修剪成各种动物形状，惟妙惟肖，极具特色，是庭院绿化的优良灌木。

（3）药用价值。多枝柽柳枝叶可入药，据药书记载，对于感冒、风湿性腰痛、牙痛、扭伤、创口坏死、脾脏疾病等均有很好的疗效。

52. 多种多样——花序

植物的花千姿百态。有些植物如玉兰、芍药的花，是单独生在茎上的，叫单生花；但大多数植物的花是按照一定顺序排列在花枝上的，这样的花枝叫花序。在花序上没有典型的营养叶，只有苞片。花序比单生花更有利于传粉和繁衍后代。由于适应是多种多样的和不断完善的过程，因而花序也就多种多样了。

总状花序：在一长的花轴上长有多数花柄长短相等的花，花自下而上顺序开放，这就是总状花序。如萝卜、白菜的花序。

伞形花序：这种花序的主轴缩短，大多数花从主轴顶端生出，呈放射状排列，各花的花柄近于等长，排列成一个圆顶形，极似一把伞架，故称伞形花序，开花顺序是由外向内。如葱、人参的花序。

伞房花序：着生在花轴上的花，花柄长短不等，下部的花柄较长，越向顶端花柄越短，整个花序的花几乎排列在一个平面上。如梨、苹果的花序。

穗状花序：花轴直立，较长，上面着生许多无柄的两性花。如车前草、马鞭草的花序。

柔荑花序：花序主轴柔软，整个花序多下垂。在花轴上着生许多无柄的单性花（雌花或雄花），花无花被，经常开花后整个花序脱落。北方的早春，杨树枝上挂满了一条条毛毛虫样的东西，这就是柔荑花序。如柳树、桦木、胡桃的花序都是柔荑花序。

肉穗花序：这种花序与穗状花序基本相似，但花轴肥厚肉质化，呈棒状。花轴周围着生无柄花。如玉米、香蒲的雌花序。有的种类在肉穗花序外面包有一大型苞片，叫佛焰花序。如马蹄莲、芋的花序。

头状花序：花序的花轴缩短，顶端膨大，上面密集地排列着许多无柄花，全形呈头状或扁平形。如三叶草、菊、蒲公英的花序。

隐头花序：花序的花轴顶端膨大，中央部分下陷呈囊状。花着生在囊状花的内壁上，花分雌、雄。雄花分布在内壁的上部，下部为雌花。花完全被包在内部，只有顶端有一孔与外界相通，为昆虫传粉的通路。如无花果、榕树的花序。

上面这些花序开花时都是从花轴的下部向上开，或者从外向里开，好像花轴可以无限制地伸长，这样的花序又总称为无限花序。无限花序有两种类型：一种是以上所述的花序，花轴不分枝，为简单花序。另一种是花轴有分枝，每一分枝相当于上述的一种花序，故称为复合花序。如以下几种：

圆锥花序：每一分枝为一总状花序，整个花序近于圆锥形，实际上是复总状花序。如丁香、水稻的花序。

复穗状花序：花轴每一分枝为一穗状花序。如小麦的花序。

复伞形花序：在花轴的顶端丛生若干等长的分枝，每一分枝相当于一伞形花序。如胡萝卜、茴香的花序。

复伞房花序：花轴分别作伞房花序的排列，每一分枝为一伞房花序。如花楸属的花序。

另有一类花序是开花时，花从花轴的顶部向下开，这样就限制了花轴的伸长，这种花序叫有限花序。有限花序有三种花型：单歧聚伞花序，如委陵菜、唐昌蒲的花序；二歧聚伞花序，如大叶黄杨、石竹的花序；多歧聚伞花序，如大戟的花序。

53. 通晓灵性——奇特的"风流草"

在上江镇风柳村的山坡上，生长一种奇特的草本植物，被当地人称为"风流草"。它植株高 60~80 厘米，枝丫生长四五片以上宽 1 厘米、长 3 厘米的叶子，呈嫩绿色。平时它与其他草类植物无异。奇怪的是每当有青年男女在它旁边互唱情歌时，草叶似有灵性就会互相摆动，翩翩起舞。甚至在歌声激昂时，每对叶片竟会相抱扭成一团，十分亲密。歌声停止，它的枝叶也慢慢舒展，恢复常态。

54. 一红一绿——夫妻树

我国福建欧县万木林自然保护区内，生长着一红一绿的一对鸳鸯树。红的是樟树科的大叶楠，身披红袍，高大雄壮，俨然伟丈夫似的。绿的是山毛榉科的朱槠，生得圆润娇小，妩媚多姿。两棵异族兄妹，偎偎依依，紧贴紧靠，恰如一双恩爱伉俪，因此人称"夫妻树"。

55. "无名英雄"——根的作用

对于植物，人们不仅赞赏花的美丽，更爱果的珍贵，却往往忽视了生长在地下的根。然而根却在潮湿阴暗的土壤里，始终默默地工作着，甘当"无名英雄"。

根一踏上生命的旅途，就以极快的速度钻入土壤，担负起吸收水分和无机盐的任务。根吸收最活跃的区域是根尖部分。根尖由根冠、分生区（生长点）、伸长区和成熟区（根毛区）四部分组成。根冠起保护作用；分生区负责细胞分裂、生长；伸长区的细胞具有很强的伸长能力，使根不断向前伸展；成熟区着生大量的根毛，是吸收水分最强烈的区域。根毛也吸收无机盐，但伸长区是吸收无机盐的主要区域。除水分和无机盐类外，根还能吸收一部分二氧化碳和有机物。根凭着它特有的向水性和向化性，不断向水肥丰富的土层伸展，进行着吸收活动，保证了植物地上部分对水肥的需求。

每一株植物都有一个强大的根系，主根生侧根，侧根长支根，支根再分枝，根系的伸展范围好像树冠的倒影，所以有"树有多高，根有多深"的说法。

在热带海滩上，红树生长在淤泥中，随潮水涨落时隐时现，却不会被带走，就是因为这种树有两种发达的根：一种是支持根，从树干部生出，倾斜地插入淤泥里，可加强树木在淤泥中的稳定性；另一种是呼吸根，从地下根上长出，伸出淤泥，这种根外面有大的皮孔，可与外界进行气体交换，这样就避免了根系在淤泥中因缺氧窒息而死。

植物的根系除了从土壤中吸收营养物质和固定植物外，还能合成植物体所需要的某些重要的有机物质，如南瓜和玉米中很多重要的氨基酸是在根部形成的。由根所合成的氨基酸，运到生长旺盛的部分，用来合成蛋白质，构成新细胞的主要成分。根中还能合成某些激素或植物碱，对植物体的生长和发育具有很大影响。

多数植物的根可储存养料与水分。有些植物如甘薯、甜菜、胡萝卜、萝卜的根特别肥大、肉质化，成为储藏有机养料的储藏器官。多年生植物的根虽不膨大成肉质状，但都储藏有大量的养分。如人参、当归、甘草、乌头、龙胆等植物的根含有许多药用成分，供人类使用。

有些植物的根具有极强的萌芽能力，成为它们传种接代、扩展自身的强大武器。山杨的水平根系特别发达，在贴近地表的土层中生长着许多横根，这些横根能萌发出幼苗。所以采伐或破坏后的林间隙地山杨很容易天然更新，一般只需十几年就可长成天然次生林。

有些植物的根还能"自我施肥"。如豆科植物的根系上常常会长出许多根瘤菌，它能捕捉空气中的分子态氮，并将它固定为氨和氨化合物，为植物的生长发育提供大量的氮肥。

56. 固沙"尖兵"——森林

"飞沙弥漫不见天，荒芜凄凉绝人烟，黄沙万里不见绿，滚滚流沙吞粮田。"这首民间歌谣是对沙漠的真实描写。

全世界的沙漠占去了陆地面积的相当大一部分，撒哈拉大沙漠是全球最大的沙漠，面积达860万平方公里，占非洲陆地面积的30%。我国的沙漠面积约150多万平方公里，主要分布在新疆、青海、甘肃、宁夏、内蒙古等省区，最大的塔克拉玛干沙漠，面积达32万多平方公里，是世界上独一无二的极干旱荒漠。

那么，沙漠是怎样形成的呢？从自然条件来说，干燥的气候是形成大面积沙漠的重要因素。例如，非洲的撒哈拉大沙漠，那里气压高，雨量稀少，常年吹干旱风，促进了沙漠的形成。又如我国的西北沙漠，这里远离海洋，并有高山阻挡，海洋的潮湿空气很难吹进来，所以气候干燥，雨量稀少，从而助长了沙漠的形成。

此外，沙漠的形成还有人为因素。由于全球性的大气污染引起的气候变化和人类滥伐森林、盲目开垦土地、过度放牧，以及局部毁坏了干旱地区的水利设施，从而导致沙漠面积在不断扩大。据一些国际组织调查报告，沙漠每年要侵吞耕地5万~7万平方公里，这是一个非常惊人的数字。比如非洲的一些地区，在 20 世纪 50 年代前还是茂密的森林和草原，由于滥伐和滥垦的结果，现已变成了荒芜的沙漠。又如美国在 1908～1938 年间由于滥伐森林、盲目开垦，破坏了草原，使得原来大片的绿色土地变成了黄色的沙漠。南美洲的哥伦比亚，在 150 年间，由于砍伐了 150 万公顷的森林，使 200 万公顷的耕地变成了荒漠。

随着人类文明的进步，人们已认识到对大自然的盲目索取和掠夺会导致沙漠的形成，并正在对沙漠进行改造和开发。1977 年联合国召开的沙漠化会议指出，干旱地区的许多问题如风蚀、沙丘移动、缺水等，都可以通过造林来解决。

首先，森林可以固沙。树木根系可以像网一样把沙网着，使它们不易散失。在沙丘上栽植一些耐旱、耐沙的乔木和灌木。如灰杨、胡杨、毛柳、梭梭、红柳、白刺、沙枣等，用它们营造防护林，并种植上沙蒿、盐角草、骆驼刺、灰绿碱蓬、野胡麻、芦苇等固沙草种。这样，树根深深扎在地下，与草根相互盘结，可将流动的沙丘逐渐固定着，阻止沙漠向前移动，因此人们称赞绿色植物是固沙的"尖兵"。

其次，森林还可以防风。林地能够阻滞气流，降低风速。据测定，从森林边缘向森林内深入 30～50 米，风速可降低 30%～40%；枝叶茂密的树种，能降低风速 70%～80%。如深入到林内 500 米处，则完全平静无风。风速降低了，当然流沙也就不会移动了。

最后，森林还可以改善沙漠的小气候。在雨季时，林地可以多蓄雨水。在无雨干旱季节。树木庞大的根系能够从土壤中吸收水分，通过叶片蒸腾出去，好似抽水机，源源不断地把地下水输送到空中，增加大气的湿度，这就可以调节当地的气候，使林区雨雾增多。例如，在我国东北的兴安岭林区，在盛夏之夜，天空晴朗，可是林海里却滴滴答答下起"夜雨"，雨量还相当可观，这就是"晴空夜雨"的奇景。可见，森林可使林区经常保持湿润状态，并使周围地区雨量增多。

干旱和缺水是形成沙漠的重要原因，而沙又是随风移动的。通过植树造林，树根固定了沙丘，树木枝叶减弱了风速，使沙漠停止了侵袭和扩张。另外，落下来的树叶变成腐殖质后，可使土壤得到改良，这就为改造和开发沙漠打下了良好的基础。

我国从 1978 年起，陆续在"三北"（西北、华北、东北）地区营造 600 多万公顷防护林体系，这是一项改造沙漠，造福人民的宏伟工程，这个"绿色长城"建成后，将可降伏黄色的"沙龙"。

那么，也许有人会问：生长在沙漠里的植物是如何战胜干旱的呢？说来有趣，它们各自都有巧妙适应环境的本领。

有些植物具有很发达的根系，能迅速而充分地吸收土壤深层的水分，以满足生长发育的需要，如梭梭树。根可以垂直向下扎5～10米，侧探向四周扩散达10多米，骆驼刺的根也可扎入地下15米深处，有这样庞大的根系，就保证了它们对水分的需求。

还有些植物，肉质多浆，它们的茎和叶常常变为发达的储水组织，这样便可以在体内储存较多的水分。比如墨西哥沙漠里的巨人柱仙人掌，可高达15～17米，茎肉可储水2吨以上。有这么多水，当然就不怕干旱了。

也有一些植物具有很厚的角质层，它们的气孔凹陷或白天关闭着，以减少蒸腾作用，这样可避免损失水分。另有一些植物的叶片变小，有的甚至叶片完全退化了，以减少水分的蒸发，像木黄麻、梭梭和光棍树等都是典型的无叶绿色树木。这些奇特的耐旱植物，为人类战胜沙漠提供了宝贵的植物资源，这些固沙的绿色"尖兵"在人们精心栽培下，将会逐渐攻占沙漠，在荒凉的沙漠里出现更多的绿洲。

57. 细胞膨胀——含羞草会含羞的原因

植物的运动通常是由细胞内膨压改变造成的。大部分成熟的植物细胞都有一个很大的液泡。当液泡内充满水时，就压迫周围的细胞质，使它紧紧贴向细胞壁，而给予细胞壁一种压力，使细胞硬胀，像吹满了气的气球一样。液泡内所含的有机和无机物质的浓度高低，决定渗透压的高低，而渗透压的高低可以决定水分扩散的方向。当液泡浓度增高时，渗透压增加，水分由胞外向胞内扩散而进入液泡，增加细胞的膨压，使细胞鼓胀；反之，细胞则萎缩。这种过程只能造成缓慢的运动，例如气孔的开合。

含羞草的叶子如遇到触动，会立即合拢起来，触动的力量越大，合得越快，整个叶子都会垂下，像有气无力的样子，整个动作在几秒钟内就完成。它并不是有神经系统支配，而是叶柄基部和小叶柄基部一些细胞的细胞膜的半透性发生霎时的变化，引致迅速膨压变化之故。

在叶柄和小叶柄基部都有一个较膨大的部分，叫做"叶枕"。叶枕对刺激的反应很灵敏，在它中心的部分有许多薄壁细胞。这些细胞在静止时会将带负电荷的氯离子运向细胞内，而把阳离子向细胞外运送，使细胞膜和邻近地区保持一定电位差，叫做静止电位。当外界刺激超过某一定限度时，这种差异通透性会突然改变，带正电荷的钙离子大量涌进细胞，而钾离子却向反方向进行，使膜内电位增高，甚至成为正电位，于是产生了动作电位，这种现象叫做"去极化"。动作电位会传递，当细胞到达动作电位时，也就是产生去极化现象时，细胞膜的差异通透性会消失，使原来蓄存于液泡内之水分在瞬间排出，使细胞失去膨压，变得瘫软。故当刺激小叶柄基部的叶枕，叶枕上半部薄壁细胞的膨压降低，而下半部薄壁细胞仍保持原来的膨压，引起小叶片沿着叶柄方向直立。而叶柄内的维管束，在叶枕合成一大管道容纳叶枕排出的水分。

58. 红唇"美女"——热唇草

有这么一种植物，它有一个和它外貌非常贴切的名字——"热唇草"。

热唇草一般生长在特立尼达和多巴哥以及哥斯达黎加的热带丛林中。有意思的是，这种奇异植物的花朵一般会盛开长在两片"嘴唇"之间。一场丛林疾雨过后，鲜润的"嘴唇"中间含着一朵小巧的花朵，使它更显妖娆。

59. 环境"监测员"——植物的特殊功能

姹紫嫣红，满园鲜花；青松、翠竹，绿海无涯。在植物这个奇妙的王国里，还有些植物具有神奇的指示作用。如果你稍加留意的话，就可以发现一个有趣的现象：牵牛花的颜色早晨为蓝色，而到了下午却变成了红色。这是为什么呢？因为牵牛花中含有花青素，这种色素具有魔术师般的本领，当遇碱性时为蓝色，而遇酸性时又变为红色。随着一天从早晨到晚上空气中二氧化碳浓度的增加，牵牛花对它的吸收量也逐渐增加，花朵中的酸性也不断提高，从而造成牵牛花的颜色由蓝变红。由此可见，牵牛花对空气中的二氧化碳的含量具有指示作用，所以称这类植物为"指示植物"。

随着人类对原子能的广泛利用，辐射危害也日益受到人们的重视。有一种叫紫鸭跖草的植物，它的花为蓝色，但受到低强度的辐射后，花色即由蓝色变为粉红色，所以紫鸭跖草是测量辐射强度的指示植物。

利用指示植物还可以监测环境污染的情况。比如在绿化树种中，树姿优美、常年碧绿的雪松，对二氧化硫和氟化氢很敏感，若空气中有这两种气体存在时，它的针叶就会出现发黄变枯现象。因此，当见到雪松针叶枯黄时，在其周围地区往往可以找到排放二氧化硫和氟化氢的污染源。又如唐菖蒲（剑兰）对氟化氢反应十分敏感，当大气中氟化氢浓度超过环境卫生标准（百万分之0.001）15 倍时，24 小时后便会出现受害症状，首先在叶尖和叶缘出现油浸状褪色带，渐渐枯黄，再变成昭褐色。因此，唐菖蒲是监测大气中氟化氢污染的特灵花卉。

科学家研究发现，高大的乔木、低矮的灌木和众多的花草，以及苔藓、地衣等一些低等植物，都可以作为监测环境污染的指示植物。它们是忠实可靠的"监测员"和"报警器"，在空间的不同层次组成了庞大的监测网。这些植物是：紫花苜蓿、雪松、日本落叶松、核桃、向日葵、灰菜、胡萝卜、菠菜、芝麻、栀子花等，可监测二氧化硫。

海棠、苹果、山桃、毛樱桃、小叶黄杨、油松、连翘、玉米、洋葱等可监测氟化氢。

女贞、樟树、丁香、牡丹、紫玉兰、垂柳、皂荚、葡萄、苜蓿等可监测臭氧。

向日葵、杜鹃、石榴等可监测氧化氮。

矮牵牛、烟草、早熟禾等可监测光化学烟雾。

此外，落叶松可监测氯化氢；柳树、女贞可监测汞；紫鸭跖草可监测放射性物质。

那么，指示植物为何能监测环境污染呢？因为不同植物在生理上存在着特异性，故对不同的污染物质，表现出的反应和敏感性也不一样，受害后出现的症状各异。当大气受到二氧化硫、氟化氢、氯气等污染时，这些有害气体可以通过叶片上的气孔进入植物体内，受害的部位首先是叶片，叶片会出现各种伤斑，不同的有害气体所引起的伤斑也不一样。二氧化硫进入植物体内，伤斑往往出现在叶脉间，呈点状和块状，颜色变成白色或浅褐色；氯能很快地破坏叶绿素，使叶片产生褐色伤斑，严重时甚至全叶漂白脱落；光化学烟雾含有各种氧化能力极强的物质，可使叶片背面变成银白色、棕色、古铜色或玻璃状，叶片正面出现一道横贯全叶的坏死带，严重时整片叶子变色，很少发生点状和块状伤斑；二氧化氮，使叶脉间和近叶缘处出现不规则的白色或棕色解体伤斑；臭氧往往使叶片表面出现黄褐色或棕褐色斑点；氟引起的伤斑大多集中在叶尖和叶的边缘，呈环状和带状。指示植物不仅能告诉人们大气受到哪种有害气体的污染，同时还能粗略地反映出污染程度的大小。所以人们称赞这些植物是保护环境的"监测员"。根据监测结果，即可采取有效治理措施。

利用指示植物监测环境污染，有以下优点：

（1）比使用仪器成本低，方法简单，使用方便，预报及时，适于开展群众性监测活动。在工厂的四周栽种上一些指示植物，既可监测污染，又美化了环境，一举两得。例如，一家工厂根据植物的受害症状，发现了管道漏气事故，就可以及时采取有效措施。

（2）对污染很敏感，在人还未感觉到，甚至连仪器还测试不出来的时候，一些植物却出现了明显的受害症状——或花朵变色、或叶呈斑点、或枝叶枯黄等等。例如，大气中二氧化硫的浓度达到百万分之 1 至百万分之 5 时，人才能闻到气味，浓度为百万分之 10 至百万分之 15 时，才对人有明显的刺激作用；但对二氧化硫敏感的植物，在浓度为百万分之 0.3 时，就会出现明显的反应；在 7 小时内就会出现受害症状。又如，氟的浓度在百万分之 8 时，才开始对人体有害；而当氟的浓度为百万分之 0.005 时，敏感植物菖兰就会出现受害症状。

（3）植物不仅能监测现时的污染，而且还能指示过去的污染情况。比如，根据一些树木年生长量的变化（从树干的年轮来测定），估测过去 30 年中大气污染的程度，结果相当准确。而这些，用一般仪器是测不出来的。

60. 特异属性——会"动"的植物

向日葵

植物的向性运动可分为向光性、向地性和向触性，向日葵花的向阳是典型的向光性运动。

含羞草

植物与动物不同，没有神经系统，没有肌肉，不会感知外界的刺激。而含羞草与一般植物不同，它在受到外界触动时，叶会下垂，小叶片合闭，此动作被人们理解为"害羞"，故称为"含羞草"。

白睡莲

植物的运动本是普遍现象，按不同的意义理解有各种不同的运动，如植物的原生质运动、膨压运动和生长运动，受外界刺激的运动又有趋向运动、向性运动和感性运动。

61. "见异思迁"——会"走"的植物

一株植物，除非有人移动，否则一辈子都在一个地方定居，这似乎是天经地义的。但是，确实有一些能够"行走"的植物。

有一种名叫苏醒树的植物，生物学家们在美国东部和西部地区都发现了这种植物的踪迹。这种植物在水分充足的地方能够安心生长，非常茂盛，一旦干旱缺水时，它的树根就会从土中"抽"出来，卷成一个球体，一起风便把它吹走，只要吹到有水的地方，苏醒树就将卷曲的树根伸展并插入土中，开始新的生活。

在南美洲秘鲁的沙漠地区，生长着另一种会"走"的植物——"步行仙人掌"。这种仙人掌的根是由一些带刺的嫩枝构成的，它能够靠着风的吹动，向前移动很大的一段路程。根据植物学家的研究，"步行仙人掌"不是从土壤里吸取营养，而是从空气中吸取的。

62. "绿色荧火"——会发"光"的雏菊

据《纽约时报》报道，英国科学家利用基因工程培育出一种雏菊，在紫外线照射下会发出绿色的光。这种雏菊之所以会发光，是因为具有绿色荧光蛋白。这种最初于水母身上所发现的蛋白质是分子生物学家最喜欢的工具之一，只要把GFP基因嵌入生物体的基因中，就可使由该基因产生的蛋白质分子具有会发光的GFP标志。科学家可利用这种GFP标志追踪细胞间转移的分子，或转移到身体其他部位的癌细胞。过去也曾应用在植物上使其发光，而发光的雏菊则是首次为"装饰"目的所进行的研究。这种花的研发者圣安东尼奥花卉园艺实验学会的斯齐瓦表示，这项技术也可用来监测基因修改作物。

这项技术可以应用在任何白色的花朵上。研究人员最初是将绿色荧光蛋白嵌入烟草、熏衣草等植物中，但这些花朵的色素会遮掩了绿色荧光蛋白；之后转而对两种在紫外光照射下花朵是无色的植物（草原龙胆属植物和雏菊）进行实验，才产生明显的效果。此外，最近科学家还发现一种和绿色荧光蛋白有关、在自然光下会发出红色光的蛋白质，若将这种蛋白质植入花瓣中，将更引人注目。

63. 能量转换——会发热的植物

天南星科植物天南星、白菖蒲、魔芋、半夏、马蹄莲等，大多夏季开花，肉穗花序，外包淡黄色、黄绿色、紫色、白色或绿色的佛焰苞。

这种佛焰花序植物有种奇特的现象：在开花时，花部会发高热，它的温度比周围气温高出 20℃ 以上。

英国有种叫斑叶阿诺母的天南星科植物，美丽极了，被人称为"杜鹃杯"、

"领主与夫人"。斑叶阿诺母佛焰花序的茎部是丛生的雌花，上有雄花，不育的佛焰花序顶部有个几厘米的棒状物。当佛焰花序成熟时，雌雄也有很多的呼吸速率，但花序的不育部分是主要的发热部位。

佛焰花序的产热呼吸一般持续 12 小时左右，高峰期更短，只有 1~2 小时。科学家发现，天南星科植物在自然选择中经受了长期的适应和演化，才形成了这种机制，而且发现是这个物种的有益的功能。它发出的热量使刺激性的化学物质，如胺和吲哚等挥发出来，用来引诱昆虫前去授粉，促进了物种的繁衍。

南美洲中部冻结的沼泽地里，有一种臭菘的花朵冒寒绽开。

臭菘为佛焰花序，花期长达 14 天左右，花苞内始终保持着 22℃的温度，比周围的气温高约 20℃。花有臭味，却引诱着昆虫飞去群集，成为理想的"御寒暖房"。植物学家对这种植物的产热现象进行观察研究，发现臭菘花中有许多产热细胞，里面有一种酶，能氧化光合产物——葡萄糖和淀粉，释放出大量热能。它的氧化速度惊人，简直可同鸟类翼肌和心肌对能量的利用相比。

另一种喜林属的芳香植物也能发出热量。这种植物竟像热血动物那样能将脂肪转换成热量，效率就更高了。在两天的花期中，它们的花朵中能产生 37℃的高温。

科学家认为，植物产热现象是植物对寒冷环境的一种适应，它改变了局部的小气候，促进花的气味的挥发，招引昆虫前去传粉。

而在这种植物的根部和韧皮部也曾发现过产热细胞，科学家又认为，这种产热现象能促进植物体内物质输送加快，增强生化反应，提高酶活性，来抵御寒冷，延长生长期。

64. 奇闻怪事——会改变性别的植物

在生物世界中，有雌雄异体，也有雌雄同体的，变化现象并不稀奇。动物有变性的，黄鳝的一生中，先是雌的，后来又变成了雄的。红绸鱼只能由雌性变成雄性，而雄性却不能变成雌性。

植物会不会变性呢？有，但为数不多。印度天南星就是一个例子。印度天南星是多年生草本，生长在温带和亚热带地区潮湿的林下或小溪旁。植株有雄株、雌株和无性别的中性株三种类型。有趣的是，这些不同性别的植株可以互相转变，而动物只能变性一次。

科学家长期研究和观察后发现，印度天南星的变性同植株体形大小密切相关，植株高度值以 398 毫米为界，超过这个高度值的植株，多数为雌株；小于这个高度值的植株，多数为雄株。研究还发现，植株的高度值在 100~700 毫米间，都可能发生变性，而 380 毫米却是雌株变为雄株的最佳高度。

这是为什么呢？原来，植物在开花结实时，需要消耗大量营养物质，只有高大的植株才能满足这种需要，所以大型植株都为雌性。同样原因，小型植株多为雄株了。前一年为雌株（大体形）的，由于结实消耗了大量营养，第二年便变成了雄株（小体形）。雄株变雌株的道理相同。中性植株的存在，也是由营养条件决定的，当它不能变为雌株时，就暂时为中性株存在。

美国波士顿大学植物学家发现，北美洲的一种最普通的树木——红枫树，有异乎寻常的性变情况。根据传统的情况，红枫树有时呈雌性，有时呈雄性，有时却雌雄同株。他们在 7 年中共考察了麻省的 79 株红枫树，记录了每年每株树的性别与开花的数量。考察结果表明，大多数红枫树（55 株）一直为雄性。有 4 株雄性红枫树会开出一些雌性的花序。另外 18 株雌性红枫树中的 6 株却会开出少量雄性花序。还有 2 株红枫树却是雌雄难辨，它们每年在雌性与雄性之间发生扑朔迷离的变化。

红枫树这种性转变意味着什么呢？波士顿大学植物学家认为，红枫树性变的机制，如果同前面说的三叶天南星那样，这种雌雄同株植物的个体应该大于性别正常的植物，因为它们需要更多的能量来产生性变。可是，事情却不是这样，雌雄同株红枫树的个体并非很大，一般情况下反而小于其他植物。他们推测，这种性别上自相矛盾的树木，可能经历了一个不正常的性发展过程。至于为什么会产生这种现象，有待今后进一步去探索。

65. 天气信使——风雨花

云南西双版纳生长着一种能预报风雨的花，名叫"风雨花"（红菖蒲莲）。每当风雨将至，它便精神抖擞，含苞欲放；风雨降临便迅速开放，任凭风吹雨打，依然亭亭玉立；而风雨过后，则色彩绚丽，花红似霞，映红深山老林、悬崖峭壁。当地傣家人称它是迎着风雨开放的花，傣语叫"糯蝶罕花"。

风雨花是一种"风雨指示植物"，卵球形鳞茎，叶片扁平修长，深绿色。花粉红色，苞片淡紫红色，花朵形状似水仙，有 6 条长着"丁"字形花药的雄蕊，当它盛开怒放时，就像一根根细长的点燃的蜡条熠熠发光。风雨花产于热带、亚热带地区，以种子繁殖，但习惯上把鳞茎分株移植。风雨花还可药用，全草入药，民间用以治疗疮毒、乳痛等。

66. 浑身是宝——樟树

樟树又名香樟、小叶樟，是一种常绿大乔木，分布区域主要在长江流域以南，尤以台湾为多。樟树材质优良，气味芳香。我国人民使用樟木历史悠久，长沙马王堆汉墓出土的文物中就有不少是樟木、楠木制作的物品。我国栽培樟树也很早，但大量种植始于唐代。

樟树经济价值很高，浑身是宝。从枝叶到茎根，都可提炼樟脑和樟油。结晶部分叫樟脑，不结晶的液体叫樟油。樟脑和樟油历来是我国的重要出口物资，为近代化工、医药、香料、食品工业的重要原料，国防工业也相当需要。樟脑易挥发，有特异香味，能杀菌、润皮、提神；在医药上能强心，或作为呼吸系统疾病、鸦片中毒的解毒药，急症虚脱的治疗药，日常所见的清凉油、香水及一些医用软膏中均含有樟脑。樟脑还可制人造橡胶、胶片、绝缘体、无烟火药、喷漆。樟油可作香料或冶金选矿的溶剂。樟木因含樟脑，制成的箱柜储藏衣物不受虫蛀。我国生产的樟木箱在国内外久负盛誉。

67. 高寿之树——咖啡树之王

咖啡、可可、茶被誉为世界三大饮料。除茶树是我国原产之外，咖啡和可可皆从国外引进。虽然具体的引进时间尚待考证，但可以肯定，我国栽植咖啡的历史相当短。

咖啡是一种矮小的常绿灌木，属于茜草科，咖啡属。其叶革质；椭圆形。花白色，有幽香。咖啡果实很美，熟时成红色，内含两粒种子。将其种子冲洗干净，经过焙炒，再进一步研碎，就成了我们平常说的咖啡。

在我国海南岛文昌县南阳乡高星村石人坡，却生长着一棵高寿的咖啡树，至1985 年为止已有 87 岁。这棵咖啡树，虽历经多次台风袭击，但至今仍枝繁叶茂，结果正常。这棵树主干围径有 67 厘米，树高 5.5 米，树荫覆盖面积约 20 平方米，已有 78 年的采摘历史，其间收获量最高的是 1957 年，共摘鲜果 180 斤，后来，由于屡受自然灾害，产量有所下降，但每年产量仍在 70 斤以上。这棵咖啡树堪称我国的"咖啡树之王"。

68. 抗癌明星——红豆杉

这类植物近年来是植物界走红的"名星"。因为它可提炼紫杉醇，是国际公认的防癌、抗癌药剂，也是国家二类保护树种。红豆杉的红豆宛如南国的相思豆，外红里黑，可以寄托人们的相思。红豆杉得名也是因为它生长着与红豆一样的果实。

红豆杉是远古第四纪冰川后遗留下来的植物，在我国的一些地区有着"神树"的美誉。

红豆杉属常绿乔木，胸径有 1 米之多，高达 20 米。它对于所生长的小环境要求很特别，在海拔 2 500~3 000 米的深山密林之中才可以见到它的踪影，成材需 50~250 年。

红豆杉的分布及种类

除澳洲的红豆杉产于南半球之外，其余红豆杉均产于北半球。

我国红豆杉有 4 种 1 变种，分布于我国大部分地区。

东北红豆杉主要分布在吉林省长白山和黑龙江一带，辽宁东部山区也有少量分布。

云南红豆杉主要分布在滇西与地州 16 个县，总面积约 9 万平方公里，其特点分布广，生长分散，无纯林多为林中散生木。

南方红豆杉主要分布在滇东、滇西南，滇东纯林多为林中散生木。西藏红豆杉主要分布在云南西北部，西藏南部和东南部。

红豆杉的功效

红豆杉具有利尿消肿、治疗肾脏病、糖尿病、肾炎浮肿、小便不利、淋病等；温肾通经、治疗月经不调、产后瘀血、痛经等功效。

69. 岌岌可危——濒临灭绝的植物

《科学》杂志刊登的一项研究结果表明，如果把热带植物包括在内，全球濒临灭绝植物的比例达 47%，远远高于人们所广泛认为的 13% 的比例。目前的研究之所以会低估濒临灭绝植物的比例是因为没有把生长在厄瓜多尔和哥伦比亚等热带国家的植物考虑进去。

美国密苏里州植物学会的彼得·乔更生和其他科学家研究了 189 个国家和地区的数据，得出结论：有 31 万~42 万的植物种类濒临灭绝的危险，这个数字约占这些国家和地区植物种类的 22%~47%。

彼得·乔更生和他的研究伙伴们把厄瓜多尔的植物种类作为研究模型，因为这里有 4 000 多种本地植物。研究结果表明，该国有 83% 的植物都濒临灭绝的危险。Jorgensen 认为，厄瓜多尔的研究数据之所以重要是因为该国有着世界上最为完备的植物种类数据库。这个研究结果也可用于厄瓜多尔的邻国秘鲁和哥伦比亚。

导致植物灭绝的原因有很多，如全球气候变暖及人类进入植物的生长地等。研究者们认为要制订出保护濒危植物的计划必须先对这些植物进行全面的研究，但目前的困难是资金不足，例如建立一个濒危植物数据库耗资就高达 1 210 万美元。

70. 扩大领地——植物繁殖后代的传播方式

当植物的果实和种子成熟以后，便离开了它们着生的植株，通过各种各样的方式进行广泛的传播，在更大的范围内繁殖后代。其传播方式之巧妙，令人惊叹。

很多植物的果实和种子可以借助风力传播。例如大家熟悉的蒲公英，它的果实为瘦果，成熟后果实褐色，果上有喙，顶端长着像降落伞一样的冠毛，经风一吹，可以飞得很远。当这些果实落地以后，遇到适宜发芽的条件，就萌发长成一株株新的蒲公英。

柳树、棉花等植物的种子有毛，可乘风飘飞传播。榆树、槭树等植物的果实有翅，借助风力可以滑翔到很远的地方去繁殖。还有些植物如山杨和兰科的植物，种子细小而轻，且数量大，可以随风飞扬，虽然种子小不易萌发成活，但它们的数量多，总有一些能遇到适宜的条件发芽长成新株。

在草原和荒漠上有一些植物，如猪毛菜、丝石竹等，它们的植株有无数叉开的分枝，组成一个圆球形。当种子成熟后，植株基部会自然折断，整个植株就像个圆球一样可随风滚动，细小的种子就乘机散落到地上。

除风力外，人和动物也是植物果实和种子的传播者。例如，深秋季节到野外的树林里去旅游，回来你会发现，衣服鞋袜上粘着许多杂草的果实或种子，这些小东西即使用手扑打、用刷子刷也很难除掉，它们就是苍耳、鬼针草、猪殃殃、蒺藜等植物的果实。这些果实上的钩和刺能牢牢地勾挂在人和动物身上，随着人和动物的活动，无意中将它们散布到较远的地方。

不少植物的种子被动物吞食后，在动物的胃肠里难于消化，它们随粪便一同排泄出来，只要不破碎就可以萌发。森林里的野果如山楂、葡萄、樱桃、梨、苹果等肉果类，果实成熟后色泽鲜艳，味道甘美，吸引着人和动物前来品尝。这样，大量的种子或者被人抛到远处，或者被动物吞食后，由于不易被消化吸收而随粪便排出，于是这些种子便找到了新的归宿。

还有些野生植物的果实与栽培植物同时成熟，它们"鱼目混珠"，通过人的播种与收获来传播。例如稗草的果实和稻同时成熟，随着稻的播种与收获进行传播，是稻作中有名的杂草。

一些谷粒撒在地上，蚂蚁等小昆虫把它们搬回洞穴储存起来，一旦条件适宜，这些谷粒便萌发，破土而出。

水也是果实和种子的传播者之一。例如，椰子树的果实是著名的"航海家"，它的外果皮革质，不易透水；中果皮疏松而富有纤维，利于水中漂浮；内果皮坚硬，可防水的侵蚀，里面藏着种子。它一旦落入水中，可随海水漂流到遥远的地方，直到海浪把它推到岸上，才在数千里之外重新定居。热带海岸地带多椰林，与椰果的这种传播方式有着密切的关系。

睡莲的蒴果里面装着数量很多的种子，每粒种子的外面包着一个充满空气的袋。蒴果成熟裂开时，许多种子浮出水面，随水飘流到很远的地方，直到空气袋里的空气渐渐损失掉，种子便慢慢下沉到水底，第二年长成一株美丽的新睡莲。

山洪、河流、海潮、灌溉等，都可以为种子得以长途旅行提供好机会。

自然界里还有一些植物，既不靠风力、水力，也不靠人和动物，而是靠果实本身产生的机械力量来传播种子。例如大豆、绿豆、蚕豆等豆类植物的果实成熟时，它的荚果会突然扭转、炸裂，发出"噼啪"的声响，将种子弹射出去。所以种植豆类作物时，在果实成熟后必须及时收获，以免种子因散失在田间而减产。

欧洲南部有一种叫喷瓜的植物，它的果实成熟时，里面含有大量的浆液，强有力地压迫着果皮，果实和果柄的联系变弱，在果实脱离果柄的一瞬间，就像汽水瓶被突然打开盖子一样，发出"砰"的一声响，全部种子随着浆液一齐向外喷射而出，可以喷到五六米远的地方。

植物传播果实和种子的各种方式，都是在长期进化过程中形成的。这对于植物种族的繁衍具有极其重要的意义，也为丰富植物的适应性提供了条件。

71. 植物猎手——猪笼草

美国威尔明顿以北40千米是面积达6平方千米的布高高原，那里青草丰茂，野花如锦，万千株猪笼草纤长的茎下摇曳着醒目的花，瓶子状的叶成排成簇，有的单"瓶"独舞，有的一株长有3个高低各殊的"瓶"，像3个生动的音符。这便是食肉植物的杰出代表——闻名遐迩的猪笼草。

猪笼草又名猪仔笼，为猪笼草科，猪笼草属植物。其属名拉丁文为1753年由林奈定名。它的名字"Nepenthes"源于古希腊诗人荷马的史诗《奥德赛》。在这部史诗中，海伦在葡萄酒中掺入一种名叫"Nepenthes"的麻醉药，使饮用这种酒的男人忘却苦恼和忧愁。而当时正巧一些已知的猪笼草的瓶状捕虫器与古希腊人饮酒用的牛角杯很相似。于是，林奈便富于联想地将这种荷马史诗中使人失去记忆的麻醉药的名字给了猪笼草。在自然界，猪笼草常常生长在贫瘠的土壤里和岩石下，或附生于其他植物体上，平卧生长，开绿色或紫色小花。最为奇特的是它的叶，分为扁平的叶柄、很细的叶身和细长的卷须三部分，卷须尾部扩大并反卷形成捕食器官——瓶状体，一般外表面为黄绿色具红晕。

猪笼草美丽的瓶状体构造比较特殊，内壁光滑，中部到底部的内壁上约有100万个消化腺，能分泌大量无色透明、稍带香味的酸性消化液，其中含有能使昆虫麻痹、中毒的胺和毒芹碱。平时，瓶状体内总盛有半瓶左右的这种消化液。有的猪笼草瓶状体还可储存雨水；有的叶顶部还呈漏斗状，可引导雨水流入叶管；更多种类的叶子顶端张开如帽盖，以限制瓶中的水量，避免降雨时水满溢出。

同时，在瓶状体的瓶盖内侧和边缘部分有许多蜜腺，能分泌出有香味的蜜汁，诱惑昆虫以及蜈蚣等无脊椎小动物。许多贪吃的小动物一旦掉进瓶状体里，瓶盖马上自动关闭，昆虫等小动物直落微型"水库"，很快溺水死亡；大一点的动物如蟑螂，往往要经过较长时间的挣扎才会死亡，最后虫体逐步被其中的消化液消化掉，成为这个足不出户的"猎人"的一顿美餐。待昆虫的所有肢体都被消化吸收后，接着瓶盖重新打开，等待捕捉下一个猎物。不要以为猪笼草的取食行为都是守株待兔，除能分泌蜜汁引诱小动物外，有的猪笼草在瓶状体上缘还能发出紫外光图案，吸引飞行的昆虫准确无误地自投罗网。

其他吃肉植物，如茅膏菜、毛毡苔、捕蝇草等，虽然也能捕捉昆虫，但它们的捕虫工具远不及猪笼草精巧复杂。

72. 美妙的童话树——美国紫树

紫树，落叶乔木，树高 9～15 米，直立生长，树冠圆锥形。随着树龄的增长，树冠逐渐敞开呈卵形。

枝条水平生长，枝秆红棕色，光滑，第二季变成浅灰色，叶全缘，单叶互生，叶片长 5～13 厘米，宽 2.5～7.5 厘米。倒卵形或椭圆形。夏季叶片呈现油亮的深绿色，秋季开始变黄、橘黄、橘红，之后为鲜红色，形成秋季一道亮丽的风景线；春天 5 月开花，花小、白色，略带嫩绿，雌雄异株，花量大。若光照充足，花期会提前，春夏季结果，核果深蓝色，长 13 厘米，长椭圆形，9～10 月成熟，成熟时小果蓝黑色，每千克约 8 000 粒，生长速度中等。

紫树喜光照充足、温暖湿润气候，上层宜深厚，在潮湿，排水良好的微酸性或中性土壤中生长良好，在贫瘠干旱，碱性地区则生长缓慢。风大时需要采取防风措施，能耐 – 10℃左右的短期低温，抗干旱、潮湿，既可在低洼潮湿如沼泽地带生长，也可以在坚硬的林地生长，抗病虫害能力强，耐二氧化物、氯化物，小树耐荫性较好。

美国紫树是世界著名的珍贵观赏树种，在国内十分罕见。叶色缤纷是其最大的特点，也因此而成为国外园林造景中一颗璀璨的明星。每逢秋季，金黄与鲜红相衬的树冠仿佛把人们带到了美妙的童话世界，因而在国外又有童话树之称！

美国紫树树干通直，枝叶浓密，树冠宽广，在美国南部被广泛种植于公园、路旁等，是优良的景观绿化遮荫树种，而且它也是纸浆用材树种之一。

紫树多数通过种子繁殖。先用浸软法把果肉除去，然后把种子浸泡在水中进行筛选。

种子的处理：（1）先用浓硫酸对种子进行 20～40 分钟的破皮处理，处理时要随时注意观察种皮，待种皮变灰暗并有浅裂纹时即可，并用清水冲洗干净。（2）浸泡 1～2 天，每天换水 1～2 次，以利于种子呼吸。（3）将种子与湿的介质如蛭石、细沙等混合，用纱布包好，甩净多余的水分（保持约 60% 的温度），然后放在 0～5℃的条件下进行 2～3 个月低温冷层化处理，量少时可以放进冰箱的保鲜层内处理。（4）置于温暖湿润的条件下催芽，2～3 周后即可发芽，播种深度为 1.5～2 厘米。

该品种也可通过组培繁育。

移植管理：春季是最佳的移植季节，最好在小苗期移植，秋季移植时要注意土壤的浇灌、施肥和覆盖等环节，秋季可进行剪枝。

病虫害：注意防治癌肿病、叶斑病、叶锈病。

73. 信息灵通——茅膏菜

如果到森林沼泽地里，在绿色的青苔中，容易见到一种开白花的食肉植物，它就是茅膏菜。它每片叶上都长着一层浓密的绒毛，每根纤毛的顶端也都有一颗亮晶晶的"水滴"。蚊子或苍蝇若不小心停歇在叶片上，绒毛就向下弯曲，邻近的绒毛也跟着帮忙逮住猎物，而蚊蝇又因被"水滴"粘住而无法脱身，只好乖乖地就擒。

有趣的是，要是俘获品个头较大，那茅膏菜的叶子就会自动对折起来夹住它。假若一片叶子可能对付不了俘获品，别的叶子会前来相助，决不肯轻易让猎物逃脱的。这说明，茅膏菜是有神经那样的传递反应的。捉到猎物的信号沿着布满叶子的叶脉管（正如神经一样）向四方传递了。

科学家曾将长仅 0.2 毫米，重仅 0.000 822 毫克的一段头发放在茅膏菜的叶子上，叶面的纤毛也会立刻弯曲，纤毛的这种感觉灵敏度令人吃惊。

据研究，茅膏菜分泌出的消化液竟能消化肉类、脂肪、血、种子、花粉、小块骨头甚至是牙齿的珐琅质，真是不可思议！

茅膏菜还是一种药物，《本草拾遗》说它"主治赤白久痢"。《江苏药材志》说它可"止血、镇痛"。此外，它还用于治疗感冒发热、小儿疳积及瘰疬等症。

据《南方主要有毒植物》记载，茅膏菜的叶是有毒的，叶的汁液能使皮肤烧痛和发炎，接触它时应多加小心。

74. 味觉灵敏——"神秘果"

在西双版纳热带丛林里有一种很不起眼的野果，其味道平淡无奇，也没有什么食用价值。

但是嚼过这种果子之后，再去吃其他任何水果，即使又酸又涩的生果，味道也会变得甘甜如饴。故当地人称这种果子为"神秘果"。

神秘果能化酸涩为甘甜，使人想起《庄子》里的一句很著名的话——化腐朽为神奇。这句话是极具启迪性的，可以说人类的许多伟大发明都符合这个道理，比如蔡伦发明造纸术，用的原料是破渔网、麻袋片之类的"垃圾"。再如陶瓷，原来不过是一团烂泥而已，经过巧手的抟弄，再入窑高温焙烧，终成精美的器皿。从"腐朽"变为"神奇"的过程中可以看出，人的智慧与劳动，是发生上述变化的最根本的作用力。如果没有人的智慧与劳动的参与，它们永远是一堆一文不值的腐朽之物。

那么能化酸涩为甘甜的神秘果呢？它似乎比化腐朽为神奇还要高明，利用它的人不必付出什么代价，就可以把不堪浅尝的东西变得甘甜可口，于是也就可以饱餐"腐朽"了。然而，据植物学家讲，神秘果的特殊作用，只不过是暂时地改变人舌味蕾的感觉，产生错误的味觉效应，而不像纸张、陶瓷那样发生了性质的改变。这样一解释，就令人产生一点担忧了，假如我们先嚼了神秘果，尔后吃下一大堆本不可食的酸涩生果，那么会不会闹肚子呢？结果是肯定的，因为神秘果的作用只是欺骗了人的舌头，丝毫没有改变酸涩生果的性质。而舌头本是人体消化系统的一位忠诚卫士，它准确地尝出入口之物的味道，反馈给大脑，迅速作出可食或不可食的判断。人体的健康很大程度是靠舌头来保护的，否则不知会把多少有害有毒的东西吃下去，要了人的性命。但是舌头毕竟不是万能工具，在神秘果和类似神秘果的一些东西的神秘作用下，它也可能被蒙蔽、被欺骗。当爱尝甘甜的舌头卫士一旦上了当，它所管辖的"大门"自然洞开无阻，什么脏东西、坏东西都可以钻进去了。而舌头的失职导致整个消化系统发生病变之后，舌头这位卫士怎么办呢？如果它能想起自己的另一个特长，亦即舌辩职能的话，为了逃避责罚，自会巧舌如簧地大加辩护。起先可以说自己觉悟有限，毒药——或者"炮弹"——包了糖衣，攻得我实在招架不住。这般辩解，至少还承认自己有失职之过。更精明的"舌头"则会从中总结经验教训，把这次不幸当做反面教材。倘此"舌"从此拒绝神秘果，这样辩解自然也能过得去。怕只怕更为了得的"舌头"理直气壮地宣称这次闹肚子根本不是什么不幸，而是大大的好事。在神秘果的帮助下，我们经受了一场难得的实战考验，充分证明了我们的牙是坚硬的牙，我们的胃是顽强的胃，我们的肠是坚韧的肠……而上呕下泻一番正是一次彻底的吐故纳新。今后我们还要更多地创造这种机会，接受更严峻的考验，使我们更加坚强起来！

话说到此，我想连那位善能变味的神秘果先生也无颜再在此"舌"之旁侍立了。正像一幅漫画：一口黑洞洞的无盖井旁立着一块木牌，上书"英雄井"，并附有说明：自从此井失去其盖后，先后有多人不慎落井，因而涌现出十几位舍己救人的英雄。

那木牌，不就是一枚神秘果的化身么？它不过使人产生一种完全可以纠正的错觉罢了。而在错觉甚至错误的背后，却有着一个变味的"化腐朽为神奇"者。或者不如干脆称其为"化神奇为腐朽"者。这世上不少人本来就善于搞变味效应，"英雄井"、"神秘果"之类的变味剂原本就是他们的产品。但愿善良的人们将其视为一块"此处危险"的警告牌，看见它就躲着、避着走，以免落入危险的境地。

75."地震专家"——合欢树

人们发现许多动物能预测地震，但对植物预测地震了解得还不多。

日本东京女子大学的鸟山教授对合欢树进行了数年的生物电位测定。他用高灵敏的记录仪记录了合欢树的电位变化，掌握和了解到一些有趣的现象。他发现这种植物能感受到火山活动，地震等前兆的刺激，出现明显的电位变化和过强的电流。例如：1978 年的 6 月 6 日至 9 日这 4 天，合欢树电流正常；到 10 日、11 日昼间出现了异常大的电流，6 月 12 日上午 10 时观察到更大的电流后，下午 5 时 14 分就在宫城县海域发生了 7.4 级地震。此后余震持续了 10 多天，电流也随之趋弱。这表明，合欢树能够在地震前两天作出反应，出现异常大的电流。有关专家认为，这是由于它的根系能敏感地捕捉到作为地震前兆的地球物理化学和磁场的变化。

尽管现在已有许多地震监测仪器，人们仍期望加强对植物预测地震的研究，以便使人类能多途径地、更准确地预测预报地震，尽可能地减少地震造成的危害。

76. 绿色帷幕——爬山虎

爬山虎属葡萄科攀缘植物。在没有攀附物时，它的茎叶铺盖地下，宛如锦被，故又称地锦。它能用枝上的吸盘牢固地吸附在墙壁、岩石等物体上，攀缘生长。它像一片绿色的帷幕，覆裹在楼房的墙壁上，微风吹拂时，会掀起一层绿色的波浪，美不胜收。

爬山虎一般在开春播种或移植，当年可长 3～5 米高，翌年就能爬到 3 层楼房那么高。它成活以后就不需要经常浇灌、施肥，更不需要修剪，可任其自然生长。它耐寒、耐阴、耐旱，酸性土、碱性土都能适应。爬山虎不仅能美化环境，还可作为军事设施的掩体。它能遮风、挡雨、蔽日，保护和延长建筑物的寿命。它能调节气温、湿度，阻隔噪声，吸附粉尘，净化空气。据试验，爬山虎对二氧化硫、氯气、氯化氢的抗性较强，可利用它作为化工污染区或工厂车间墙壁上的垂直绿化植物，具有较好的保护和改善环境的效果，所以被称为垂直绿化的生力军。

77. 坚韧耐用——苎麻纤维植物

在各种植物纤维中，苎麻纤维品质最好。它的纤维细胞最长，达 620 毫米，而且坚韧，富有光泽，染色鲜艳，不容易褪色。纯纺或混纺成各种粗细布料，既美观又耐用。苎麻纤维的抗张力强度要比棉花高 8～9 倍，可以做飞机翼布、降落伞的原料以及制造帆布、航空用的绳索、手榴弹拉线、麻线等各种绳索。

苎麻纤维在浸湿的时候，强度特别增大，吸收和发散水分快，而且具有耐腐、不易发霉的特性，是制造防雨布、鱼网等的好材料。苎麻纤维散热也快，不容易传电，因此可以做轮胎的内衬、电线的包皮、机器的传动带等。

我国栽培苎麻历史悠久，从唐朝的时候已经能充分利用苎麻纤维。现在我国的苎麻，不论是栽培面积还是总产量都居世界第一位。

78. 稀奇罕见——铁树开花又结果

近日，福建省顺昌县政府大院内 20 多年树龄的 14 棵铁树有 5 棵雌树长出了果实。果实如石块般坚硬，大小似鸟蛋至鸡蛋般不等，呈粉红色，经清洗去粉后呈菊红色。

　　掰开包裹果实的苞衣，只见数不清的累累硕果，在硬朗绿叶的簇拥下，如同一个盛满了鲜果的果盘一样，色彩鲜艳，层层叠出，煞是讨人喜爱，真可谓"难得一见"的奇观。

　　俗话说："千年铁树开了花，万年果树要发芽。"铁树开花又结果可以说是十分罕见的，人们对此纷纷称奇。铁树学名苏铁，是地球上现存的最原始种子植物之一，有"植物界大熊猫"、"活化石"之美称，已列为国家重点保护野生植物名录。

　　苏铁树姿刚健，挺拔秀丽，四季常青，自然景观优美，是一类具较高观赏价值的园艺植物。其根、叶、花及种子皆可入药，有止咳、治痢、止血、益肾、降血压等功效。据最新研究还具有抗癌的作用，是一种珍贵的天然药物。

79. 四海为家——苏醒树

　　干旱时，苏醒树自己将根从土壤中拔起，卷成小球状，随风滚动。遇到有水的地方，它又马上伸出根来，重新"安家落户"。如果居住地又变得干旱起来，它又会"卷起铺盖"开始新的旅行。

80. 安全隐患——"看林人"

　　"看林人"不护林，却是纵火犯。它的花朵和茎叶内有一种极易引起火灾的芳香油脂，森林中空气干燥时，"看林人"就会自燃，造成森林大火。

81. 秦笛声声——笛树

　　笛树的叶子很特别，像喇叭，叶末端有一个小孔，小孔的大小随叶子大小变化。一棵笛树上好像有千万支笛子，随大小不同的风奏出不同的音乐。

82. 沙漠"旅行家"——步行仙人掌

　　在秘鲁的沙漠地区，生长着一种会"行走"的植物，名叫步行仙人掌。这种仙人掌的根是由一些带刺的嫩枝构成的。它能够随着风的吹动，向前移动很大的一段距离。根据植物学家的研究，步行仙人掌不是从土壤中吸取营养，而是从空气中吸取的。

83. "生孩子"的树——红树

生活在我国南方海域中的红树，是一种典型的胎生植物。它同其他植物一样要开花、授粉、受精、结子。但是，它的种子在成熟之后却与其他植物不同：一是不离开母体，二是要吸收母体的营养而萌发。所以，在红树开花结果的时候，便可以看到树上会结满几寸长的"角果"。不过，这种角果并不是红树的果实，而是由种子萌发的幼苗。

一株株幼苗长成后，就会在重力的作用下脱离母体，坠落在海滩上或是海水中。若是落在海滩上，就可以直接插入淤泥里，扎根成为一棵小树。若落在海水里，它可以依靠胚轴里的通气组织，在海上漂流，一旦海潮把它送到海滩，几小时便可以长出侧根，很快就能够扎根生长。

红树幼苗扎根之后，生长速度是很快的，平均每小时可以长高3厘米左右，到1.5米高时就可以开花结果。所以，一株幼苗用不了几年的时间便能够长成一片红树林。

84. 翡翠玉盘——奇异的叶

花有奇花，果有异果，叶中当然也有奇叶。王莲是很多人在植物园里都见过的。这种来自于亚马孙河流域的植物，它的叶子是最大的圆叶冠军。浮在水面的莲叶四边往上卷，像个巨大的翡翠玉盘。叶的直径200~300厘米，最大的可达400厘米。更为奇特的是叶的负重能力，一片王莲圆叶的负荷重量可达40~70公斤，所以在叶子中央站一个35公斤的小孩，仍可像小船一样平稳，不会被压沉。

说到长叶或大叶，则就得提到亚马孙棕榈了，它的一片叶子，连柄带叶足有24.7米长。不过，叶子比它更长的还有热带的长叶椰子，它的叶长27米，竖起来足有7层楼高，是世界上的长叶冠军。从面积上讲，上面几种叶子又不是最大的。在智利的森林里有一种大根乃拉草，它的一张叶片能把三个并排骑马的人，连人带马一起盖住，你想，这片最大的绿叶面积冠军的叶子，面积该有多大！

奇异的叶子还有很多，像能吃虫子的食虫叶，闻了它的香味就可使你醉倒的醉人叶及会跳舞的舞叶，等等。其中，更为有趣的是一种会吹奏乐曲的叶子。在南美安第斯山麓，有种"笛树"，它的叶子会发出美妙的笛声。这种树的叶子像个喇叭，叶子末端还有个小孔。叶子有大有小，孔也有大有小。挂满树枝的叶子就像是一支支"叶笛"。当微风吹来，笛声温柔，悦耳动听；但狂风怒吼时，伴着枝叶的剧烈摇晃，"叶笛"时而发出隆隆的战鼓声，时而如诉如泣，笛声哀怨。这就是"叶笛"通过大大小小不同的孔，被风吹奏出的奇妙的乐曲。

85. 气象树——青冈树

青冈树又名青冈栎，因它的叶子会随天气的变化而变化，所以被称为"气象树"。

青冈树为亚热带树种，我国南方多见，它对气候条件反应敏感，是由叶片中所含的叶绿素和花青素的比值变化形成的。在长期干旱之后，即将下雨之前，遇上强光闷热天，叶绿素合成受阻，使花青素在叶片中占优势，叶片逐渐变成红色。

有些地方的农民根据平时对青冈树的观察，得出了经验：当树叶变红时，这个地区在一两天内会下大雨，雨过天晴，树叶又呈深绿色。农民根据这个信息，预报气象，安排农活。

86. 千差万别——植物的根

根是植物体的重要器官，它默默无闻地生活在阴暗、潮湿的土壤里，它使植物固着在一定的地方，不让大风吹倒，同时根还把从土壤中吸收的大量水分和无机盐，以及本身合成的有机磷、氨基酸等有机物质，源源不断地送往植物的地上部分。根对整个植物体的营养起着重要作用。

植物的根千差万别。种子萌发后，由胚根发育成的根为主根。主根一般垂直向地下生长，当生长到一定长度时，就生出许多侧根。侧根又可生出新的侧根：这样反复分枝就形成了一个根系，叫直根系。裸子植物和大多数双子叶植物都是直根系。还有一类根可以在茎、叶、老根或胚轴上生出，这种根叫不定根。如小麦、玉米、水稻等禾本科植物的根，它们的主根长出后不久就停止生长或死亡，而由胚轴和茎下部的节上生出许多不定根组成根系，这种根系叫须根系。

根系在土壤中的分布范围又深又广，往往比树冠枝条伸展的宽度还要大，只有这样，它才能保证从土壤中获取植物生长所需要的大量养分。

有些植物的根，长得并不像我们常见的那样，而是在形态、构造和功能上都发生了很大的变化。如人们熟悉的萝卜、胡萝卜和甜菜的根就是一种能储藏养料的储藏根；著名的药用植物人参的根也是储藏根的一种。玉米在拔节后到抽穗前，在靠近地表面的节上会生出几层不定根来。这种根结实粗壮，具有帮助稳固茎秆的作用，叫支柱根。榕树的树干和树枝上可以产生许多不定根，这些根向下生长，直达地面，穿入土中，可不断加粗，成为强大的支柱根。红树的气生根具有呼吸作用，叫呼吸根。常春藤用气生根吸着于墙壁上，赖以攀援蔓生，叫攀援根。菟丝子、槲寄生等寄生植物的根，构造十分简单，可吸取寄生的水分和养料，所以叫做寄生根。

这些花样繁多的变态根，是植物长期适应特殊环境条件的结果。

87. 千姿百态——仙人掌科植物

仙人掌科植物原产美国亚利桑那州等地，以挺拔高大著称，其垂直的主干高达 15 米。重达数吨，能活 200 年。茎秆具有极强的储水能力。一场大雨过后，一株巨大的巨人柱能吸收大约 1 吨水。

斑锦变异，有些仙人掌类植物体内"侵入"非绿色的颜色，这种现象被称为"斑锦变异"。它使千姿百态的仙人掌更加奇异多彩，绯牡丹、胭脂牡丹，黄菠萝组成的彩色瀑布。

88. 别有情趣——雨树

在斯里兰卡一些城市的街道两边，种着一种"雨树"。这种树的叶子有 30 厘米多长，中间凹陷，四周微微隆起。它那浓密翠绿的叶子，向四周做伞形张开。树冠非常美丽，盛开着黄的、红的两种花朵。黄的典雅，红的热烈，轻风一吹，花瓣飞散开去，像有无数的蝴蝶在飞舞。

这种树，老家在南美洲的沙漠边缘，每当太阳下山时，树叶细胞开始吸收周围蒸发来的水分，叶子慢慢缩卷成一个个小包，积聚了不少露水或雨水。第二天，太阳一晒，叶子张开，露珠积水便挥落如雨，纷纷扬扬。晴天"下雨"别有情趣。在沙漠旅行或爬山越岭的人，口渴了常在树下等水解渴。有些行人走的燥热了，总爱到"雨树"下淋一淋。

89. 攀援植物——葡萄树

葡萄是一种攀援的藤本植物，枝条及卷须的生长非常有趣：卷须每一回转的时间大约是 2 小时 14 分；新枝顶端每一回转需 4 小时。葡萄黄绿色的花瓣并不美丽，但能招引 44 种昆虫为它传粉。

葡萄也是一种最古老的栽培植物，在世界上传播的范围，除小麦外就算葡萄了，约有 2 000 多个品种。我国新疆吐鲁番的无子葡萄非常有名；云南怒江两岸的葡萄每颗长得有枇杷那么大。目前栽培的葡萄，每株单产 1 000～1 500 公斤，已算是高产了。而 1842 年种在美国加利福尼亚州卡品特里亚的一株葡萄树，最高的年产量是 7 吨。要是按每人分 250 克的话，可以供 28 000 人吃个痛快。可惜这棵葡萄树在 1920 年死去了。

现在世界上最大的葡萄树，是英国苏格兰 1891 年栽的一株。它的树冠覆盖面积达 460 多平方米，最长的枝条有 90 多米，茎的直径 17 厘米。据统计，到 1963 年的 73 年里，从这棵树上采摘的葡萄，共有 10 万余果穗，平均每年结 1 370 个果穗。如果每个果穗以 2 公斤计算，一年可收 2 740 公斤。这个产量要赶上已死去的葡萄"大哥"，还得加很大的劲呢！

90. 浑身是宝——钙果

钙果是蔷薇科樱桃属的一种矮小灌木，为我国特有的果树，是集果、木、花、药多种用途为一身的生态型果树树种，具有成活率高、生长快、用途广、效益高等特点。株高 0.5～1 米，株丛占地 0.2～0.5 平米，花期 4 月下旬至 5 月初，开白花或粉花，成熟期 8～10 月初，结核果、形似樱桃、味似李子、酸甜可口、风味独特刺激。果重 5 克左右，果肉厚，有红色、黄色和紫红色等。

钙果含有丰富的蛋白质矿物质元素、维生素和氨基酸。每百克鲜果钙铁含量分别达到 80 毫克和 1.5 毫克，是苹果的 6 倍，果实中含有 17 种氨基酸，总量高达 338.3～451.7mg/100 克，特别是维生素 C、B_2 和 E 的含量以及钾、磷、铁、锌、硒和赖氨酸的含量均高于现有常见果树品种，是儿童和老人、孕妇的高级保健水果。据有关方面调查，我国有一半以上人口缺少维生素 B 和钙。为了弥补这两类营养物质的不足，目前行之有效的办法就是多吃钙果，使钙变为易被人体吸收的有机钙并产生大量的维生素 B。

钙果的仁、根皆可药用。果实可加工成果汁、果酒、蜜饯等。储存期长，可食率 94%。该品种的共同特点是，坐果率高，丰产性强，8 月底至 9 月初成熟，平均单果重 5～10 克，亩栽植 666 株以上。

钙果由于其植株矮，株丛占地少，果实色多而艳丽，因而可以盆栽，盆果株行紧凑既可观赏又可食用。目前，该树种还未在国内大面积推广种植，而该树种抗旱、抗寒、抗贫瘠性能强，对自然条件的适应性很强，具有巨大的应用前景和种植价值。

钙果营养价值丰富，色泽多而艳丽，外观商品性好，味感独特，符合人们趋奇趋异的心理特点，因而潜在的消费市场很大。其绿叶嫩茎不仅含有牛羊所需的一般营养成分，且含钙量极高，是牛羊等牲畜极好的饲料。其茎叶生长旺盛又无刺，因而在用钙果对荒山荒坡绿化中，结合放牧更可提高其种植的综合经济效益。

钙果又是绿化、美化、香化、彩化环境的首选材料，可春观花、夏赏叶、秋品果。若做盆景，株型紧凑，赏食两宜。钙果根系庞大，密集成网状结构，是防风固沙、治理荒漠的先锋植物。钙果极抗旱，在年降水量 350 毫米的区域可以正常开花结果。可适应我国三北、华中以及南方冬季 0~10℃的温度时间累计 800 小时以上广大地区种植，最适宜土壤 pH 值为 7.0~7.5，最高 pH 值不超过 8.0，是理想的退耕还林果树。

91. 沙漠里的水树——旅人蕉

非洲沙漠，炎热干燥，旅人蕉不仅可为人们遮挡烈日强光，而且是天然的饮水站。旅人蕉的每个叶柄底部都有一个酷似大汤匙的"储水器"，可以储藏几千克水，只要在这个位置上划开一个小口子，就像打开了水笼头，清凉甘甜的泉水便立刻涌出，可供人们开怀畅饮，消暑解渴。而且，这个"水笼头"拧开后又会自动关闭，一天后又可为旅行者提供饮水。因此，人们又称旅人蕉为"旅行家树"、"水树"、"沙漠甘泉"、"救命之树"等。

旅人蕉又名扇芭蕉，为旅人蕉科旅人蕉属常绿乔木状多年生草本植物，高大挺拔，婷婷而立，貌似树木，实为草本，叶片硕大奇异，状如芭蕉，左右排列，对称均匀，犹如一把摊开的绿纸折扇，又像正在尽力炫耀自我的孔雀开屏，极富热带自然风光情趣。

旅人蕉原产非洲马达加斯加岛，深受当地人喜爱，被誉为"国树"。

92. 一催就倒——神奇催眠花

非洲坦尼有一种木菊花，生长在荒山野岭之中。这种花色彩夺目，香气浓郁，不但博得人们喜欢，就是野生动物也常常立足欣赏。然而，这种花具有强烈的催眠作用，人们只要用舌头舔一下花瓣，马上就会入睡，野生动物吃后，立即卧地而眠，即使是两吨多重的犀牛，只要吃了它，也会昏倒在地，呼呼大睡。

93. 千年奇观——神奇桃树

在拉萨市北郊色拉寺以西约 8 公里处的西藏著名古迹——帕邦喀发现了一棵神奇的桃树。这棵能长 4 种不同叶子、开 3 种花的桃树据说有上千年的历史。

这棵神奇的古树位于帕邦喀的玛如堡宫殿以西 50 米处，远看这棵两人合抱粗"神树"与普通的桃树没有任何区别。其神奇之处在于：它的树叶有的呈圆形，有的呈椭圆形，有的则呈倒三角形；有的叶片呈深绿色，有的则呈淡绿色；更让人百思不得其解的是，有的树叶是直接从树干上长出来的，有的树枝像是藤本植物，缠绕或攀缘在其他树枝上。

这棵树在 3~5 月间开花，能开出红、黄、紫三种颜色的花，其中一种还有淡淡的牛奶味道。这棵"神树"附近有一座建在巨石上的宫殿。松赞干布、文成公主和尼泊尔公主都曾在这里居住过。值得一提的是，这里也是藏文字的创始地，藏文字创始人吞弥·桑布扎去印度学习梵文和佛学后来到修行圣地帕邦喀，结合藏语声韵创造了藏文。

神奇桃树的发现，吸引了不少旅游者来此参观。而其"神奇"的原因，还有待专家解释。

94. 生死相依——百年母子树

在阿左旗巴彦浩特一居民区，有一对奇特的巨型树根。因其根须相互盘龙虬错难以分割，有人喻称之为"同命鸳鸯"树。但周围居民讲，其实，这是母子树。

从其生长结构很明显地可以看出，旁边的小树根当年是从大树根上扎出来的。从树根年轮上判断，至少已有百余年时间。因这两个连体母子树根硕大而沉重，非大吊车而靠人力是轻易奈何不了它们的。故，好几年时间了，这对树根的主人并不怕"树大招风"，而是一直将其裸放在自家大门口。据悉，主人之所以花大代价将这对树根从一边远牧区长途运回，是想将其制作成一特殊的根雕。但具体这母子树为何成现在的命运，目前还未可知。

95. 树中"化石"——银杏

银杏，是一种有特殊风格的树，叶子夏绿秋黄，像一把把打开的折扇，形状别致美观。

两亿年以前，地球上的欧亚大陆到处都生长着银杏类植物，是全球中最古老的树种。后来在 200 多万年前，第四纪冰川出现，大部分地区的银杏毁于一旦，残留的遗体成为印在石头里的植物化石。在这场大灾难中，只有在我国还保存着一部分活的银杏树，绵延至今，成了研究古代银杏的活教材。所以，银杏是一种全球最老的子遗植物，人们把它称为"世界第一活化石"。

我国是世界上人工栽培银杏最早的国家，在公元 1265 年南宋陈景沂著的《全芳备祖》中，就有关于银杏的记载，比世界其他各国都早。银杏是种难得的长寿树，我国不少地方都发现有银杏古树，特别是在一些古刹寺庙周围，常常可以看见栽有数百年和千年有余的大树。像有名的庐山黄龙寺的黄龙三宝树，其中一株是银杏，直径近 2 米；北京潭拓寺的银杏年逾千岁。而世界上最长寿的银杏，还应数我国山东莒县定林寺中的大银杏，树高 24.7 米，胸围 15.7 米，树冠荫地 200 平方米，据说是商代栽的，距今还可以找到天然的银杏林，这些都证明我国是银杏的老家。

银杏树在 200 多年前传入欧美各国，许多著名的植物园都以能栽种"世界第一活化石"——银杏而无比荣耀。

银杏是裸子植物银杏科中唯一存留下来的一个种，雌雄异株。根据银杏的枝、叶形态及扇状叶脉等特点，都与其他较进化的裸子植物不同，是现存种子植物中最古老的一属。它的种子成熟时橙黄如杏，外种皮很厚，中种皮白而坚硬，故又有"白果"之称。银杏种子的种仁可做药用，有润肺、止咳的功效。它的枝叶含有抗虫毒素，能防虫蛀，故有人在书中放一片银杏叶用来祛除书蠹虫。银杏叶中还含有一种叫银杏黄酮的化学物质，它能降低胆固醇，改善脑血管的血液循环，具有防治脑动脉硬化、血栓形成等作用。因此，银杏叶提取物是当今国际上心脑血管保健药物中新的一族，特别是在欧美市场上最为盛行。

96. 名花有主——世界各国国花

亚洲

马来西亚——扶桑

阿富汗——郁金香

朝鲜——朝鲜杜鹃

印度尼西亚——毛茉莉

巴基斯坦——素馨

韩国——木槿

菲律宾——毛茉莉

伊朗——大马士革月季

日本——樱花

新加坡——万代兰

伊拉克——红月季

老挝——鸡蛋花

尼泊尔——杜鹃花

也门——咖啡

缅甸——龙船花

不丹——蓝花绿绒篙

叙利亚——月季

印度——荷花、菩提树

孟加拉——睡莲

黎巴嫩——雪松

泰国——素馨、睡莲

斯里兰卡——睡莲

土耳其——郁金香

欧洲

挪威——欧石楠

匈牙利——天竺葵

西班牙——香石竹

瑞典——欧洲白蜡

罗马尼亚——狗蔷薇

葡萄牙——雁来红、熏衣草

芬兰——铃兰

保加利亚——玫瑰、突厥蔷薇

瑞士——火绒草

丹麦——木春菊

英国——狗蔷薇

奥地利——火绒草

俄罗斯——向日葵

爱尔兰——白车轴草

意大利——雏菊

波兰——三色堇

法国——鸢尾

圣马利诺——仙客来

捷克——椴树

荷兰——郁金香

马耳他——矢车菊

德国——矢车菊

比利时——虞美人、杜鹃花

希腊——油橄榄、老鼠勒

南斯拉夫——洋李、铃兰

卢森堡——月季

非洲

埃及——睡莲

塞内加尔——猴面包树

加蓬——火焰树

利比亚——石榴

利比里亚——丁香、月季

赞比亚——叶子花

突尼斯——素馨

加纳——海枣

马达加斯加——凤凰木

阿尔及利亚——夹竹桃、鸢尾

苏丹——扶桑

塞舌尔——凤尾兰

摩洛哥——月季、香石竹

坦桑尼亚——丁香、月季

津巴布韦——嘉兰

大洋州

澳大利亚——金合欢

新西兰——桫椤、四翅槐
斐济——扶桑

美洲

阿根廷——象牙红
玻利维亚——坎涂花
巴西——卡特兰
智利——智利钟花
哥伦比亚——三向卡特兰
哥斯达黎加——卡特兰
古巴——姜花
厄瓜多尔——丽卡斯特兰
墨西哥——大丽花·仙人掌
洪都拉斯——香石竹
圭亚那——睡莲
尼加拉瓜——姜花
秘鲁——向日葵、坎涂花
美国——月季
危地马拉——丽卡斯特兰

97. 名列前茅——世界花王

要说大花，自然首推有名的大花草了。大花草发现者之一的英国植物学家阿诺德曾这样描写过："我十分荣幸，因为我见到了植物王国中最伟大的奇观……说实在的，如果当时只有我一个人在场的话，我一定会惊恐万分，在我们面前是一朵硕大无比的花，测一下它的直径，竟然达到了 1 码（1 码等于 91.4 厘米）。我从来没有见过或听说过有如此巨大的花朵。"确实是这样，自 1818 年 5 月在印度尼西亚苏门答腊岛的热带丛林中发现这朵大花以后，近 200 年来，在观察过的植物花朵中，再也没有一个能超过它的。

大花草（也称之为大王花）的花，肉红色，花冠直径达 1.4 米，一朵花的重量为 6～7 公斤。花瓣 5 片，每瓣长 30～40 厘米，花心凹陷像个酒坛子，能装得下 5～6 升水。奇怪的是，大花草无茎、无叶、无根，只靠网状吸器（又称吸根）吸住爬岩藤这类植物的茎部，吸收它们的营养，过寄生式的生活。这种花刚开时还有点香味，但不到几天就变得臭不可闻。发着恶臭的大花草靠蝇类和甲虫来为它传粉，约 7 个月后果实成熟。

大花草是一种十分珍稀的植物。由于东南亚森林遭到严重破坏，大花草的生存空间越来越小，如果不采取措施加以保护，只怕这种稀有植物很快就会有濒临绝灭的危险。

大实椰子。大实椰子是印度洋中塞舌尔群岛上的一种椰子树，也叫复椰子树，以其种子大而闻名。大实椰子树的种子长约 50 厘米，是世界上最大的种子。种子中央有条沟，好像是由两个椰子合起来一样，这可能就是"复椰子"名称的由来。种子外的外果皮由海绵状纤维组成，果实的形状同椰子差不多。奇特的是，大实椰子的果实，从开花到结实要历时 13 年。真是"不鸣则已，一鸣惊人"，13 年结出的大果实，一个就有 5 公斤多重，最大的可达 15 公斤。种子发芽也很特殊，种子发芽期约需 3 年，发芽后每年也只抽出 1 片新叶。

98. 彩虹珍珠——世界最小的"迷你玫瑰"

最近，日本三重县的一位育种家培育出世界最小的玫瑰，只有小拇指的指甲盖大小，美其名曰"粉红珍珠"。物以稀为贵，尽管"粉红珍珠"价格不菲，但总是供不应求。培育者眼见"粉红珍珠"旺销市场，立志要将"迷你玫瑰"系列化，还要培育"白珍珠"、"黄珍珠"、"紫珍珠"……

从科技角度来讲，"粉红珍珠"的问世是人类向自然挑战的产物。大自然已经巧夺天工，为人类奉献了各种各样的玫瑰，供人欣赏玩味，人类在领略自然美的时候，觉得还有缺憾，于是产生了改造自然的愿望，"迷你玫瑰"的诞生就代表了人类科学技术的进步。从商业角度来看，它确实别出心裁。一般的玫瑰到处都有，竞争激烈，价格不高，有时出现滞销，花农没有收益。而"迷你玫瑰"在市场占尽风情，是花农赖以致富的捷径。

更重要的是，"迷你玫瑰"使科技贴近生活，丰富了人们的精神世界。它的小巧，给人一种别样的美感。它给情侣们相互表达爱意添了几分玲珑之美，接受者凝目细看才知道是玫瑰，能深切体会到献花者的良苦用心，得到一份惊喜和感动。

日本的很多小发明都是贴近生活的。如新干线列车的座椅，可以前后排互不干扰，也能够翻转过来，五六个朋友面对面打牌游戏。站起来走动时，椅子最上方有一个抓手，列车晃动时靠它保持平衡。再如丰田公司长年研究人脊背的曲线，为的是研究最舒适的小车驾驶座椅，正因为如此，产品才会不断地变化……

日本的小发明不胜枚举，有的科技附加值很高，但绝大多数发明并不难，更多地体现的是生活的智慧。发明者以人为本，不怕麻烦，细微之处狠下工夫，商家不以利小而不为，结果使国民的生活更精致、更舒适。科学的目的归根到底不就是为了改善人类的生活吗？"迷你玫瑰"的意义也正在于此。

99. 见血封喉——世界上最毒的树

在几个世纪前，爪哇有个酋长用涂有一种树的乳汁的针，刺扎"犯人"的胸部做实验，一会儿，人窒息而死，从此这种树闻名全世界。我国给这种树取名叫"见血封喉"，形容它毒性的猛烈。它体含白色乳汁，汁液有剧毒，能使人心脏停跳、眼睛失明。它的毒性远远超过有剧毒的巴豆和苦杏仁等，因此，被人们认为是世界上最毒的树。

箭毒木是一种桑科植物。傣语叫"戈贡"，是一种落叶乔木，树干粗壮高大，树高达45米，树皮很厚，既能开花，也会结果；果子是肉质的，成熟时呈紫红色。

箭毒木的秆、枝、叶子等都含有剧毒的白浆。用这种毒浆（特别是以几种毒药掺合）涂在箭头上，箭头一旦射中野兽，野兽很快就会因鲜血凝固而倒毙。如果不小心将此液溅进眼里，可以使眼睛顿时失明，甚至这种树在燃烧时，烟气入眼里，也会引起失明。过去猎人们用这种毒汁涂在箭头上，被射中的猎物，很少能活到5秒以上的，故当地民谚云："七上八下九不活"，意为被毒箭射中的野兽，在逃窜时若是走上坡路，最多只能跑上七步；走下坡路最多只能跑八步，跑第九步时就要毙命。人身上若是破皮出血，沾上箭毒木的汁液后，也会很快死亡。用毒箭射死的野兽，不管是老虎、豹子，还是其他野兽，它的肉是不能吃的，否则，人也会中毒而死去。因此，西双版纳的各少数民族，平时狩猎一般是不用毒箭的。见血封喉的毒液的成分是见血封喉甙，具有强心，加速心律、增加心血输出量作用，在医药学上有研究价值和开发价值。

见血封喉虽有剧毒，箭毒木树皮厚，纤维多。它的树皮纤维柔软而富弹性，是做褥垫的上等材料。西双版纳的各族群众把它伐倒浸入水中，除去毒液后，剥下它的树皮捶松、晒干，用来做床上的褥垫，舒适又耐用，睡上几十年仍具有很好的弹性。

箭毒木是稀有树种，分布在云南和广东、广西等少数地区，在东南亚和印度也有，是我国的热带雨林的主要树种之一。随着森林不断受到破坏，植株也逐年减少。

100. 数字传情——朵数花语

1 朵——你是我的唯一

3 朵——我爱你

4 朵——誓言；承诺

5 朵——无悔

6 朵——顺利

7 朵——喜相逢

8 朵——弥补

9 朵——坚定的爱

10 朵——完美；十全十美

11 朵——一心一意

12 朵——心心相印

13 朵——暗恋

17 朵——好聚好散

20 朵——此情不渝

21 朵——最爱

22 朵——双双对对

24 朵——思念

33 朵——我爱你；三生三世

36 朵——我心属于你

44 朵——至死不渝

50 朵——无怨无悔

56 朵——吾爱

57 朵——吾爱吾妻

66 朵——真爱不变

77 朵——喜相逢

88 朵——用心弥补

99 朵——长相厮守、坚定

100 朵——白头偕老、百年好合

101 朵——唯一的爱

108 朵——求婚

111 朵——无尽的爱

144 朵——爱你生生世世

365 朵——天天想你

999 朵——天长地久

1001 朵——直到永远

101. 成熟本色——水果色香味的奥秘

在自然界供给我们的众多食物中，水果因其具有绚丽的色泽、诱人的香气和酸甜可口的风味而备受人们的厚爱。那么，水果的色香味是怎么来的呢？

果实成熟后颜色的变化是由各种色素决定的，它们主要有叶绿素、类胡萝卜素、花青素以及类黄酮素等。叶绿素经常处于破坏和重新形成的动态变化中。果实幼嫩时，叶绿素含量大，果实呈绿色；果实成熟后，叶绿素被逐渐破坏丧失绿色，而此时类胡萝卜素含量大，使果实呈黄色，或是由于花青素的形成而使果实呈红色。柑橘类果实的颜色是由于细胞中含有胡萝卜素和叶黄素；西红柿含有番茄红素；菠萝和番木瓜的颜色是由于细胞中含有叶黄素的缘故。

花青素存在于细胞质和细胞液中，随细胞液酸碱度的变化而呈不同的颜色。当细胞液为酸性时，呈红色；碱性时，呈蓝色；中性时则呈淡紫色。这样，便使果实呈现出各种不同的颜色。

光照对果实的上色也有影响。紫外光对上色有利，但紫外光常被尘埃、小水滴吸收。所以，雨后空气中尘埃少，有利于上色；海拔高、云雾少的地区果实上色也好。

幼嫩的水果通常是不具备香气的，随着果实的发育成熟，一些物质（主要是氨基酸和脂肪酸）在酶的作用下发生急剧变化，从而生成醇、醛、酮、酸、酯、酚、醚及萜烯类化合物等微量挥发性物质。由于这些化合物的持续挥发便使水果发出香气，而它们在组分及浓度上的差异又使得各种水果各具自己独特的香气。

果肉质地（硬度）由细胞间的结合力、细胞构成物质的机械强度和细胞的膨压所决定。随着果实的成熟，果实细胞间的结合力减少或消失，细胞分散，这时吃起来就感到果肉松软。若保持细胞间的这种结合力，果实吃起来则感到硬度大、脆。果实细胞壁的纤维素含量高则硬度大；反之，则硬度小。同一品种中，大果常比小果硬度低，因为大果组织疏松，细胞间隙也大。所以要储藏的果实不要选个儿大的。

采收时间和采收后温度对果实硬度的影响较大。要保持水果的硬度，采收后必须尽快入冷库或在空调库保存。氮肥、钾肥、水分过多也会降低果实硬度。果实成熟过程中，乙烯增多，则硬度下降。

果实中的糖是由淀粉转化来的。在未成熟的果实中储存许多淀粉，果实无甜味。随着果实的成熟，淀粉逐渐水解，由果心向外消失，糖含量迅速增加，使果实变甜。果实中的糖主要有葡萄糖、果糖和蔗糖。果糖最甜，蔗糖次之，葡萄糖再次之。不同树种的果实所含糖的种类不同。樱桃主要含葡萄糖和果糖。桃、杏和柑橘中蔗糖占优势。葡萄含葡萄糖较多。苹果、梨、柿、枇杷三种糖均有，但蔗糖含量少。

未成熟的果实中含有很多有机酸，主要是苹果酸、柠檬酸和酒石酸，所以有酸味。苹果、梨和核果类果实主要含苹果酸；柑橘类和菠萝含柠檬酸较多；葡萄含酒石酸、苹果酸较多。柠檬酸的酸度比苹果酸要高。随着果实的成熟，有机酸含量逐渐下降，甜味增加。

人们吃水果时感觉的甜度不取决于糖的含量，而是取决于果实中的糖酸比例。糖酸比例大则水果甜，同样的糖酸比而绝对含量高时，人们感到果味浓厚，反之，则果味淡。

102. 似是而非——植物花

花是被子植物的繁殖器官，由花萼、花冠、雄蕊、雌蕊四部分组成。花萼常为绿色，位于花的最外层，起保护作用；花冠是花中最具魅力的部分，起招引昆虫传送花粉的作用；雄蕊、雌蕊则是产生生殖细胞的部分。人们欣赏荷花的婀娜多姿、梅花的苍雅清秀、牡丹的雍荣华贵，以及菊花、杜鹃、玫瑰等花卉的艳丽色彩，都是以花冠为观赏的主要对象。但有些花卉植物的花本身很小，也不美丽，人们所欣赏的"花朵"并不是真正的植物花，而是变态的苞片、萼片和雄蕊。这些苞片、萼片或雄蕊变得酷似花冠，五颜六色，形态迥然，代替花冠招引昆虫，更好地适应了昆虫传粉。

苞片是着生在花或花序下的变态叶，一般叶状或鳞片状，绿色，在花蕾孕育中起保护花芽的作用。但有些植物的花冠退化或变小，而苞片从形态到颜色却很美丽。如被誉为中国鸽子树的珙桐，花较小，紫红色，排成圆头状花序生于枝端，花序基部两片乳白色的苞片，看上去既像盛开的花朵，又似白鸽舒展着的双翅，具有很高的观赏价值。

天南星科的马蹄莲，是著名的宿根花卉，黄色肉穗花序外包漏斗形佛焰苞，乳白色或淡黄色，纯洁高雅。佛焰苞不是花冠，而是天南星科植物特有的一种总苞。

紫菜莉科的紫茉莉，又称草茉莉、胭脂花、地瓜花，为一年生草本花卉，夏季傍晚开花，翌晨凋萎脱落。它那或红或黄、或白或紫的花朵令人喜爱，但这漏斗状的"花朵"并不是花冠，而是替代花冠作用的花萼。

花坛里那万绿丛中鲜红如血的一串红，其花冠唇形，花萼钟形，都是红色，从远处看浑然一体。花冠脱落后，花萼却久不凋落，延长了观赏时间。

美人蕉的花朵在夏日里十分诱人，然而这红色的"花瓣"竟是5枚退化的雄蕊。它们的排列很有次序，有3枚直立在后方，起招引昆虫的作用，有1枚弯曲向前方，称为唇瓣，供昆虫采蜜时停歇，第5枚上有黄色斑点，位于花中央，边上还保留着半个花药。美人蕉的萼片与花瓣各3片，花瓣已失去了鲜艳的色彩，仅在花蕾期起着保护花蕊的作用。

豆科植物含羞草的花冠也没有鲜艳的色彩，仅起保护花蕊的作用，而它的雄蕊却色彩艳丽，十分显眼。

自然界中还有许多植物具有这种似花而不是花，不是花又胜似花的变态器官，植物的这种特性是在长期进化过程中自然选择的结果。最初具有这样变异的植株，获得了较多的传粉机会，它的后代就多。在后代的分化中，凡是强化了这种变异的植株，就更具有生存竞争的能力，于是得到了进一步的繁荣。

103. 生物启示——天然的设计师

建筑设计师们研究了生物系统的结构性质，从中得到了启示，仿照天然的植物设计师，可以改善和创造崭新的建筑结构。许多仿生学建筑应运而生了。

人们模仿羽毛草和玉米的长叶，设计出一种筒形叶桥。它跨度大，部分桥面卷成圆筒，增加了桥的强度和稳定性，使桥梁更加牢固。模仿圆锥形的云杉，设计出建造在高山上的类似矮圆锥形电视塔。

人们模仿王莲叶子和扇形叶子的叶脉，应用于城市建筑和水上建筑。展览会大厅屋顶上，利用王莲的叶脉骨架，还采用有皱折形叶子的特点，弯曲的纵肋和波浪形的横膈，并安装许多天窗使建筑物更加坚固，光线更充足。这种拱形屋顶结构很轻便，跨度可达95米，美丽如画。这种根据叶脉原理设计的建筑，还应用于工厂的平顶覆盖和叶式浮桥。

人们从植物表皮的气孔和细胞内的液体和气体对细胞壁的压力作用，得到启示，在建筑物的围墙中设计出通气孔，用来调节室内空气的温度、湿度和洁净度，在建造仓库、剧场、体育馆、旅行帐篷和水下建筑时，采用充气或充液结构，它的优点是：轻便、施工快、好搬运。车前子，原是普通小草，在建筑界中却名声大噪。建筑师们从车前子得到启发，因为它的叶子是按照螺旋形排列的，每两片叶子之间的夹角都是137°30′，结构合理，所以所有的叶子都得到了充足的阳光。人们设计建造了一幢螺旋状排列的13层楼房，这种新颖建筑，金灿灿的阳光四季都能照到每一间房间，这又是一个建筑学上的创新佳作。

日本建筑师又从翠竹挺拔和坚韧的特性中得到启发，设计并建造了一幢43层的大楼。这幢大楼还模仿热带的参天大树，上面窄下面宽，它即使遭到强烈地震的袭击，也只是摇晃几下而已。

在美国芝加哥市有两座黑色的大楼，设计独特，十分引人注目。据说这两座大楼内部设备也很新颖、齐全，是一个独立而完整的生活区，生活用品一应俱全。这两座大楼的外型，仿佛两根玉米，是模仿玉米棒子设计出来的。

建筑仿生学是现代科学的新技术，前景光辉灿烂，它将促进建筑工艺不断发展，在地面上创造出更美好的生活条件，为人类征服空间和海洋作出新贡献。

104. 物宝天华——天然的药物宝库

植物王国是一个天然的药物宝库，许多树木花草都是贵重的药材，具有神奇的治疗效果，高明的中医大夫有"妙手回春"的本领，他们靠的就是药用植物。

人类在很早以前就知道用植物来治病了。古代的印第安人，他们在头痛发烧时，就把柳树皮捣烂后敷在头上，病痛便可解除。后来，科学家通过研究发现，原来柳树皮中含有一种化学物质叫水杨酸，它是解热、镇痛药物阿斯匹林的主要成分。

我国用中草药治病更是历史悠久。早在古代的新石器时代就有"神农尝百草"的传说。写于2 000年前的《山海经》中，已记载了120种药物；我国现有的最早药物学专著《神农本草经》中，记载了365种药物；我国古代的第一部药典《新修本草》中，记载了844种药物；大药学家李时珍编写的医药学巨典《本草纲目》中，记载了1 893种药物。

有关我们中华民族的祖先用中草药治病，还有一些美丽的传奇故事。南方荷叶，是一种多年生草本植物，因为它喜欢生长在小溪边阴湿的地方，叶片中央有一个小凹陷好似浅碗，所以又叫"江边一碗水"。南方荷叶，具有解毒、消肿、活血的功能，可治疗跌打损伤和吐血等症。相传，神农氏在攀缘峭壁寻找和采集草药时，一不小心摔了一跤受了伤。当时他十分口渴，来到溪边想喝点溪水解渴，却无盛器，这时他偶然发现了这种荷叶般的植物，就把叶片摘下来盛水喝，因叶片中的药用成分渗进水中，神农氏喝后，顿感伤痛缓解，就这样他发现了这种药用植物。何首乌，有养心安神的功效。传说唐代农民何顺儿三代吃这种药而使白发变黑，"返老还童"，因此给孙子取名"何首乌"。

在这个天然的药物宝库中，有一向被人们视为珍贵的药材——人参。由于野生人参多生长在深山密林里，数量少而药用价值大，特别珍贵，曾被人们传颂为"灵丹妙药"，能使病人"起死回生"，就连它的拉丁文名称（panax ginseng），也是"包治百病"的意思。当然，它的作用被夸大了。人参只是一种补气药，虽然能治疗一些疾病，对阳虚体弱的老年人和脾胃虚弱、体虚乏力、肺气不足的病人有补养作用，但不能"起死回生"，也不能"包治百病"。

在这个天然的药库中，还有善攻能补的良药三七，它是五加科多年生草本植物。由于三七的肉质根茎的样子和人参有点相似，所以又叫参三七。三七有行淤、止血、消肿、定痛的功能，主治跌打损伤和各种出血症，疗效神奇。当人不小心从高处摔下受伤时，将三七粉敷在伤口上，并口服三七粉，不久即能血止肿消；产妇流血不止，服用三七后，便能化险为夷；口吐鲜血、大小便带血、身患肿痛的病人，服用三七粉，便能"药到病除"。以三七粉为主要原料制成的云南白药，更是驰名中外。

在这座天然的药库中，还有被人们誉为"中药之王"的甘草。因为它的味道甘甜，所以是名甘草。在中药的处方中，几乎都要加上一味甘草，人们夸赞它说："药里甘草，处处有份"。在《本草纲目》中说："诸药中甘草为君，统七十二种乳石毒，解一千二百般草木毒，调和众药有功。"

在这座天然的药库中，还蕴藏许多治癌良药。通过科学家的努力，已不断发掘出来。从长春花中提取的长春碱，为最早的抗癌药物；从喜树中分离出的喜树碱，对治疗血癌（白血病）有显著的疗效；从美登木中得到的美登素，对淋巴肉瘤、多发性骨髓瘤等有明显疗效；从太平洋紫杉中提取的紫杉醇，对治疗卵巢癌、肺癌等均效果良好。此外，猴头菇、蘑菇、灵芝和冬虫夏草等菌类植物，也有抗癌、防癌作用。

在这座天然的药物宝库中，还有最神奇的药物灵芝。在科学不发达的古代，人们把灵芝称为"长生不老药"。神话故事《白蛇传》里的白娘子舍死盗"仙草"，救活丈夫许仙，被人们传为佳话，她从南极仙翁那儿盗来的"仙草"就是灵芝。当然，世界上并没有长生不老药，但是灵芝确实有很高的药用价值。它含有糖类、蛋白质、氨基酸、生物碱、香豆素、矿质元素等多种成分，具有滋补强身、健脑安神、消炎利尿等功效，对慢性支气管炎、冠心病、神经衰弱等，都有良好的疗效。同时，灵芝也是一种难得的保健药物。由于它含有丰富的锗元素，能延续人体细胞的衰老，所以人们服用后，可益寿延年。更可贵的是，据有关报道，灵芝对治疗艾滋病也有一定效果。

药用植物种类很多，目前发现的中草药已超过5 000种，以上不过是仅仅举出几例。

我国是一个植物种类繁多的国家。在那山峰林立、沟谷幽深、悬岩峻峭的山区，生长着丰富多样的药用植物，是一座座药物宝库。据初步调查，我国湖北神农架山区，有 1 300 多种药材，其中有天麻、田七、九生还阳草等；贵州的梵净山有近 200 种药材，如黄连、当归等；云南的西双版纳、海南的五指山区、福建的武夷山区等自然保护区，中草药蕴藏都非常丰富。我们不仅要保护好这些药物宝库，而且还要大力造林绿化，进一步发展和扩大中草药宝库，以造福我们的子孙后代。

105. "天堂美人"——长白松

我国东北的长白山区，拥有茂密的森林，众多的温泉、瀑布、山花、天地、奇峰巨石，那里历史上火山活动频繁，土壤含有丰富的矿物质，非常肥沃。再加上那里雨量充沛，年降雨量在 600 毫米以上，较高的地方可达 1 400 毫米，因此，是野生动植物生活的"天堂"。据统计，那里生长着 1 500 余种植物，其中经济树木 80 余种，中草药 800 种以上。为了保护珍稀的动植物资源，我国于 1961 年在这里建立了面积为 19 公顷的长白山自然保护区。

长白山自然保护区平均海拔高度是 500 ~ 1 100 米。在海拔 600 ~ 1 100 米的地带，展现着代表保护区的独特自然景观——红松阔叶混交林。就在这茂密的红松阔叶混交林带的下部生长着许多珍稀的植物。著名的长白松就是其中之一。

长白松高达 20 ~ 30 米，零星或成片地高耸于林中，它的主干高大，挺拔笔直，下部枝条早期就已脱落，侧生枝条全都集中在树干的顶部，形成绮丽、开阔、优美的树冠。而那些左右伸出的修长枝条既苍劲而又妩媚，在微风吹拂之下，轻轻摇曳，仿佛在向你招手致意。长白松的枝干也特别美丽，它的上部金黄色，下部棕黄色，如果在严冬大雪纷飞之后，映衬着白雪皑皑的世界，红装素裹，另有一番风趣，怪不得当地人给它起了一个动人的名字："美人松"。

美人松仅仅生长在我国的长白山区。它的发现也引起植物学界的震动。从它的叶、花、果实和树皮来看，有的植物学家认为它最像樟子松，是樟子松的变种；有的认为它最像欧洲赤松。经过几番争论，最后认定是欧洲赤松在我国分布的一个地理变种。1976 年，当时任中国林业科学研究院院长的著名植物学界老前辈万钧教授将"美人松"正式定为"长白松"，从此它便跻身于我国珍稀植物的行列之中。它的发现不仅给长白山特有的植物家族增添了一名优秀的成员，而且对研究这一地区的植物区系提供了一份"活资料"。

但令人遗憾的是，这种珍稀的植物，近年来遭到了严重破坏。据 1984 年报道，那里仅存面积113.38公顷，总共只有78 072棵，有人在那里建私房，开荒种菜，毁林及幼树好几千株，国内外到此考察旅游的人，看到这种情况，捶胸顿足，无限惋惜！我们强烈呼吁一定要迅速采取有效措施，保护举世闻名的"美人松"。

106. 古树名木——我国各地的"树王"

古树名木是弥足珍贵的自然和文化遗产，具有极高的科学价值和审美价值。其中有些树木，或因树龄长躯体大，或因树形奇特，而被誉为"树王"，它们是我国的"活化石"。

柏树王：陕西黄陵县轩辕墓旁有株古柏，高20米，胸围10米。据说，其为轩辕帝所植。但它还不是我国最大的柏树，西藏东南林芝县巴结巨柏保护区内有株柏树，高50多米，胸围18米多，树龄3 000多年，是名副其实的"柏树王"。

银杏王：银杏是最古老的孑遗植物，古银杏多集中在有寺庙的地方。北京古刹潭柘寺有株银杏，高30多米，胸围达9米，为辽代所植，距今已1 000多年，仍郁郁葱葱。相传清朝每更换一位皇帝，它就长一新枝与老干重合，因而又被封为"帝王树"。

槐树王：国槐树是我国的乡土树种，因其适应性广寿命较长，故古槐树今存者甚多。河北涉县故新村有一古槐，胸围达14.4米，主干直径4.5米，据树下碑文记述：秦兵伐赵时曾在此树下歇马。由此可知，树龄已2 000多年。

107. 风景独特——西沙群岛麻风桐和羊角树

我国的西沙群岛，位于南海北部海面。散布在北纬15°60′至17°08′，东经111°11′~112°54′，是由将近40个礁岛、礁滩、砂岛和砂州所组成的，整个面积约有200平方公里。它是构成我国南海诸岛的一部分。在西沙群岛生长着独特的原始热带树种——麻风桐和羊角树，它们成为西沙群岛的主要代表树种。

麻风桐又名白避霜花，属于热带常绿乔木。它生长茂盛，分布面积广，其中又以永兴岛、金银岛和东岛分布的面积最大，大都相连成片。分布面积最小的是琛航岛，仅在岛内低平地带有生长。

麻风桐的树皮呈灰白色，表面光滑、在树干上有明显的保存下来的沟和大叶痕。它夏季开花，花白色芳香，秋季结果。整个树干在离地面1~2米即行分枝，树干多呈弯弯曲曲的向上发展，因它弯曲的树枝，如同得了麻风病的手指一样而得名。树高一般是8~10米，最高可达11米。麻风桐越靠近海岸或树林的边缘地区，生长得越矮，主要是在沿岛的砂堤以内地带，特别是地势低平的地区生长。这样可以减少风吹的影响，使枝干不易折段。

麻风桐树冠茂密，生长地区人类活动少，整个树冠就成了鲣鸟栖息的幽静场所。麻风桐还是猪、牛、羊最喜欢吃的饲料。

羊角树又名草海桐，也是西沙群岛的先期植被，分布范围非常广，除高潮时可淹没的岛屿外，一般都有生长，并且多沿森林的外缘分布。羊角树的生长力很强，它可以生长在由大风浪堆积起来的大块珊瑚滩乱石堆上面，也可以生长在高潮线可达到的滨海前沿以及沿岛砂堤等处。在广金岛、琛航岛、晋卿岛和珊瑚岛等分布的面积最大。

羊角树的外貌整齐秀丽，一片青绿，茸茸厚厚的叶子发出闪闪的亮光。树高一般是 1～2 米，越靠近海岸树越矮，而靠近砂堤内侧的树长的较粗壮。羊角数呈倾斜上举，相互交织，密如蜘网，覆盖面积常达70%～80%以上，如琛航岛上在面积约 25 平方米的范围内，竟有羊角树 145 丛。可见，想要通过羊角树覆盖的岛屿是相当困难的。在羊角树下堆积了厚层的新鲜鸟粪层。

在西沙群岛除上述主要原始树种外，还有银毛树和榄仁树等。由于岛屿和内陆长期隔离，土壤条件较特殊，从而使这些森林始终停留在发育的前期阶段，种类简单，比较年轻。因此，西沙群岛的大自然生态系统的保持较为完整。

108. 枝粗叶阔——洗衣树

在阿尔及利亚，生长着一种名字叫"普当"的树。这种树的树干高大，粗枝阔叶，姿态雄伟。它的树皮，上下全是赭红色，远看很像是刷了红漆的柱子。树皮上还有许许多多的细孔，冒出黄色的汁液。是得病了吗？不是。是害虫蛀食的残汁吗？也不是。这是它的适应性的表现。因为那里的土质碱性较重，阔叶的蒸腾作用大，从根部吸收的水分很多，对它的生理活动有害。它身体上的许多细孔，便是排碱用的，这可以帮助它化险为夷，正常生长发育。这种树给人们带来了好处。那黄色的汁液，是很好的洗涤剂，能够除去衣服上的油脂或污垢。当地居民把脏衣服捆在树上，几小时后用清水漂洗一下就非常洁净了。在小河畔、溪流边，时常可以听到姑娘们的笑语喧哗，活跃在红树绿叶之间，肩负衣物，来请"洗衣树"帮忙。

109. 濒危物种——喜马拉雅红豆杉

该种是喜马拉雅山的特有种类，在我国仅产西藏吉隆，数量极少。若砍伐或不采取有力保护措施，在我国有绝迹的危险。

常绿小乔木和灌木，具开展或向上伸展的枝条；树皮淡红褐色，裂成薄片脱落；小枝不规则互生，淡绿色，后变淡褐色或红褐色；冬芽卵圆形，芽鳞覆瓦状，基部的芽鳞通常三角状卵形，脱落或少数宿丰于小枝基部。叶螺旋状着生，不规则二列，线形。通常直，长 1.5 ~ 3.5 厘米，宽约 2.5 毫米，先端有突起的锐尖头上面光绿色，中脉隆起，下面两条较绿色。雌雄异株，球花单生叶腋；雄球花圆球形，具多数螺状排列的雄蕊；雌球花几无梗，上端生了 1 具有盘状珠托的胚珠，基部围有数枚覆瓦状排列的苞片。种子当年成熟，坚果状，柱状长圆生于肉质、红色、杯状假种，长约 6.5 毫米，直径 4.5 ~ 5 毫米，微扁，种椭圆形。

在我国仅见于西藏吉隆海拔 2 800 ~ 3 100 米地段的林中。阿富汗至尼泊尔也有分布。

110. 沙漠巨人——巨柱仙人掌

在仙人掌这类耐旱的肉质植物中，有一种被称之为"沙漠巨人"的柱形仙人掌，长得特别高大。它就是巨人柱仙人掌或叫巨柱仙人掌或萨瓜罗仙人掌。巨人柱仙人掌的故乡在美国西部和墨西哥北部，其中又以美国亚利桑那州最为有名。在该州的萨瓜罗国家公园里，巨人柱可高达 10 ~ 17 米，重量超过 10 吨。笔直挺立的巨人柱，平地拔起，蔚为壮观。在它的茎秆上还分出许多侧枝，侧枝纷纷上举，有如一尊插满蜡烛的巨型烛台。

为了适应干旱环境，巨柱仙人掌的根虽然扎入土中很浅，但根系十分发达，可以往四周延伸出十几米。这样，一旦沙漠中罕见的暴雨来临，分布地表的巨大根系就可充分吸收地面的水分，将宝贵的雨水多多地存入茎中。此时，你还可以看到一个很有趣的现象，因长期干旱而变得干瘪皱褶的巨柱仙人掌躯干，由于吸水一下子就鼓胀了起来，好像手风琴折拢的风箱，此时又再度拉开了一样。

111. 心胸狭窄——有"报复心"的植物

英国生物学家迈森就遇到过植物的"报复"。他每天精心照料屋里的一株榕树，而且一连坚持了好几年。结婚时，他已不年轻了。对这株榕树来说，迈森夫人是屋里的第三者。没过多久，她就得了以前从未得过的好几种怪病，怀孕后，她得了严重的中毒症，大夫费尽心机也没能保住胎儿。幸好迈森隐隐约约猜到了原委，把榕树移到温室里，夫人的病很快就好了，还生了个大胖儿子。

这是有文献记载的植物"吃醋"的例子。榕树容不得主人分心，就释放只对女主人起作用的毒素。

榕树和其他某些植物不仅可能跟人难"相处"，跟猫等宠物也很合不来。

俄罗斯谚语说：屋里养花，男人离家。这有一定道理，因为家里给花草浇水上肥的，一般是女主人，花草就把她同积极因子联系在一起。而男人对花草一般不感兴趣，有时还祸害它们，在花根上摁灭烟头，把花盆当烟灰缸使，引起花草反感。它们当然不会对你发火，打耳光，但释放有害化合物是它们的拿手好戏。

有几种仙人掌会释放出生物碱，而大脑对生物碱会有反应，产生嗜酒念头，因此这些仙人掌可能使贪杯者变成不可救药的酒鬼。西红柿可能成为你失眠的原因，如果你把西红柿植株放在卧室里过夜，又忘了给它浇水，它就会释放"清醒剂"，"提醒"你它渴了。

在居室植物中，对男子最不利的是常春藤。容易加剧失眠的有虎尾兰、常春藤和玫瑰，容易使人心绪平静的有天竺葵和老鹳草。

家里养植物，就要照料爱护它，经常对它说些亲切问候的话，让它心绪良好，它就会投桃报李，令你心旷神怡。

112. 分类依据——植物的花冠

花冠位于花萼的里面，是花瓣的总称。尤其虫媒花的花冠，是花中最富有诱惑力的部分。由于花瓣颜色鲜艳，并能分泌挥发性油类，所以花冠具有招引昆虫传粉的功能，有些植物的花冠还有保护雌雄蕊的作用。花瓣有分离或连合之分，花瓣间彼此分离的花叫离瓣花，如桃花、毛茛；花瓣间以不同程度互相连合的花，叫合瓣花，如牵牛花、茄子花。花瓣形状、大小相同，并作整齐辐射状排列的花称为整齐花，如桃花；花瓣形状、大小不同，作两侧对称排列的花称为不整齐花，如蚕豆花。由于组成花冠的花瓣形状、大小及连合程度的不同，形成了各种形状的花冠。

十字形花冠：花瓣4个，彼此分离排列成十字状，如油菜。

蝶形花冠：花瓣5个，最上面一个最大，像一面旗子，叫旗瓣，两边的两个像翅膀的叫翼瓣，下面的两片最小，稍合生，形如龙骨，叫龙骨瓣，如大豆、洋槐。

漏斗状花冠：它是5个花瓣连合起来的，花冠下部筒状，向上扩展有如喇叭形，如牵牛花。

筒状或管状花冠：花瓣合生成一筒状或管状，如向日葵花盘中央的小花。

舌状花冠：花冠下部为一短筒，上部向一边张开成一片舌形，如向日葵花盘周边的花。

钟状花冠：花冠筒短而膨大如钟形，如桔梗。

辐状花冠：花冠筒短，裂片平展如车辐，如茄子花。

唇形花冠：花冠形如嘴唇（二唇形），上部两裂片合生为上唇，下面三裂片合生为下唇，如益母草。

每一种植物的花都有一定的样式，而且是植物分类的重要依据。

113. 前程似锦——光棍树

光棍树为直立的灌木或小乔木，是大戟科大戟属植物，又名绿玉树、青珊瑚。茎直立多，分枝，肉质，圆柱状，绿色，簇生或散生；无叶片或叶片极少，是形态变异的观叶植物；蒴果暗褐色，被毛。

在漫长的岁月中，植物为适应环境，都会发生变异，光棍树原产非洲沙漠地区。沙漠地区赤日炎炎、雨量极其稀少。由于严重缺水、不适应恶劣的自然环境，保水抗旱，原来枝繁叶茂的光棍树，为减少水分蒸发，叶子慢慢退化了，消失了；而枝干变成了绿色，用绿色密集的枝干代替叶子进行光合作用。植物不进行光合作用，是不能成活生长的，而绿色是进行光合作用的重要条件。

光棍树在温暖的地区容易繁殖生长。在潮湿温暖的地方栽培，它的基干下部会长出一些叶片，这微小的变化，也是为适应潮湿环境而发生的，生长出一些小叶片，是为增加蒸发水分，从而达到体内水分平衡。

光棍树的茎秆中的白色乳汁中碳氢化合物含量很高，可以提炼石油。近年来，随着能源危机和人们在绿色植物中寻求能源工作的深入，光棍树引起人们的极大兴趣。美国科学家认为，它是未来石油原料最有希望的候选者。

114. 花中"变色龙"——弄色木芙蓉

桃花红，梨花白，从花开到花落，色彩似乎没有什么变化。但是，在自然界里，有一些花卉的颜色却变化多端。例如：金银花，初开时色白如银，过一两天后，色黄如金，所以人们叫它金银花。我国有种樱草，在春天20℃左右的常温下是红色，到30℃的暗室里就变成白色。八仙花在一些土壤中开蓝色的花，在另一些土壤中开粉红色的花。有一些花在它受精以后也会变色，比如棉花，刚开时黄白色，受精以后变成粉红色。杏花含苞的时候是红色，开放以后逐渐变淡，最后几乎变成白色。

　　颜色变化最多的花要数弄色木芙蓉了。它的花初开的时候是白色，第二天变成了浅红色，后来又变成了深红色，到花落的时候又变成紫色。这些色彩的变化，看起来非常玄妙，其实都是花内色素随着温度和酸碱的浓度的变化所玩的把戏。

115. 怪事奇闻——一树生八"子"之谜

　　四川省平武县南垭乡茅湾林场有一株一"母"生八"子"的怪树。主干是春芽树，树径约 70 厘米，高约 18 米。在树干 3 米处长着一株漆树，再往上是野樱桃、铁灯塔、红构树、林夫树、金银花、野葡萄和悬勾子树，就像八个子女一般。每到开花季节，红、黄、白、紫、蓝，五彩缤纷的花朵缀满树冠，呈现奇特的景象。据当地人讲，此树至少有 120 年树龄。有关部门曾多次考察此树的成因，但至今仍无结果。

116. 因花得名——中国名胜

花径

　　花径在江西庐山牯岭西谷。相传唐代著名诗人白居易有一年春末到此游览，正值山下桃花已谢，而山上正盛开，即兴赋诗："人间四月芳菲尽，山寺桃花始盛开。长恨春归无觅处，不知转入此中来。"花径从此名扬四海。如今花径内有奇花异草千余种，是庐山著名的游览地之一。

花坪

　　花坪在广西龙胜的西南部，因有"四时不谢之花，八节长春之草"之说，故称花坪。花坪总面积达 139 平方公里，有植物 1 300 余种，是我国亚热带原始林区代表之一，现为国家级自然保护区。

花溪

　　花溪在贵州贵阳城南 17 公里处，有小山数座，或突兀孤立，或蜿蜒绵亘，形成山环水绕，水清山绿，堰塘层叠，曲径通幽的绮丽风光。辟为花溪公园后，由于兴建楼台亭榭，景色更加迷人。

花地

花地在广东广州市西南郊。早在晋代，花地一带就有花木经营，到清代时发展成"繁花十顷，果树千行"的规模，其花果不仅产量大，品种也多。如今，花地更为名副其实，培植的花果有近千个品种，其中花以素馨、果以杨桃最负盛名。

花港

花港在浙江杭州西湖苏堤映波桥与锁澜桥之间的绿洲上，为西湖著名的十景之一。如今已建成占地20多公顷的公园。公园采取自然式布局，四季有应时之花，八节有长青之树，景色迷人。

花桥

花桥在湖北黄梅四祖寺岩泉溪上。此桥建于公元1350年，桥两端各设五花门和山花八字墙。桥下泉水经桥前岩石直泻深壑，构成"瀑布岭头悬，碧空垂白练"的奇景。此外，广西桂林小东江和灵剑江汇流处亦有花桥一座。

花庙

花庙在陕西丹凤城内，建于公元1891年，因雕有山川河流、楼台亭榭、花草林木等图案，故名花庙。此庙雕刻的各种图案为民间艺术的杰作。

117. 独有树种——印度"自杀树"

法国和印度科学家指出，一种生长在印度西南部地区的植物，其果实带有剧毒。这种果实经常被用作自杀工具，因此，这种树又名"自杀树"。同时，该果实的剧毒也可作为一种谋杀利器。由于西方医学界对该植物了解甚少，它可以杀人于无形，很难辨别死者死因。

这种植物名叫海檬树，树上所结带有剧毒的果实名叫海檬果。目前，只在印度西南部喀拉拉邦地区生长。据统计，在1989—1999年，死于海檬果中毒案件共有537例，每年死亡人数最少有11人，最多时曾达到103人。

法国分析毒物学研究室负责人伊凡·盖亚尔德说，"在喀拉拉邦地区，50%的植物中毒事件均由海檬果造成，10%的中毒事件与海檬果难逃干系。据我所知，目前世界没有任何一种植物像海檬果一样与诸多的自杀事件相关连。"据悉，利用海檬果自杀的人中75%都是女性。在印度，女性时常会为婚姻苦恼，因此海檬果便成为她们解脱失败婚姻的安慰剂。此外，海檬果也被用于谋杀案件，许多犯罪分子利用海檬果独特的毒性，对受害者进行施毒。

海檬树高15米，生长着深绿色叶子和果实，打开果实有乳白色液体。开花时期其花朵呈白色花瓣，散发着茉莉香味。海檬果是绿色的，看起来像小芒果，因此许多儿童第一次看到海檬果，便误认为是芒果食用，最终死于非命。

自杀者通常将海檬果白色内核捣碎掺着白糖食用。对那些非法分子，他们将海檬果作为谋杀利器时，取少量海檬果白色内核掺着大量红辣椒，从而消去海檬果原本的苦味。当食用者吃下海檬果之后，3~6小时毒性便会发作，立即死亡。

盖亚尔德带领的研究小组称，海檬果的重要毒性在于一种名为海芒果毒素的物质。它可终止人体心脏跳动，与通常所表现的心脏病发作十分相似。它的毒性只有通过层析色谱和质谱分析才可探测到。此外，由于海檬树只生长在印度地区，西方国家的医生、药剂师、分析师，甚至是验尸官都很少知道其独特的毒性。所以利用海檬果作为谋杀工具，会使调查人员无从下手。

118. 日本国花——樱花

春季去日本，樱花是一定要看的。

日本人喜爱樱花，历史久矣。早在1 000多年前的平安时代，樱花就成了日本人眼中的"花后"，咏唱樱花的歌很多。但那时，赏樱花似乎还只是皇室权贵的特权，后来逐渐传到民间，形成风俗。

看樱花当在"樱时"。日本把每年的3月15日至4月15日定为"樱花节"。春天一到，举国上下，南到琉球群岛，北至北海道，都沉浸在樱花的气息之中。最著名的赏樱之地当属东京上野公园，"樱时"一到，整个公园可谓樱花缤纷，色彩斑斓。走进公园，你可以看到，三五成群的日本人或在樱花树下席地而坐，或在林荫道下缓缓漫步，在漫天飞舞的"花吹雪"中，总是看不厌那刹那间辉煌的怒放与其后干脆利落的凋谢。

美而易逝易碎也许是最容易让人痛惜的事了。樱花绽放时虽然绚烂至极，但她从含苞绽放到凋谢不过一周时间，且边开边落，碾落成泥，故有"樱花七日"之说。一片片小小细细的粉红、洁白、嫩绿，叠加在一起，在某一个瞬间突然开放了自己，似云如霞，一夜间占满了全部春光，很快，又像雪花般飘飘而逝。因此日本有人把樱花喻为"吹雪"，"吹雪"二字可谓道尽了樱花的全部。从樱花的含苞待放到短暂的绚烂至极再到瞬间的飘零入泥，日本人民从中感悟到了人生的诸多含义。

　　樱花美而易逝易碎的生命意象和日本人民从中寄托的人生情怀影响了日本文学艺术的发展。从哀物再到哀人的文学艺术风格，从 8 世纪的《万叶集》到 11 世纪的《源氏物语》，都有所体现。可以说，这些文学作品中的哀物到哀人的美学意义，影响乃至支配了日本文学以后的发展。在日本的文学艺术里，常常有通过讴歌护花惜花来表达人生短暂当惜的心声。历史上，曾有歌人因为在咏唱落花如雪的诗歌中没有表达出痛惜之情便受到责难的记载。可以说，赏花惜花是日本文学艺术咏唱不尽的主题。

　　一朵小小的樱花，因为它，让人们感悟到了人生短暂，唯有只争朝夕，方不负人生的意义。

119. 臭味各异——有臭味的开花植物

　　人们常用"芳草香花"等句子来赞美自然界的花草树木。其实，在绿色植物里，臭花、臭草也还是不少的。植物书上用"臭"字命名的，不下几十种。例如：臭椿、臭梧桐、臭娘子、臭荠、臭灵丹、臭牡丹等。有些植物虽没用臭字命名，但包含着臭的意思。例如鸡矢藤、鱼腥草、马尿花等。这许许多多含有臭味的植物，究竟哪种最臭？这只能靠我们的鼻子去鉴别。

　　当我们走到臭梧桐树下，并不觉得有臭味。要是摘一片叶子，弄碎闻一闻，就有一股臭味。假若你走进鱼腥草的草丛中，立即会闻到腥臭味。如果再用手摸它一下，一小时之内，臭气也难以消掉。这两种植物虽臭，但都是很好的药草。臭梧桐可治高血压，鱼腥草是治肺炎的良药。

　　热带有一种有名的水果叫韶子，闻闻有恶臭，吃起来味极美。在中美洲的森林里，有一种植物叫天鹅花，也叫鹅花或鹈鹕花，看上去很脏，它的臭味很像腐烂的烟草，猪吃了马上会死去，没有吸烟习惯的人最怕闻这种臭味。

　　在苏门答腊的密林里有一种巨魔芋，当它开花的时候，臭得像烂鱼一样。大花草的臭味很像腐烂的尸体。烂鱼确实难闻，烂尸体更使人恶心。因此，最臭的植物，公认是大花草。说也奇怪，这两种特别臭的植物，一种是花序最大，一种是花朵最大，大概臭味与它们发散的面积也有关系。

120. 植物"大象"——非洲木棉

　　非洲象是目前世界上最大的陆生动物。在非洲大陆还有一种像象一样粗壮和长寿的树，它就是非洲木棉。非洲木棉高不过 20 多米，但树干却可粗达十几米至二十几米（最粗的达 25 米），真是又肥又胖。它的年龄有多长呢？你想，要长得这么粗大，至少也得经过千年的岁月不可。非洲木棉树的发现者，法国的阿当松认为，最老的非洲木棉树可能有 5 500 岁，所以也算得上是植物界的老寿星。

最有趣的是非洲木棉树的果实。它的形状像一个葫芦，表面还是毛绒绒的。每当果熟的季节，长长的果柄悬垂着一个个"葫芦"在枝丛中摇来晃去，十分雅致动人。非洲木棉果实的果肉为白色，有黏性，干燥后磨成粉可配制成清凉的饮料，味道可与柠檬媲美。特别是它那果肉的味道，还深得猴子们的喜爱，只要果实一熟，成群结队的猴子就会爬上树梢，争相取食，打闹嬉戏，情景动人。"猴子面包树"故又由此而得名。

非洲木棉树木质松软，呈海绵状，可以大量储蓄水分。有人测算过，一株树干体积为 200 立方米的非洲木棉，可含水 10 万多升。所以，它又是干旱地区的天然"蓄水池"。如果把树干掏空，也可以作为储存食品的仓库来用。

121. 有矛有盾——植物武器

植物"箭"

非洲中部的森林中，有一种长着坚硬、锐利的刺的树木，当地居民称之为"箭树"。箭树的叶刺中含有剧毒，人、兽如被它刺中，便会立即伤命致死。有趣的是，当地的黑人常用这种箭树做成箭头和飞镖，用来猎获野兽、抗击敌人！

植物"枪"

植物"枪"中威力最大的要数美洲的沙箱树了。它的果实成熟爆裂时，能发出巨响，竟会把种子弹出十几米之外。所以，只要沙箱树结好果实后，人们便不敢轻易地接近这种植物"枪"了。

植物"炮"

喷瓜号称植物"炮"，它生长在非洲北部。由于它的果实成熟以后，里边充满了浆液，所以喷瓜一旦脱落，浆液和种子就"嘭"的一声，像放炮似地向外喷射，要是有人在场，那准得轰得他落花流水！

植物"地雷"

在南美洲的热带森林里，生有一种叫马勃菌的植物，它可是一种植物"地雷"哩！这种植物结果较多，个头很大，一个约有5公斤重。别看它只是横"躺"在地上，人不小心踩上这种"地雷"，立即会发出"轰隆"一声巨响，同时还会散发出一股强有力的刺激性气体，使人喷嚏不断，涕泪纵横，眼睛也像针刺似的疼痛。所以，人们管它叫植物"地雷"。

122. "猴缘"植物——与"猴"字相连的花木

2004年，是我国农历的甲申年，按传统的"十二生肖"计年法，俗称"猴年"。猴年和花友们谈谈带"猴"字的花木，增加花木中的见闻。

猴面花属于玄参科"家族"，是多年生草花。高30~40厘米，茎粗壮，中空。交互对生，宽卵圆形。4~5月开花，对生在叶腋内，漏斗状，黄色，通常有紫红色斑块或斑点，很是美丽。原产南美洲智利，现广布全球各地。繁殖用播种，也可嫩枝扦插或分株繁殖。可供盆栽及布置花坛之用。

猴头杜鹃属于杜鹃花科"家族"。常绿灌木，幼枝嫩绿色。叶厚革质，常5~7枚密生枝端，表面深绿色，有光泽。花期4~5月，顶生总状伞形花序，有花4~6朵，花冠钟状漏斗形，乳白色至粉红色，具紫红色斑点。原产我国湖南、江西、浙江、福建、广东和广西等省区。在自然条件下，长江流域以南可露地栽培，北方地区可盆栽玩赏。

猴欢喜属于杜英科"家族"。常绿乔木，小枝褐色。叶聚生小枝上部，坚纸质，狭倒卵形或椭圆状倒卵形。花数朵生小枝顶端或小枝上部叶腋，绿白色。9~10月结果，形似大杨梅，呈淡红色或棕色，成熟时果皮裂开，内果皮深红色，椭圆形种子黄色，红黄相映成趣。猴子一见此"佳果"，便欢天喜地蜂拥而上摘食，因而叫"猴欢喜"。但是，最后只落得一场空欢喜，因为这种树果中看不中吃，是木质的蒴果，坚硬得啃不动。

猕猴桃属于猕猴桃科"家族"。它的别名众多，有猕猴梨、藤梨、毛梨子、羊桃、阳桃、鬼桃等等。种类极其丰富多彩，最为名贵的要算中华猕猴桃了。猕猴桃其色如桃，猕猴爱吃，故得名猕猴桃，又由于产在中国大地，故才得名中华猕猴桃。它是木质藤本，长5~8米，圆形或长圆形。夏季开花，雌雄异株，花白色，后变黄色，有芳香味。8~10月浆果成熟，有香蕉味，卵形至近球形，黄褐绿色。一般果重20~40克，大的可达100克，每株结果30~50千克，多的可达100千克，多作水果食用。

123. 叶子硕大——热带雨林草木植物

有些热带雨林林下的草本植物具有巨大的叶子，如芭蕉、海芋、箭根薯等植物的叶子，它们大得足以容纳数人在下面避雨。巨大的叶子能捕捉到更多的光线，一般认为这是热带雨林林下草本植物适应弱光的结果。

在西双版纳的热带雨林中，海芋是比较常见的巨叶植物。海芋为天南星科大型常绿草本植物，具匍匐茎，也有直立的地上茎，茎高可达 3～5 米，粗可达 10～30 厘米，叶子较多，绿色的叶柄长可达 1.5 米，叶片长宽均可达 1 米以上。在雨季，当地居民常会把海芋的叶片割下来当做临时雨伞用，或直接站到海芋下面躲雨。

124. 噪声 "消音器" ——绿色植物的作用

声音，对于每个人来说都非常熟悉，它与人类的生活有着密切的关系，也与人们结下了不解之缘。婴儿刚出世时，就会发出呱呱的哭叫声；人类通过声音交流思想感情，传播各种信息，预报危险和灾害。

由于人一生下来就在声音的包围中，因此绝对的寂静对人来说是有害的，如果人长期处在寂静的环境中，就会有失去时间的感觉，神经系统也会发生变化。因此，宇航员在上天之前要关在一个专设的无音室里经过一段训练，以便能适应上天后的寂静环境。

实践证明，声音的大小对人的情绪和健康有很大影响。当人们欣赏优美动听的轻音乐或古典音乐时，就会感到轻松愉快、精神振奋，是一种美的享受。但是汽车、火车、飞机、工厂、建筑工地等所发出的高强度声音，即人们所说的噪声，对人的情绪和健康都有很大危害。它能使人心情烦躁、头晕头痛、失眠、神经衰弱；严重时，还会引起心跳加快、血压升高、冠心病和动脉硬化，甚至出现精神抑郁，诱发神经病。据法国的社会调查，在 5 个头痛病患者中，就有 4 人是噪声的受害者；在 4 个神经病患者中，就有 3 人是噪声的受害者。日本的一些学校因噪声的干扰而无法上课，被迫建设没有窗户的教学大楼。人如果长期生活在噪声很大的环境中，会使人听力下降，甚至会造成永久性耳聋。

高强度的噪声，甚至能使人丧生，还可毁坏建筑物。我国古典名著《三国演义》中有一个脍炙人口的故事：刘备与曹操交战时，猛将张飞在长板坡桥头大喝一声，吓退百万曹兵，曹将夏侯杰被吓得魂飞魄散、落马而亡。当然，这个故事有些夸张，可是在现实生活中确有被噪声 "震死" 的事例。据报道，1959 年美国在做超音速飞机噪声作用试验时，有10人为一笔巨额奖金，自愿作为受试者。当飞机掠过他们的头顶时，尽管全都用双手紧紧捂住耳朵，但还是统统都被噪声"吵死"。

目前，噪声已被视为一种无形的环境污染，列为继废气和污水之后的第三大公害。为了衡量噪声的大小，科学家把从耳朵刚能感到直至使耳朵疼痛的声音响度范围划分为120个单位，称为分贝。噪声的卫生标准是30～40分贝。如果超过这个标准就对人身有妨害。60分贝的噪声，可以使70%的人从睡眠中惊醒。超过60分贝的噪声，会影响人们的工作和正常的休息；超过70分贝的噪声，会使人心烦意乱；110分贝的噪声，使人难以忍受；噪声达到120分贝时，使人的耳朵疼痛难忍；140分贝噪声会使人彻底耳聋，并感到恐惧；到150分贝时，人的听觉立即损伤；180分贝时，金属也会受到破坏；而到了190分贝时，竟然能将铆钉从金属中拔出来。

然而，树林和草坪却有减弱噪声的奇妙本领。当人们漫步在绿树成荫的道路上，或者在有茂密树林和绿苗草坪的园里散步时，会感到十分宁静、心情舒畅、悠然自得；走进林，更会觉得寂静无声。这是因为树林和草地消除了外界的噪声，为人类提供了一个幽静的环境。

那么，绿色植物为什么能减弱噪声呢？原来，树木的枝叶不仅对声波有很强的吸收能力，而且还能不定向地反射声波。当噪声的声波通过树林时，树叶表面的气孔和绒毛，像多孔的纤维吸音板一样，把声音吸收掉。尤其是厚而多汁的叶片，吸音效果更好。同时，枝叶的摆动使声波减弱，并迅速消失。另一方面，当噪声传播到树林这堵"绿墙"时，一部分被枝干和树叶反射，结果就使噪声大大减弱。因此，人们将绿色植物誉为天然的"消音器"和"隔音板"。

有人测定，噪声通过公园里的成片树林时，可使噪声减弱26～43分贝；绿化的街道比不绿化的街道可降低噪声8～10分贝；在公路两旁各造10米宽的乔、灌木搭配的林带，可使噪声减低一半。还有人做过实验，10米宽的林带可减弱噪声30%，而20米、30米、40米宽的林带，可分别减弱噪声40%、50%和60%。因此，绿化造林已成为城市降低和消除噪声的一大措施。一般来说，树冠矮的乔木和灌木，比树冠高的乔木消除声能力大。灌木枝多叶茂，吸音作用更显著。阔叶树的叶片大，吸音效果比针叶树好。几条狭林带，比一条宽林带吸音作用大。由乔木、灌木和草本共同构成的多层次林带，比一层稠密的林带吸音效果更好。

据科学家研究，绿苗的草坪也能吸收掉一部分噪声，如果城市居民每人能占有20平方米的草地，周围的环境就会变得清新、恬静。

由此可见，在城市里，栽植高矮不同的行道树、防噪声林带和草坪，它们就像一道道隔音的"绿墙"和一块块"吸音板";在街道两旁、住宅周围栽树种草,它们犹如天然的"消音器"将噪声减弱,为人们创造一个幽静舒适的环境。我们要大力绿化造林,美化环境,消除噪声污染,保护人们的健康。

125. 探矿"向导"——与矿藏有关的植物

在美洲一个神秘的山谷,那里土壤肥沃,风和日丽,但到那里居住的人,都很难逃脱死亡的命运,因此当地的印第安人称它为"有去无回谷"。后来,欧洲移民来到那里,耕耘播种,种出了庄稼,获得了丰收。可是好景不长,一种莫名其妙的怪病使他们惊恐不安。患了这种病的人,眼睛慢慢失明,毛发逐渐脱落,最后体衰力竭而死亡。这个山谷又荒芜了。

这是怎么回事呢?直到第二次世界大战结束后,地质人员到那里探矿,才揭开了其中之谜。原来,那里地层和土壤中含有大量的硒,同时又缺少硫,植物为了能正常生长,就拼命地从土壤中吸收性质与硫相近的硒,以补充硫的不足。硒有毒,植物(庄稼)中富集了大量的硒,人们吃了之后就会患这种怪病而死亡。

地质学家弄清了"有去无回谷"的真相后,受到了很大的启发,并发现植物可以帮助人们找矿。在我国和朝鲜的边界地区,生长着一种铁桦树。它木质坚硬,甚至连铁钉都很难钉进去,这是由于它吸进了大量硅元素的缘故。因此,在铁桦树生长茂盛的地方,就有可能找到硅矿。在我国的长江沿岩生长着一种叫海州香薷的多年生草本植物,茎方形,多分枝,花呈蓝色或蔚蓝色。研究证明,它的花的颜色是铜给"染"上去的。海州香薷很喜欢吸收铜元素,当吸收到体内的铜离子形成铜的化合物(蓝色)时,便将花"染"成蓝色。所以凡是这种草丛生的地方,就有可能找到铜矿。1952年我国地质工作者,从海州香薷大量生长的地方发现了大铜矿,因此香薷又有了"铜草"的美名。赞比亚有一种奇花叫铜花,枝干挺拔,叶片对生,开蓝色的花朵。凡是铜花生长非常多的地方,就可能有优质的铜矿存在。有一家铜矿公司的地质学家,在铜花的指引下,曾找到了一个富铜矿。在乌拉尔山区,地质学家以一种开蓝花的野玫瑰为"向导",发现了一个很大的铜矿。有人还根据一种叫灰毛紫穗槐的豆科植物,找到了铅矿;根据堇菜找到了锌矿。

此外,地质工作者还发现,在大量生长七瓣莲的地方,可能找到锡矿;在密集生长长针茅或锦葵的地方,可能找到镍矿;在茂盛生长喇叭花的地方,可能找到铀矿;在开满铃形花的地方,可能找到磷灰矿;在忍冬丛生的地方,可能找到银矿;在凤眼兰生长旺盛的地方,地下往往藏有金矿;在羽扇豆生长的地方可能找到锰矿；在红三叶草生长的地方，可能找到稀有金属钽矿。

有趣的是，一些生长畸形的植物，也往往是人们找矿的好"向导"。有一种猪毛草的植物，当它生长在富含硼矿的土壤中时，枝叶变得扭曲而膨大；青蒿生长在一般土壤中时，植株高大，而生长在富含硼的土壤中时，就会变成"小矮老头"。根据它们的这种畸形姿态，便可能找到硼矿。有的树木会患一种"巨枝症"，枝条长得比树干还长，而叶片却变得很小，这种畸形的树可指示人们找到石油。

根据植物花的颜色变化人们也可以找到相应的矿藏。比如，铜可以使植物的花朵呈现蓝色；锰可以使植物的花朵呈现红色；铀可使紫云英的花朵变为浅红色；锌可以使三色堇的花朵蓝黄白三色变得更加鲜艳；而锰又可使植物的花朵失去色泽。

由于植物具有将土壤中或水中的矿质元素浓集到体内的奇特本领，所以它们不仅可帮助人们找矿，而且还是采矿"能手"。在地球上，有些矿物质比较分散，有的矿藏含量很低，提炼起来比较困难，开采需要付出很大代价，于是人们就请一些植物来帮助开采。例如，地质学家在揭示了"有去无回谷"的奥秘之后，就在那里种上许多紫云英，紫云英从土壤中吸收大量硒，积存在体内，然后人们把它割下来，晒干、烧成灰烬，再从灰烬中提取硒，每公顷紫云英可得到2公斤的硒。

在巴西的缅巴纳山区，生长着许多暗红色的小草，这种草嗜铁如命，在体内富集了大量的铁元素，它的含铁量甚至比相同重量的铁矿石还高，因此人们称它为"铁草"。把这种草收割起来，经提炼后即可得到高质量的铁。

无独有偶。有一种"锌草"喜欢生长在含锌丰富的土壤中，它的根系从土壤中吸收锌后，就储存在体内。用"锌草"来提炼锌，从燃烧后的每千克"锌草"的灰烬中可得到294克锌。

黄金是贵重金属，将玉米种植在含有金矿的地方，便可以从玉米植株中提取金子，捷克科学家巴比契卡从1公斤玉米灰里获得了10克金子。最近，日本地质学家发现马鞭草科的一种叫薮紫的落叶灌木，对金元素具有极强的吸收能力，所以从这种植物体中也可以提炼出金子。钽是一种稀有金属，提炼很困难，价格昂贵。紫苜蓿具有富集钽的本领，人们将它种植在含有钽的土壤中，从大约40公顷的紫苜蓿中可提炼出200克的钽。另有一种亚麻植物，对铅元素具有较强的吸收能力，从它燃烧后的灰里，氧化铅含量可高达52%，简直成了"植物矿石"。

人们还可以利用水生植物从水中采矿或回收废水中的贵重金属。如生长在大海里的海带，能从海水中富集大量的碘元素，因此人们就把它作为向大海要碘的好帮手。又如，水凤莲能从废水中吸收金、银、汞、铅等重金属。据测定，1亩水浮莲每4天就可从废水中获取75克汞。

正是因为植物具有富集一些矿质元素的本质。所以人们可以有目的地筛选和培育出适当的植物来帮助人类采矿。

126. 濒临灭绝——红花木莲

2002年，云南省曲靖电视台、云南电视台相继报道了在师宗菌子山发现大片红花木莲的消息。一时间，前来师宗探寻的人不断增多，人们因红花木莲而知道了师宗。红花木莲在师宗成了游人观赏的一大景观。

红花木莲属木兰属高大乔木，枝冠婆娑，千姿百态，叶片繁茂，色泽碧绿。树高可达25米左右，胸径约80厘米。树皮灰黑色，小枝无毛。叶革质，长圆状椭圆形、长圆形或倒披针形，长10~20厘米，宽4~7厘米。花蕾长圆状卵形，花被片9~12，外轮3片，褐色腹面带红色，片内轮6~9片，白色稍带乳黄色，花瓣形似调羹，幽香扑鼻，花期5~6月。每年10月果熟，聚合果呈红色，近圆柱形，长7~10厘米，种子包在瓣内。

红花木莲在云南省主要分布在腾冲、龙陵、沧源、景东、新平、石屏、金平、屏边、文山、麻栗坡等地，生于海拔1 700~2 500米的山地阔叶林中，在曲靖市仅分布于师宗县。在我国西藏东部、贵州、广西、湖南均产，属国家级珍稀濒危保护植物。

红花木莲耐阴，喜湿润、肥沃的土壤，木质优良，是很好的家具用材。其花艳丽，果大而鲜红，是理想的庭院观赏树种。红花木莲在自然界以零星分布为主，至今云南乃至全国尚未发现成片的红花木莲纯林。

127. 植物"大熊猫"——山茶花

山茶花是名贵观赏植物，总数约有220种。人工培育的品种更是繁多。但以前，人们没有见到过花色金黄的种类。1960年，我国科学工作者首次在广西南宁一带发现了一种金黄色的山茶花，被命名为金花茶。金花茶的发现轰动了全世界的园艺界，受了国内外园艺学家的高度重视。认为它是培育金黄色山茶花品种的优良原始材料。由于数量稀少，所以被列为我国一级保护植物。

金花茶与茶为孪生姐妹。金花茶为常绿灌木或小乔木，高约2~5米，树皮淡灰黄色，叶深绿色，如皮革般厚实。金花茶的花金黄色，属茶花的精品。由于它的美丽和稀少，称它为植物界的大熊猫一点也不为过。金花茶11月开始开花，花期很长，可延续至第翌年3月。

生活环境

金花茶喜欢温暖湿润的气候，多生长在土壤疏松、排水良好的阴坡溪沟处，常常和买麻藤、鹅掌楸等植物共同生活在一起。

分布

它的自然分布范围极其狭窄，只生长在广西南宁、邕宁、防城、扶绥、隆安等海拔100～200米的低缓丘陵。

128. 自我保护——植物的报复行为

动物有报复行为，植物也有报复行为。秘鲁千多拉斯山里生长着一种不到半米高、有如脸盆大小的野花。每朵花都有5个花瓣，每个花瓣的边缘上生满了尖刺。你不去碰它倒也相安无事，但如果你碰它一下，那就活该你倒霉。它的花瓣会猛地飞弹开来伤人，轻者让你流血，重者则会留下永久的疤痕。

非洲的马达加斯加岛上有一种树，形状似一棵巨大的菠箩蜜，高约3米，树干呈圆筒状，枝条如蛇，当地人称为蛇树。这种树极为敏感，一旦有人碰到树枝，就会被它认为是敌对行为，很快被它缠住，轻则脱皮，重则有生命之虞。

植物的报复行为已引起科学家的关注，它实际是植物的一种自我保护行为，是植物在长期进化过程中形成的特殊功能。

129. 万物同源——植物的"左右撇子"现象

生活中，人有右撇子和左撇子之分，统计数字表明，右撇子是左撇子的7倍。有趣的是，生物学家经过研究发现，植物也有左右撇子，它们的叶、花、果、根、茎能向右或左旋转。如同右撇子的人右手发育强壮有力那样，右撇子植物的右边叶子生长也强壮，左边则相对差些。

锦葵和菜豆是植物中左撇子的典型例子。生物学家发现，锦葵的左旋叶子是右旋叶子的4.6倍；菜豆的左旋叶子则是右旋叶子的2.3倍。与此相反，大麦和小麦却都是右撇子，大麦的右旋叶子是左旋的17.5倍。

130. 不争事实——植物血型的奥秘

植物同人类一样，也有血型，是千真万确的事实。山本茂是日本警察科学研究所的一位知名法医，他研究植物血型纯属偶然。据传，一日本妇女夜间死于床头，经化验血迹为 O 型，而枕头上的血却是 AB 型，于是被疑为他杀。但除此之外，并无凶手作案的任何依据。这时有人半开玩笑地说：莫非枕头内的荞麦皮属 AB 型？这个提示给一筹莫展的山本茂以极大的启迪，他决定对荞麦皮进行化验，最后发现荞麦皮确实属 AB 型，这使他欣喜若狂。

此后，山本茂又认真对 500 多种植物作了化验，进而证实了植物也有血型这一结论的普遍性。例如苹果、草莓、西瓜为 O 型，枝状水藻等为 B 型，李子、葡萄、荞麦等属于 AB 型。只是至今还没有发现有 A 型的植物。

植物本无血液，何以有血型之分呢？根据现代分子生物学的基础理论可知，所谓人类血型，系指血液中红血球细胞膜表面分子结构的类型。而植物体内相应存在汁液，这种汁液细胞膜表面同样具有不同分子结构的类型，这也就是植物也有血型的奥秘所在。

131. 爱恨情分——植物不同的生活习性

并不是人类和动物才懂得爱和恨，植物也有爱和恨。当然这种爱和恨不是感情的表现，而是体现在生长状况上：有的植物能和睦相处，有的则是冤家对头。

科学家经过实践证明：洋葱和胡萝卜是好朋友，它们发出的气味可驱赶相互的害虫；大豆喜欢与蓖麻相处，蓖麻散发出的气味使危害大豆的金龟子望而生畏；玉米和豌豆间作，两者生长健壮，相互得益；葡萄园里种上紫罗兰，能使结出的葡萄香甜味浓；玫瑰和百合是好朋友，把它们种在一起，能促进花繁叶茂；旱金莲单独种植时，花期只有一天，但如果让它与柏树为伴，花期可延长三四天；在月季花的盆土中种几棵大蒜或韭菜，能防止月季得白粉病。英国科学家用根、茎、叶都散发化学物质的莲线草与萝卜混作，半个月内就长出了大萝卜。

相反，有一些植物则是冤家对头，彼此水火不容。如丁香花和水仙花不能在一起，因为丁香花的香气对水仙花危害极大；郁金香和毋忘草、丁香花、紫罗兰都不能生长在一起，否则会互不相让；小麦、玉米、向日葵不能和白花草、木樨生长在一起，不然会使这些作物一无所获。另外，黄瓜和番茄、荞麦和玉米、高粱和芝麻等也都不能种在一起。

研究植物之间的相生相克，是一门新兴学科——生物化学群落学。科学家认为，这门科学可以指导人们更好地规划城市绿化、美化环境，合理布局农作物种植。在栽培植物时，应注意把相互有利的栽在一起，千万不要让冤家对头同居，以免同室操戈，两败俱伤。

132. 共生效应——植物间的亲善和斗争

佛教创始人释迦牟尼曾经向他的弟子发问："一滴水怎样才能不干涸？"弟子们回答不出来。释迦牟尼说："把它放到大海里去。"的确，一滴水只有汇入浩瀚的海洋，它的"生命"才能长久存在，永不干涸。

一滴水是如此，人和动植物也是如此。

到过森林里的人就会知道，那里浓荫蔽日，因为树木都相距不远。如果是在杉树林，它们就更是相互紧挨着，全都缩手缩脚地笔直站在那里。它们挤在一起不是为了暖和，而是为了大家都能快快活活地成长，这叫做共生效应。共生效应的结果是共同繁荣，对大家都有好处。

按照生物学的定义，不同物种的两个个体在生活中是彼此相互依赖的，这就叫做共生。

同种的植物可以有共生效应，不同种的植物也有共生效应。生物学上所说的"共生"含义，主要是指不同种的两个个体在生活中彼此相互依赖的现象。例如，有一种植物名叫地衣。可它并不是单一的植物，而是由藻类和真菌共同组成的复合体。藻类进行光合作用制造有机养料，菌类则从中吸收水分和无机盐，并为藻类进行光合作用提供原料，同时使藻类保持一定的湿度。

不过，正如达尔文所说的，大自然在表面看来，似乎和谐而喜悦，实际上却到处都在发生搏斗。实际情况也确实如此，大鱼吃小鱼，弱肉强食的现象无处不在。植物为了自身的生存，它们之间的斗争也是非常激烈的。如果说，"亲善"是植物之间相互生存手段的话，那么，"斗争"就是植物最常使用的求生办法了。

下小雨的时候，从紫云英的叶面流下水滴，然而流下的已不是天上的雨水，紫云英叶上的大量的硒被溶进了水滴里，周围的植物接触到有硒的水滴，就会被毒害而死。这是紫云英为独占地盘而惯用的手法。有一种名叫铃兰的花卉，若同丁香花放在一起，丁香花就会因经不住铃兰的"毒气"进攻而很快凋谢。要是玫瑰花与木犀草相遇，玫瑰花便拼命排斥木犀草。木犀草则在凋谢前后放出一种特殊的化学物质，使玫瑰花中毒而死，结果是同归于尽。

既然植物间有亲善和斗争，我们不妨利用这一点，以达到趋利避害的目的。例如，棉花的害虫棉蚜虫害怕大蒜的气味，将棉花与大蒜间作，可使棉花增产。

棉田里配种小麦、绿豆等作物，也有防治虫害，促进棉花增产的作用。甘蓝（卷心菜）易得根腐病，要是让甘蓝与韭菜做邻居，那甘蓝的根腐病就会大大减轻，要是葡萄园里种甘蓝，葡萄就会遭殃了。如果甘蓝与芹菜同长在一起，由于它们有"相克"作用，则会两败俱伤的。同样的道理，让苹果与樱桃一起生长，可以共生共荣，若在苹果园里种燕麦或苜蓿，对两方都不利。

133. 不劳而获——植物界的"寄生虫"

绝大多数高等植物都能自食其力，它们通过根系直接从土壤里或水中吸收水分和无机盐，同时，又通过自身的绿色组织进行光合作用，制造出自己生长发育所必需的有机营养。可是，有一部分高等植物，却过着不劳而获的寄生生活，它们生长发育所需要的营养物质必须从植物体内获得，在这种寄生关系中，受害的一方称为寄主植物，得利的一方称为寄生植物。

寄生植物可分为全寄生和半寄生两大类。全寄生的植物，其生长发育所需要的水分、无机盐和碳水化合物，全部从寄主体内获得；半寄生植物的体内含有绿色组织，能进行光合作用，制造有机营养物质，但是水分和无机盐的获得要依赖于寄主植物。

寄生植物具有许多适应于寄生生活的形态和生理特性。寄生植物的植物体都趋于简化，并且都具有专性的固着、吸收结构——吸器。吸器穿过寄主的表皮、皮层而伸达寄主的维管束，这样使寄生植物的维管束与寄主植物的维管束相联结。寄生植物具有惊人的繁殖力，有些寄生植物除种子繁殖外，营养繁殖能力也特别强。另外，寄生植物的营养体还有很强的生命力，在没有碰到寄主时，能长期保持生命不死，一旦碰到寄主，又能恢复生长。大多数寄生植物仅限于寄生在一定科、属的植物上，属于专性寄生植物。

旋花科的菟丝子是一种典型的寄生植物。春天，菟丝子的种子从地里发芽，先长出一股纤细的绿色蔓茎，这股蔓茎左右转动，向上生长，碰上一个合适的寄主，便迅速缠绕上去，然后长出许多吸器。菟丝子与寄主发生关系后，便与土壤脱离了关系，由寄主供给水分和养料，开始了"不劳而获"的寄生生活。它的叶子和下部的根就成了多余的东西，于是根死去，叶子退化，形成半透明的小鳞片。菟丝子常寄生于豆科、菊科、藜科等草本植物上，对大豆危害最严重。菟丝子为全寄生植物。

秋冬季节，大多数树木叶子都已凋谢，只剩下光秃秃的枝干了。但在山野里的榆、槲、栎、柳、桑、柿、梨等树上，常可以看到有一丛丛常绿的叶子附在枝干上，不凋落，这就是桑科的寄生植物槲寄生。槲寄生为常绿小乔木，它的茎常一再左右分叉，在分叉的枝端着生一对稍带肉质的叶子，花开两叶之间，浆果球形，熟时红色。它的果实鸟类最喜欢吃，但它的果肉富于黏性，粘在鸟嘴上不易脱落，鸟类便用嘴在树皮裂缝处用力剔除。这样便无意识地把种子"播种"在树上，为槲寄生找到了寄主。槲寄生的根，构造简单，深入寄主维管束中夺取寄主的水分和养料。但它的叶子含有叶绿素，可进行光合作用，因此它是一种半寄生植物。

寄生植物的种类很多，奇形怪状，但它们对寄主都是有害的。然而寄生植物也有有利的一面，它们中有许多是贵重的药材，被我国人民长期利用，如菟丝子、列当、野菇、肉苁蓉、桑寄生等。

134. 植物家族——被子植物

地球上已被人们发现的植物有 40 余万种，分属几个大类。把大自然装饰得绚丽多彩、五彩缤纷的首推被子植物这一大类。

桃子、李子、梅子、杏子这类水果，我们吃的是它的果实。果皮果肉包着核，核里面就是种子。我们平常看到的树木、花草、庄稼、蔬菜、牧草以及其他经济植物，除了松、柏类植物以外，绝大多数都属被子植物。全世界约有被子植物 25 万种；其次是真菌，约 10 万多种；藻类和苔藓植物各有 2 万多种；蕨类植物 1 万多种；细菌 2 000 多种；而种子外面没有果皮包被的裸子植物，仅有 700 多种。所以，被子植物是植物界中种类最多的植物。

被子植物体形多种多样，有高达百余米的桉树，也有长度仅 1 毫米的无根萍；有生长期仅几星期的短命菊，又有寿命高达数千年的龙血树。被子植物遍布全球，从北极圈到赤道都能生长，6 000 米以上的高山和江河湖海有它们的踪迹，沙漠、盐碱地它们也能适应。

135. 名如其物——植物名称趣谈

按数字命名：一串红、二悬铃木、三年桐、四照花、五针松、六月雪、七里香、八角茴香、九层皮、十大功劳、百日青、千年桐、万寿菊。

按金属命名：金银花、银杏、铁扫把、锡叶藤。

按动物命名：马尾松、鸭脚木、鹅掌楸、羊不吃菜、猫尾木、猪笼草、鱼鳞松、狗花椒、鼠尾草、鸡冠花、蛇皮松、蜂室花、骆驼草、猩猩草、蟠龙松、凤凰木、鹏鸪麻、鹿角栲、鹰不扑、猴欢喜、獐子松、锦鸡儿树、雁来红、银鹊树、雀舌黄杨、蝴蝶花。

第二节　美丽传说——花的故事

1. "扶郎之花"——非洲菊

20 世纪初叶，位于非洲南部的马达加斯加是一个盛产热带花草的小国。当地有位名叫斯朗伊妮的少女，从小就非常喜欢茎枝微弯、花朵低垂的野花。当她出嫁时，她要求厅堂上多插一些以增添婚礼的气氛。来自各方的亲朋载歌载舞，相互频频祝酒。谁料酒量甚浅的新郎，只酒过三巡就陶然入醉了，他垂头弯腰，东倾西斜，新娘只好扶他进卧室休息。众人看到这种挽扶的姿态与那种野花的生势何其相似，不少姑娘异口同声地说："噢，花可真像扶郎哟!"从此，扶郎花的名字就不胫而走了。

2. 精神粮食——水仙花

希腊神话中有一个男孩叫那格索斯。他生下来时就有预言，只要不看见自己的脸就能一直活下去。孩子长大后英俊漂亮，许多姑娘爱上了他，但他对她们冷淡。追求者们生气了，要求众神惩罚傲慢的人。有一次，那格索斯打猎回来，往清泉里看见自己，并爱上了自己的形象，目光离不开自己的脸，直到死在清泉边。就这样，在他死去的地方长出了一株鲜花——水仙花。传说，穆罕默德说过："谁有两个面包，卖掉一个吧，用来买水仙花，因为面包是身体的粮食，水仙是精神的粮食。"

3. 爱情之花——玫瑰

玫瑰又名月季，是花中之王。印度神话称从玫瑰花蕾里诞生了拉克什米女神，是保护神毗瑟孥吻她而把她唤醒的。从此，拉克什米女神成了毗瑟孥的妻子。

基督教的许多传说也与玫瑰有关。大天使加夫里尔为圣母编织了三只花环，白玫瑰花环给圣母带来了欢乐，红玫瑰花环是痛苦，黄玫瑰花环则是和平。

每年 2 月 14 日西方的"情人节"，无数在爱河中畅游的男女皆用红色的玫瑰花送给自己的心上人。这个节日据说起源于古罗马时代。相传那时人们要在这天敬拜天后朱诺，因为她是女性婚姻幸福的保护神，加之古人又认为此日是青春活跃的开端，需要双方尽情的欢乐，默默的祝愿，所以以后人们普遍给玫瑰冠以"爱情之花"的称号。

4. 忘忧之草——萱草

萱草又叫忘忧草、黄花菜、金针菜，是一种"席上珍品"，营养价值很高。黄花菜虽然味美，但不宜鲜食，因其中含有秋水仙碱素，可以使人中毒，甚至危及生命，因此必须在蒸煮晒干后存放，而后再食用。

春秋时，郑伯因为周桓公剥夺了他的辅政权力，不再朝拜周王室。周桓公召集陈、卫、蔡等诸侯国的军队讨伐郑国。郑伯领兵进行防御，双方展开了一场大战，结果周桓公战败。卫国一位充当前驱的士兵死于战阵，他的妻子听到死讯，伤心地吟了一首诗，诗的最后四句说："焉得萱草，言树之背？愿言思伯，使我心每"。意思是说，我哪里能得到忘忧的萱草，好让我种在北堂的阶下呢（这两句比喻她无法忘记忧愁）？我一想起伯（夫君）啊，心头就痛得很哪！以后"萱草"指忘忧。

5. 高冠红突——鸡冠花

鸡冠花之名载于《花史》，因其花序红色、扁平似鸡冠而得名。明·沈周诗："高冠红突，独立似晨鸡。"作者笔下将鸡冠花描绘得独具英姿，栩栩如生。旧时北京有在中秋节用鸡冠花拜月的习俗，并流传着一首"鸡冠花，满院开，爷爷喝酒，奶奶……。"的儿歌，深得人们的喜爱。

6. 吉祥之花——百合

圣经《新约·马太福音》有"百合花赛过所罗门（以色列国王）的荣华"一语。基督教的仪式和3月的复活节，人们常互送百合花来表示良好的祝愿。西方人认为百合花是一种没有邪念至为圣洁的花草。

我国古人则把它视为吉祥的象征，含有"百年好合"、"百事合意"之兆。

7. 感恩之花——康乃馨

在美国费拉德尔菲城，有一位安娜·查维斯小姐。她的母亲在1906年5月9

日去世，她十分悲痛，怀念不已。在第二年其母的逝世周年纪念日时，她用白色的康乃馨鲜花佩带在襟上，借以纪念，同时向公众呼吁定立一个颂扬母亲的节日，到时让女儿们都给健在的母亲献上红色的康乃馨，以感激她对自己的养育之恩。这个倡议日益得到人们的同情和支持。由于大家不辞劳苦的活动，终于在1914年美国国会通过决议，确定每年5月的第二个星期天为母亲节。

8. 富贵之花——牡丹

居住在鄂西、湘西的土家族，历来有"生女儿种牡丹"的习俗。传说很早很早以前，有一猎人上山打猎，不知不觉进了深山老林，一望都是阴深深的一片，整天不见人影。寂寞之际，忽然听到一声鸟叫，猎人满心欢喜。正当小鸟伴着猎人行进之际，一只老鹰扑来，啄死了这只小鸟。猎人气愤地举起枪，打死了那只老鹰。转过来再看小鸟时，小鸟死去的地方，长出了一棵牡丹。猎人把这棵牡丹带回家，栽在自家屋后，辛勤施肥浇水。第二年牡丹花开，他的妻子生下了美丽的小女儿。猎人认为，女儿就是牡丹的化身。当女儿长大出嫁时，猎人又将这棵牡丹作为陪嫁送给女儿婆家。一年一年过去，"生女儿种牡丹"的人越来越多，遂成习俗，代代相传。

9. 赞美之花——紫荆

传说南朝时，田真与弟弟田庆、田广三人分家，别的财产都已分妥，剩下堂前的一株紫荆树不好处理。夜晚，兄弟三人商量将荆树截为三段，每人分一段。第二天，田真去截树时，发现树已经枯死，好像是被火烧过一样，十分震惊，就对两个弟弟说："这树本是一条根，听说要把它截成三段就枯死了，人却不如树木，反而要分家。"兄弟三人都非常悲伤，决定不再分树，荆树立刻复活了。他们深受感动，把已分开的财产又合起来，从此不提分家的事。以后，"紫荆"便成为赞美兄弟的典故。

10. 皇冠之花——郁金香

古代，有位美丽的少女住在雄伟的城堡里。有三位勇士同时爱上了她，一个送她一顶皇冠，一个送一把宝剑，一个送一个金堆。但她对谁都不钟情，只好向花神祷告。花神深感爱情不能勉强，遂把皇冠变成鲜花，宝剑变成绿叶，金堆变成球根，这合起来便成了郁金香了。郁金香有昼开夜闭的特性。在500多年前，中亚地区的人所戴的头巾与郁金香花形相似，其原名 Tulipa 就是土耳其语"头巾"之意。

11. 雪中仙子——梅花

梅花仙子——隋代赵师雄游罗浮山时，夜里梦见与一位装束朴素的女子一起饮酒。这位女子芳香袭人，又有一位绿衣童子在一旁笑歌欢舞。天将发亮时，赵师雄醒来，坐起来一看，自己却睡在一棵大梅花树下，树上有鸟在欢唱。原来，梦中的女子就是梅花树，绿衣童子就是翠鸟。赵师雄独自一人惆怅不已。这便是后人经常引用的梅花的典故。

梅妻鹤子——相传北宋著名诗人林逋长期隐居在杭州西湖孤山，终生不娶不仕，埋头栽梅养鹤，被人称为"梅妻鹤子"。他对梅花体察入微，曾咏出"疏影横斜水清浅，暗香浮动月黄昏"的诗句，为后人广为传诵。

12. 圣洁之花——荷花

荷花是我国的传统名花。花叶清秀，花香四溢，有迎骄阳而不惧，出淤泥而不染的气质。所以，荷花在人们心目中是真善美的化身，吉祥丰兴的预兆，是佛教中神圣净洁的名物，也是友谊的种子。

荷花相传是王母娘娘身边的一个美貌侍女玉姬的化身。当初，玉姬看见人间双双对对，男耕女织，十分羡慕，因此动了凡心，在河神女儿的陪伴下偷出天宫，来到杭州的西子湖畔。西湖秀丽的风光更使玉姬流连忘返，在湖中嬉戏，到天亮也舍不得离开。王母娘娘知道后，用莲花宝座把玉姬打入湖中，并让她"入淤泥，永世不得再登南天"。从此，天宫中少了一位美貌的侍女，而人间多了一种玉肌水灵的鲜花。

13. 研究发现——花的起源

美丽芬芳的花朵装扮了我们的地球，然而地球上的花到底是从哪里起源的，科学界一直争论不休。中美科学家近日联合完成了一部中英文对照、图文并茂的专著，以大量翔实的资料证明：中国的辽西一带是包括美丽芬芳的花朵在内的被子植物的起源地。

由中国科学院南京地质古生物研究所研究员、国际古植物学协会副主席孙

革、沈阳地质矿产研究所研究员郑少林、美国科学院院士、佛罗里达大学教授
D. 迪尔切等五名科学家合作完成的这本名为《辽西早期被子植物及伴生植物群》
的专著，目前已由上海科技教育出版社正式出版。

被子植物也称"有花植物"或"显花植物"，是现今植物界最高级、最繁盛
和分布最广的一个植物类群，全世界现有约400个科、近30万种。

早在一百多年前，英国生物学家达尔文就曾因被子植物突然在白垩纪大量出
现，又找不到它们的祖先类群和早期演化的线索而感到困惑不解，称之为"讨厌
的谜"。近百年来，世界上许多古植物学家和植物学家对被子植物的起源地进行
了孜孜不倦的探索，先后提出过许多理论和假设，但均因为缺乏足够的证据而存
在缺陷。

我国东北地区地层发育良好，植物化石十分丰富，是全球早期被子植物的重
要化石产地之一。近半个多世纪以来，我国科研人员对东北地区植物化石进行了
大量的发掘和研究工作，尤其是在1998年，孙革等科研人员首次在辽西北票地
区发现了迄今世界上最早的被子植物——距今约1.45亿年前的"辽宁古果"，并
提出了"被子植物起源的东亚中心"假说，引起国际古植物学界和植物学界的
广泛关注和热烈反响。

孙革等科学家对有关"辽宁古果"及其伴生的早期被子植物的研究又取
得了许多新的进展和突破。在这本专著中，科学家们以"辽宁古果"等早期
被子植物为引线，系统、综合地深入研究了我国辽西地区晚侏罗世时期植物
群的性质、组成，以及早期被子植物在我国辽西地区发生的地质、地理背
景等。

孙革等科学家在书中认为：在晚中生代的晚侏罗世至早白垩世时期，中国东
北地区可能曾经历了两次较大规模的火山活动及其伴生的构造运动，气候从开始
的季节性干旱或半干旱气候，转变为温暖湿润的气候，然后又转入炎热及干旱。
而频繁变化的环境和不利的气候、地理等条件的影响，十分有利于新物种的产
生，最早的被子植物便由此而产生。

科学家们推测，早期被子植物可能是以中国辽西—蒙古为中心，而后向北、
特别是向东北方向辐射、迁移和发展，到早白垩世末至晚白垩世之初，在亚洲东
北部特别是滨太平洋地区，早期被子植物已逐渐成为当时陆地植被的主要组成部
分之一。因此，以中国辽西或中国辽西—蒙古一带为核心的东亚地区，应被视为
全球被子植物的起源地或起源地之一。

14. 花开花落——花的寿命

花，象征着理想、希望、幸福、友谊……可比拟为真善美的化身。花的色

彩、形态、香气千变万化，人们爱花、赞花、养花。开花是被子植物生活史中的一个重要时期，各种植物的开花都有一定的规律。一二年生植物生长几个月就能开花，一生只开花一次，开花后整个植物体逐渐枯萎。多年生植物要到一定的年龄才开花，例如桃树要 3~5 年才开花；桦木要 10~12 年；椴树要 20~25 年。一旦开花后，每年到时候就开花，直到枯死为止。只有少数多年生植物一生只开一次花，如竹子，开花后即死亡。

　　植物每年在什么时节开花，虽然因气候关系而有些小的变化，但每一种植物的开花期大体上是一定的。开花期是指一株植物从第一朵花开放到最后一朵花开放所经历的时间。花期的长短，各种植物是不相同的，例如小麦花期为 3~6 天；柑橘、梨、苹果为 6~12 天；油菜为 20~40 天；棉花、番茄、花生等的开花期可延续 1 至几个月。

　　各种植物每一朵花的寿命也是长短不一。人们常认为昙花是寿命最短的，一般只开 3 个小时左右，因而有"昙花一现"之说。然而小麦的一朵花只开 5~30 分钟就凋谢了，寿命就更短了。南瓜、西瓜等植物的花是在清晨开放，中午闭合，而紫茉莉花却是傍晚开放，翌日凌晨凋落。著名的热带水生植物王莲，虽然每朵花的寿命是 2 天，但它常常是夜晚盛开，次日下午闭合。番杏科的龙须海棠、生石花，它们每朵花的寿命虽然是 5~6 天，却是每天午后开放，傍晚闭合，第二天午后再重新开放。常见的山桃、榆叶梅、丁香、连翘、迎春等植物，在气温适宜，风和日丽的条件下，花的寿命为 10 天左右。兰花的寿命较长，如蝴蝶兰、大距兰等每朵花能开一个月之久，而奇特的鹤望兰每朵花可开放 40 天。铁树开花，花的寿命可达 50 多天。热带兰花曾有一朵花竟开了 80 天，可算是花中的"老寿星"。

　　植物开花的习性和花的寿命是植物在一定条件下对传粉的适应。花越少，花期就越长，这样才能保证传粉。如果有很多的花连续开，则每朵花的寿命就短了。在花开以后，如果得不到传粉的机会，花期就要延长一些，传粉之后花很快就会凋谢。

15. 习性各异——花卉的相克与相生

　　有些花卉，由于种类不同，习性各异，在其生长过程中，为了争夺营养空间，从叶面或根系分泌出对其他植物有杀伤作用的有毒物质，致使其与邻近的他种植物"结怨成伤、你死我活"。而有些花卉，也由于种类的不同，习性互补，叶片或根系的分泌物可互为利用，从而使它们能"互惠互利，和谐相处"。

当然，盆花由于不种在同一盆钵中，因此可以不考虑根系分泌物的影响，只须考虑叶子或花朵、果实分泌物对放在同一室内空间的其他花卉的影响。如丁香和铃兰不能放在一起，否则丁香花会迅速萎蔫，即使相距20厘米，如把铃兰移开，丁香就会恢复原状；铃兰也不能与水仙花放在一起，否则会两败俱伤，铃兰的"脾气"特别不好，几乎跟其他一切花卉都不够"友善"；丁香的香味对水仙花也不利，甚至会危及水仙的生命；丁香、紫罗兰、郁金香和勿忘我草不能种养在一起或插在同一花瓶内，否则彼此都会受伤害。此外，丁香、薄荷、月桂能分泌大量芳香物质，对相邻植物的生态有抑制作用，最好不要与其他盆花常时间摆放一块；桧柏的挥发性油类，会使其他花卉植物的呼吸减缓、抑制生长，呈中毒现象。桧柏与梨、海棠等花木也避免摆在一块，否则易使其患上锈病。再则，成熟的苹果、香蕉等，最好也不要与含苞待放或正在开放的盆花（或插花）放在同一房间内，否则果实产生的某种气体也会使盆花早谢，缩短观赏时间。

能够友好相处的花卉种类有百合与玫瑰种养或瓶插在一起，比它们单独放置会开得更好，花期仅1天的旱金莲如与柏树放在一起，花期可延长3天；山茶花、茶梅、红花油茶等与山苍子摆放一起，可明显减少煤污病。

16. 万紫千红——花色的秘密

春回大地，百花盛开，黄色的迎春花、粉红色的桃花、紫红色的紫荆、浅红色的樱花或浓艳，或淡雅，令人陶醉。花朵的颜色不仅使自然界显得五彩缤纷，更主要的是具有吸引昆虫传送花粉的作用。花为什么会有各种不同的颜色呢？原来这是由于花瓣细胞中含有花青素和有色体（又叫杂色体）的缘故。

含有花青素的花瓣可显现红、蓝、紫各色。花青素这种物质的颜色，随着细胞液的酸碱性不同而发生变化。细胞液为酸性时，它呈红色；细胞液为碱性时，它呈蓝色；细胞液为中性时，它便表现为紫色。这可通过实验来证明：如果你摘下一朵红色的牵牛花，泡在肥皂水里（碱性溶液），花色立刻由红变蓝；如果把这朵蓝色的花再放入稀盐酸溶液中（酸性溶液），花色又由蓝变红了，这实际上就是花青素的变色反应。由于各种植物体内的有机酸和生物碱含量都不一样，因此它们细胞液中的酸碱度也就不同，花青素便在其中"变戏法"，从而使花朵呈现万紫千红的颜色。

还有一些花的颜色不是在红、蓝、紫之间变化，而是在黄色、橙黄色或橙红色之间变化，那是由于花瓣细胞中含有有色体的缘故。有色体含有两种色素，即胡萝卜素和叶黄素。由于不同植物花中这两种色素所含的比例不同，因而花朵呈现黄色、橙黄色或橙红色。

有的花瓣细胞中既含有花青素，又含有有色体，因而花朵可呈现绚丽多彩的颜色；也有的花瓣细胞中花青素和有色体都不存在，则呈现白色。

花色的浓淡与花青素和有色体的多少有关，而花青素和有色体的多少又与环境条件有关。如气温的高低、光线的强弱和日照的长短等都会对花色有影响，情况比较复杂。一般来说，一种植物的花，自开花至凋谢，其花色保持相对的稳定。但也有一些植物，随着花朵开放时间的延续，其花瓣细胞中的细胞液酸碱度、盐类和酚类物质发生变化，从而使花朵的颜色也发生变化，这类花卉被称为"变色花卉"。

在变色花卉的花期中，由于每朵花开放时间有先后，所以同一植株上就会出现多种花色，看上去满株五彩缤纷，具有独特的观赏价值。如茄科的鸳鸯茉莉，花色初开时为淡紫色，逐渐变成淡雪青色，后变成白色。虎耳草科的绣球花，初开时为白色，似绿叶丛中的团团雪球，后转为青碧色，最后变成淡红色。又如忍冬科的金银忍冬，花色初开时洁白如玉，经 2～3 天后变成金黄，前开后继，彼黄此白，宛如金银并列。

17. 美中不足——花香袭人须防中毒

有些花卉因具有毒性，人体长期接触或误食确实会引起中毒。

举例来说，郁金香因花朵具有较高观赏价值，颇受人们喜爱，但其内含毒碱。含羞草含有一种有毒物质——含羞草碱，如与它过多接触，将导致人的毛发慢慢脱落。仙人掌的尖刺内含毒汁，如不慎将皮肤刺破后，皮肤易出现红肿、疼痛、瘙痒等过敏性症状。夜来香在夜间停止光合作用后，会排放出大量废气，闻起来很香，殊不知对人体健康危害很大，故晚上应将夜来香摆放在室外。一品红全株有毒，枝茎的白色乳状汁液会引起皮肤红肿，误食会中毒致死。兰花的香气不可多闻，否则会令人过分兴奋而导致失眠。水仙是石蒜科植物，其内含对人体有毒的石蒜碱，误食或将花和叶的汁液弄入眼睛是危险的。而夹竹桃的茎、叶、花都有毒，误食会危及心脏。月季花的浓郁香味，多闻会使人感到胸闷不适，呼吸困难。

另外，五色梅、除虫菊、虎刺梅、报春花等花香或汁液对人均有害。

18. 美化生活——花与场合的配对

结婚庆典——颜色鲜艳且富含花语者最佳，可增进罗曼蒂克气氛，如百合寓意百年好合，天堂鸟寓意吉祥如意。

宝宝诞生——色泽淡雅且富清香者为宜，表示温暖、清新、伟大，如蔷薇、雏菊、星形花等。

祝贺生日——赠送生日花最为贴切，玫瑰、菊花、兰花、盆栽亦可，表示永远祝福。

开张大吉——采用颜色艳丽的花环、花篮，表示辉煌腾达适合花朵硕大华丽的花，如洋兰、玫瑰、康乃馨等。

乔迁之喜——赠送稳重高贵花木，如剑兰、玫瑰或盆栽、盆景，以示隆重之意。

新春佳节——松枝、梅花、菊花、兰花、盆栽宜，象征坚贞、富贵、胜利。

探望病人——剑兰、玫瑰、兰花均宜，避免送白、蓝、黄之色与香味、野味过浓的花，要注意忌送的数目：4、9、13。

悼念逝者——白玫瑰、栀子花、白莲花或素花均可，象征惋惜、怀念之情。

19. 花为媒——花与昆虫的微妙关系

虫媒花在利用美丽的花被、芳香的气味、甜美的蜜汁招引昆虫的同时，在形态结构上也和传粉的昆虫形成了互为适应的关系。如花的大小、结构和蜜腺的位置与昆虫的大小、体形、结构和行动等都密切相关。

如马兜铃科的马兜铃是一种常见的药用植物，它的花筒很长，雌蕊、雄蕊和蜜腺都在花筒的基部，花筒上部具有斜向基部的毛。它的雌蕊比雄蕊先两三天成熟。当雌蕊成熟时，小虫顺着毛爬进花筒基部去吸蜜，等到吸饱蜜汁试图退出时，因为花筒里的毛都向下生长，小虫一时出不来就到处乱爬，这样一来虫体上所携带的别朵马兜铃花的花粉就粘在这朵花的柱头上，完成了异花传粉。经过两三天后，雄蕊成熟了，小虫仍在花中乱钻，散出的花粉又粘在小虫身上。有趣的是，这时花筒内的毛萎缩了，被"囚禁"的小虫满载花粉爬了出来，它又飞向另一朵马兜铃花里去，给它传送花粉。

又如玄参科的金鱼草，也叫龙头花，它是唇形花冠，但是唇形花冠的上下唇老是互相扣紧闭合着。雌蕊、雄蕊和蜜腺都闭锁在花筒里面，在这样的一种结构下，如果昆虫太小，就不能踏开下唇，进入花内；如果昆虫太大，虽然踏开下唇，也不能进入里面；只有像蜜蜂这样的中等昆虫，既能踏开下唇，又能进入花冠筒内。当蜜蜂探身进入花冠筒时，它的背部就擦到了花药和柱头，由于花药在两侧，柱头在中央，因此同一朵花的花粉不至于被蜜蜂带到自己的柱头上，而蜜蜂背部带来的别朵金鱼草花的花粉正好擦在这朵花的柱头上，从而完成了异花传粉。

唇形科的鼠尾草更有趣，它是唇形花冠，雌蕊和两枚雄蕊都在上唇的下面，并且两枚雄蕊的药隔延长各成一个小杠杆，并列在花冠筒的入口处。当蜜蜂进入花冠筒深处吸蜜时，必然触及杠杆，雄蕊因杠杆作用而下垂，花药正好打在蜜蜂的背部，花粉散落其上。当蜜蜂拜访另一鼠尾草花时，它的背部触及悬垂的柱头，便将所带的花粉涂到柱头上，完成传粉工作。

热带有一种兰花，它的下唇花瓣很像一只浴盆，里面常贮满清水。浴盆内有一条狭窄的甬道，甬道的顶部生有雄蕊和雌蕊。当黄蜂钻进花内吸蜜时，一失足跌入"浴盆"内。当它湿淋淋地爬起来挣脱逃走时，只能从甬道爬出来，这样就让黄蜂把从别朵兰花里带来的花粉，涂抹在这朵花的雌蕊上，同时又让黄蜂把这朵花的花粉带出去。

上面的例子告诉我们，不同种类的昆虫为特定的开花植物传送花粉，同时又以这些植物的花粉作为自己的营养物质。在这种互利互惠、相互适应的过程中，它们各自的种族都得以繁衍。

花与昆虫的关系不是一朝一夕形成的，它是在长期的生物进化过程中，植物与昆虫彼此相适应的结果。

20. 寓意深刻——用花表示情感

花卉美丽、芳香而使人感到温馨，历来受到人们的喜爱。在喜爱之余，人们又进而用花来表示自己的情感或志趣。

例如，兰花被视为"花中君子"，是高尚气节的象征；梅花是"花魁"，具有"敢为天下先"的优秀品德；桃花艳丽，常用它象征美满爱情；牡丹为"花中之王"，所以与富贵联系起来；荷花"出淤泥而不染"，是廉洁清正的化身；桂花"幽香闻十里"，故代表友好、和平与吉祥如意；菊为"霜下杰"，它就成了高雅和充满生命活力的代名词；等等。古人认为，芍药表示友谊或爱情，因而在朋友分离或男女相爱时，喜赠以芍药花，其含义是别忘了我。

欧洲人喜欢用花来表示自己的情感，把想说的话用"花语"来表达。例如，送上红蔷薇花表示"向你求爱"，要是回送红郁金香，那就是告诉求爱者：我接受你的爱情。此外，白菊表示真实，杏花表示怀疑，紫荆表示团结，白百合花表示纯洁，大丽花表示不坚实，豆蔻表示别离，紫罗兰表示"我将归来"，等等。真是花样繁多。

在欧美，每年5月的第二个星期日是母亲节，为了思念和敬爱母亲，人们总要佩上香石竹花（康乃馨），母亲已去世的人佩白色石竹花，母亲健在的人佩红色石竹花。在泰国，茉莉花被视为母亲之花。当每年8月12日泰国的母亲节到来之际，子女都要向母亲献上清香洁白的茉莉花，以表示对母亲的感激和爱戴。

21. 以花入药——花香治病

用花卉来防病治病，我国古医书早有记载，涉及的花卉多达数10种。可见，用花治病并非是今天才有的事。不过，那时"以花入药"的方法主要是内服和外敷。现在则发展到应用花的香气来达到保健和治病的效果。

据研究，花香可以提高人的注意力，能够提高工作效率。有的花（茉莉）有使人放松的作用；有的（菊花）则有清凉的感觉。餐室里如摆上一束束怒放的鲜花，能促进胃酸的分泌，从而使食欲大增。

苏联曾有一座著名的"健康"公园，那是世界上第一个用鲜花来治病的疗养区。病人只要在花卉前作定量散步，或在花前的专门器械上做做医疗体操，多闻闻花香，就可以减轻或治好疾病了。花香可治的疾病包括心血管病、气喘症、高血压、肝硬化和神经衰弱。这座"健康"公园已经接待了数以百万计的来访者，受到了许多国家医生代表团的赞扬。

美国有家精神病院，使用的是"园艺疗法"，也就是让病人种种花草，闻闻花香，看看绿色。专家报告说，这样做的效果良好，"它能唤醒那些精神长期处于麻木状态的病人"。

在法国，几百年来一直将薰衣草的花朵作为家庭良药。因为用它可来治疗神经性心跳、气胀和周期性偏头痛等。苏联科学家证实，薰衣草花香的确对神经性心跳病人很有益。

花香能治病的道理在于香气能杀灭病菌，能改变生理反应和增强自身的免疫力，进而就可达到健体祛病的效果。

22. 必得经验——家庭养花"六戒"

家庭养花现在已越来越普遍，但许多养花爱好者由于不得要领，把花养得蔫头蔫脑，毫无生气。问题出在哪儿呢？

一戒 漫不经心

花卉和人一样，是有生命的，需要细心呵护。不少养花者对待这些美丽的生命缺乏应有的细心和勤勉的态度。

他们一是脑懒，不爱钻研养花知识，长期甘当门外汉，管理不得法。二是手懒，不愿在花卉上花过多的时间和精力。花卉进家后，便被冷落一旁，长期忍饥受渴，受病虫害的折磨，这样一来再好的花儿也会渐渐枯萎，所以懒人是养不好花的。

二戒　爱之过殷

与上述情形相反，有些养花者对花卉爱过了头，一时不摆弄就手痒。有的浇水施肥毫无规律，想起来就浇，使花卉过涝过肥而死；有的随便把花盆搬来搬去，一天能挪好几个地方，搞得花卉不得不频频适应环境，打乱了正常的生长规律。长此以往不把花卉折腾死才怪呢。家中有几盆适意的花卉，心中喜欢无可厚非，但花和人一样是有其生长规律的，如果在它需要休息的时候还频频打扰它，它自然会感到疲惫，生长不好了。

三戒　追名逐利

一些花卉爱好者认为养花就要养名花，因为名花观赏价值高，市场获利大。在这种心理支配下，他们不惜重金，四处求购名花名木。结果往往是由于缺乏良好的养护条件和管理技术，使花儿买来不久即夭折，既作践了名贵花卉，又浪费了钱财，这是一种观念上的误区。正确做法应当是，先从普通的、较低档的种类开始，逐渐摸索养花的规律和技巧。待达到一定的技术水平后再逐步购进较名贵的种类，那样成功的把握才大。

四戒　良莠不分

有些养花者喜欢贪大求全，不拘什么品种，见到了就往家搬，这样不但给管理带来了难度，还会把一些不宜养的花卉带进家中，污染环境，损害健康。比如汁液有毒的花卉，人接触了容易引起中毒。有些花卉的气味对人的神经系统有影响，容易引起呼吸不畅甚至过敏反应。外观生有锐刺的植物对人体安全也存在一定的威胁，等等。总之，家庭养花不宜贪大求全，良莠不分，应选择一些株形较小、外形美观、对人体无害的种类来养。

五戒　朝秦暮楚

有些养花者心浮气躁，养花没有主题，家中的花卉走马灯似地换来换去。此乃养花之大忌。一是种类更换过快，种养时间短，不利于培养出株形优美、观赏性高的花木。二是对每种花都浅尝辄止，不利于养花水平的提高，到头来还是一个花盲。故养花者只有选准一两种花，重点钻研培育，才能心有所得。

六戒　观念不新

当今养花业新知识、新技术层出不穷，而大多数养花者却仍拘泥于传统的养护方法，在花器的使用、水肥管理、种苗培育等方面，不善于利用新技术、新设备，比如无土栽培、无臭花肥以及各种花器等，结果使家庭养花不卫生，不美观，不新颖，副作用较大。

第三节　绿意浓浓——观叶植物

随着生活水平的提高，家庭居室的绿化美化已逐渐为人们所重视。室内观叶植物也因其较强的观赏性而受到了人们的青睐。它们本身所具有的自然美，与室内装修、家具、设备等所显示的人工美形成强烈的对比，使得各自的特点表现更充分、更鲜明，从而产生动人的美感。下面将给大家介绍几种常见的室内观叶植物。

1. 形态优美——一叶兰

一叶兰属百合科，原产我国海南岛、台湾等地。它的地下部具有粗状根茎，叶柄直接从地下茎上长出，一柄一叶，带有挺直修长叶柄的片片绿叶拔地而起，故名一叶兰。因其果实极似蜘蛛卵，又名蜘蛛抱蛋。一叶兰终年常绿，叶形优美，生长健壮，是理想的室内绿化植物。

2. 四季常绿——广东万年青

广东万年青又名亮丝草，其茎秆挺拔，节间分明似竹，叶片终年亮绿。它是多年生常绿草本，属天南星科，室内盆栽一般高 60～90 厘米。广东万年青性喜温暖湿润的环境，好在半阴处生长，冬季保持5℃以上即可越冬。对土壤要求不严，家庭养植很方便。

3. "花叶两绝"——马蹄莲

马蹄莲因其花苞形似马蹄而得名，它还有慈姑花、水芋、观音莲等名。它的叶片卵形或箭形，翠绿油亮，鲜嫩可爱。佛焰花苞形大呈乳白色喇叭状，中央裹着黄色肉质圆柱状花序，亭亭玉立于叶丛中，是一种叶、花两绝的植物，深受人们喜爱。

4. 纤细秀丽——文竹

文竹叶片纤细秀丽，密生如羽毛状，风韵潇洒，四季常青，是家庭常用的观叶植物。文竹为蔓性或半蔓性多年生草本，属百合科。夏秋季开花，花小，白色。果实于冬季或翌春成熟。它原产非洲，喜温暖湿润的气候，耐荫。文竹最佳的观赏年龄是 1～3 年生植株，此期间的文竹枝繁叶茂，姿态完好，极具观赏性。

5. 喜阳耐阴——天门冬

天门冬又名天冬草，亮绿色小叶有序地着生于散生悬垂的茎上，秋冬结红果，它既有文竹的秀丽，又有吊兰的飘逸，非常具有观赏性。天门冬喜阳光，也耐阴，在湿润气候下生长良好，冬季要保证不低于5℃，否则会生长不良。盆栽的天门冬适宜装饰家庭室内或厅堂，也可剪取茎叶用作插花的衬叶。

6. 株形独特——天南星

天南星又有南星、虎掌南星、虎掌草等名，它株形独特，地上无茎，仅一根长而粗壮的叶柄，撑开一片由十数小叶聚成的辐射状叶片，很是奇妙。它的果实也很奇特，佛焰苞绿中带紫，花穗肉质细长。果实成熟时浆果累累，鲜红艳丽。果序下垂，酷似玉米棒，故有山苞米、山棒子的俗名。天南星的繁育、栽培很容易，适于家庭种植。

7. 叶色美丽——月桃

月桃为常绿多年生草本，属姜科，它的叶片大型，具金黄色条斑，斜上方生长。叶色美丽，姿态挺拔豪爽，春夏开花，有香气。它原产于印度及我国南方各省，喜温暖、湿润、半阴的环境，要求疏松而排水良好的土壤。家庭养植时只要保持上述几点，就可以把它养得很好。

8. 风姿绰约——玉簪

玉簪也叫玉簪花，因其洁白如玉的花朵酷似我国古代妇女发髻上的簪子而得名，它还有白鹤花、玉春棒的别名。玉簪是一种观花、观叶两宜的植物，它宽大的叶片上叶脉清晰整齐，长长的叶片斜上挑出，颇具风姿。入夏，丛丛嫩叶中抽出婷婷白色的花序，更是风韵动人。它性耐寒，喜阴湿，畏强光和干旱，要求肥沃深厚的土壤。

9. 生长旺盛——伞草

伞草又名水竹，属莎草科。它茎秆挺直，细长的叶片簇生于茎顶成辐射状，很像一把遮雨的雨伞。伞草原产西印度群岛，喜温暖湿润的环境，耐半阴。它的生长力很强，在温暖季节里，从基部不断萌发新芽，富有旺盛的萌发力。家庭中，可将伞草于容器中进行水盆培养。

10. 生机盎然——吊兰

吊兰叶子优美，颇似我国传统名花兰花的叶片，清秀之中附着刚劲，并能从叶腋处抽生长短不一的下垂匍匐枝，枝上着生大小不一、具有气生根的新株，甚为奇特。吊兰也是家庭中常用的装饰植物，最适温度为20℃，冬季不能低于5℃。它是喜肥的植物，在生长旺季，要勤施肥，对叶片要经常喷水，但盆土不可过湿。

11. 花红叶绿——竹节秋海棠

竹节秋海棠因其茎秆似竹而得名。它的叶片面绿背红，叶缘波浪形，绿面上有银白色点纹，夏秋挂串串粉红色花朵，是观干、观叶、观花的佳品。它原产巴西，喜温暖湿润的环境。耐阴性好，要求排水良好的肥沃土壤，且较耐寒，冬季室内5℃左右，仍鲜绿如常。它的习性强健，很适合家庭栽培。

12. 清秀动人——合果芋

合果芋最让人感到奇妙的是叶形的变化。其叶初生时为矛状或前端尖锐的心形，如马蹄莲叶片。随着生长，叶片逐渐深裂，最终成掌状或鸟足形。于是在一株合果芋上，你会看到新叶清秀动人，老叶凝重沉着，异形叶片交叉重叠，互为映衬，别具特色。合果芋原产美洲，性喜高温多湿，适半阴，以肥沃疏松的土壤为最佳。家庭中用小型盆栽为宜。

13. 手枪植物——冷水花

冷水花原产东南亚，性喜高温多湿的环境，在间接光下生长良好，它的叶片绿而有光泽，脉间呈银白色，似白雪飘落，枝叶序态颇具韵味。耐寒性较强，对土壤要求不严。生长迅速，生命力强，它还有一个有趣的特征，就是在其开花时喷水或雨淋，花粉就会有力地向外喷出，所以又被叫做手枪植物。

14. 妙在其中——花粉

金色粉末

春天，当我们走进大自然，各种植物开着美丽的花朵，五颜六色、多姿多彩。花丝顶端挑着金黄的花药，成熟的花药里散落出金黄的粉末。蝴蝶翩翩飞舞，蜜蜂在花间穿梭，芬芳花香吸引着它们，它们停落在花蕊上，尽情地吸取着花蜜，又把这些粉末带在身上。山杨林中、老松树上，阵阵轻风吹来，金黄色的粉末像烟雾一样飘起，这些都是植物的花粉。

花粉最常见的颜色是金黄色、橙黄色，这是因为花粉外壁所含的类胡萝卜素和类黄酮类物质所致。然而许多虫媒植物的花粉，颜色却也丰富多彩。例如蚕豆、大丽花和七叶树的花粉颜色淡了是黄色，浓了就变成了红色。绿色花粉可见于榆树、白头翁、悬钩子和柳叶菜等植物，紫丁香和天竺葵的花粉是蓝色的。紫色花粉在罂粟、桔梗、野芝麻等中能见到。

花粉粒一般都是很小的颗粒，直径只有 15～50 微米，微米就是一毫米的千分之一。水稻的花粉粒 42～43 微米，桃花的花粉 50～57 微米，玉米 77～89 微米，棉花的花粉为 125～138 微米，要在显微镜才能看得很清楚；而一些大型的花粉粒，如紫茉莉，直径可达 250 微米，用肉眼也能一粒粒区分开了。

形态万千

植物的种类不同，花粉的形状和外壁纹饰、沟孔也各不相同。如果把各种植物的花粉放在显微镜下观察，你就会发现，它们真是奇形怪状，形态万千。像水稻或玉米圆球形的花粉，表面非常光滑，而蒲公英、雏菊、款冬的花粉，浑身长满了小刺；石榴的花粉椭球形，且有 3 条纵沟；椴树、白桦的花粉从一侧看上去呈三角形，而落葵的花粉粒却为四边形；赤杨的花粉五角形；熏衣草的花粉六边形。杉树、麦仙翁的花粉一边有一个高高的突起，整个花粉粒像个吸耳球。苦瓜的花粉上布满了网纹，就像一种哈密瓜。苏铁、银杏的花粉粒像个小船。铁杉花粉上众多的突起，使它可以假扮荔枝或龙眼。麻黄的带纵棱的花粉可以冒充阳桃。还有四粒花粉紧紧抱在一起的，称为 4 合花粉，如杜鹃和香蒲的花粉。围延树的花粉是 16 合花粉，看上去像个足球。虫媒花粉外壁的这些突起或刺状物都使它们更容易附着在昆虫身上，而多粒花粉粘在一块，传粉几率更高。

松树、云杉、冷杉的每粒花粉都像个圆面包连着两个大气囊，显然这对它们在空气中的漂浮传播起着重要的作用。所有风媒的花粉都很轻，因此能够传播很远。有气囊的花粉传播就更远了。据说北欧的松树花粉可飞越 600 多公里的大西洋到达格陵兰岛。

花粉粒表面的孔、沟是供花粉管萌发用的，叫萌发孔或萌发沟。在各种花粉粒上萌发孔的数目却大不相同，如小麦的花粉只有一个萌发孔，棉花有 8~16 个，而樟树的花粉却一个萌发孔也没有。萌发沟的数目变化不大，油菜的花粉有 3 条沟，苹果、梨、烟草的花粉 3 条沟有孔，此外也有些植物的花粉有多条沟或只有 1 条萌发沟。

1~3 个细胞

花粉是显花植物特有的繁殖结构。刚形成的花粉粒，只是一个细胞，又叫单核花粉粒，若对应到苔藓以及蕨类等隐花植物而言，则称做小孢子。因为这些植物没有花朵，所以不能称为花粉。孢子是植物的繁殖或休眠细胞。孢子又有大孢子、小孢子之分，即雌雄之分。不过大多数蕨类植物的孢子是同型的，分不出雌雄。但种子植物的花粉却是雄性繁殖细胞，所以只能相当于小孢子。等花粉粒成熟以后，花粉粒就变成由两个或三个细胞组成的了。其中一个是营养细胞，另一个或两个是生殖细胞或生殖细胞又进一步分裂形成的两个精细胞。一朵花的花粉被昆虫、风或水带到同种植物的另一朵花的柱头上，花粉管萌发，将精细胞送入雌蕊子房内与卵细胞结合，才能完成植物的传粉受精过程，最后结出种子。没有花粉的传播，是不会有种子的，甚至果实也不会发育。

"不朽"功绩

专门研究花粉孢子形态的学科叫孢粉学。由于花粉和孢子一样，外壁坚固，富含大量的孢粉素和角质，特别是孢粉素是一种复杂的碳、氢、氧化合物，化学稳定性很强，它能耐酸、碱，极难氧化，在高温下也难溶解，因此无论它飘落到哪里，即使在地层中埋藏千万年也不会腐朽烂掉，而能保持外壁形态不变。根据各种植物孢粉在地层出现的规律，科学家们可以断定地质年代，研究古植被、古气候的特点，也能为寻找石油矿藏提供依据。研究现代植物的花粉可以为蜜源植物的鉴定，甚至刑事破案起到作用。所以这些都是花粉"不朽"的功绩。

第四节　绿化植物——花卉

花卉有广义和狭义两种含义。花是植物的繁殖器官，卉是百草的总称，故狭义的花卉是指观花的草本植物。但从广义来讲，凡其叶、花、果、根、茎、芽等具有观赏价值的草本和木本植物均可视为花卉。花卉园艺学是以广义的花卉为对象，研究其品种、形态特征、生长发育习性、繁殖和栽培方法、利用途径及驯化育种等理论与技术的一门科学。

1. 以花为本——草本花卉

草本花卉是指茎秆木质化程度不高的花卉，可分为一年生草花、二年生草花和多年生草花三类。一年生草花在一年内完成从播种到开花结实的生命周期，如一串红、百日草、凤仙花、鸡冠花等。二年生草花的生命周期在两年内完成，如瓜叶菊、紫罗兰、金鱼草等。多年生草花是指一次栽植后能连年生长开花的草本花卉，又可分为宿根草花、球根草花、蕨类植物和多肉多浆植物四类。宿根草花在寒冷冬季时地上枝叶枯死，而根系和地下茎宿存于土中，来年春暖时重新萌发、生长、开花，如菊花、芍药、蜀葵、萱草等。蕨类植物为多年生常绿草本植物，以优美的叶片供观赏，如铁线蕨、肾蕨等。多肉多浆植物的茎或叶肉质多浆，如仙人掌、景天等。球根类草花的地下茎或根肥大呈球状或块状。这些球体是它们的主要营养繁殖器官，并可按其形态特征将球根类草花再细分为球茎类、鳞茎类、块茎类、块根类、根茎类五类。球茎类花卉的地下茎肥大呈圆球形或扁球形，外被革质外皮，有叶痕环及侧芽，实体坚硬，如唐菖蒲、香雪兰等。鳞茎类花卉的地下茎部短缩成鳞茎盘，由鳞片包成球体，如水仙花、郁金香、百合、朱顶红等。块茎类花卉的地下茎肥大成不规则的块状体，新芽从顶端芽眼萌发，外围着生须根，如球根海棠、大岩桐、马蹄莲、花叶芋等。块根类花卉的主根膨大成块状，外被革质厚皮，新芽着生在根颈部，块根末端生长根系，如大丽菊。

根茎类花卉的地下茎肥大呈根状，上具明显的节，匍匐横生，顶端生长新芽，节下簇生须根，如荷花、美人蕉等。

2. 泛义统称——木本花卉

木本花卉的茎木质化程度高，可分为乔木花卉、灌木花卉、藤木花卉和观赏竹类四类。乔木花卉植株高大，有明显主干，如云南山茶花、云南樱花、荷花玉兰、桂花、紫薇等。灌木花卉的茎丛生，无明显主干，植株矮小，如月季、牡丹、贴梗海棠、紫荆、茉莉、杜鹃等。藤本花卉的茎不能自然直立生长，如紫藤、叶子花、凌霄、鹦哥花、炮仗花等。观赏竹类主要有佛肚竹、碧玉竹等。

第五节　立体艺术——盆景

1. 山水相间——盆景的历史

中国盆景历史悠久，源远流长。据现知考古、文献记载：中国盆景起源于东汉（25～220 年），形成于唐（618～907 年），兴盛于明清（1368～1911 年）。

我国是世界文明古国之一，随着社会、经济、文化的发展，人们虽然集居城市，仍然留恋、酷爱大自然的一草一木、一山一水。为适应需要产生"囿"、"苑"，发展形成"自然山水园"；产生"画"，发展形成"自然山水画"；产生"盆栽"，发展形成"盆景"。三者随着人类的社会活动、经济发展、文化提高而相互渗透、相互借鉴、相互提高。

据现有考古、文献记载，浙江省余桃县河姆渡新石器遗址的发掘中，发现一片五叶纹陶片，陶片上刻有一方形陶盆，上栽形似万年青的植物，说明早在公元前 1 万年至公元前 4 千年的新石器时代，我们的祖先已将植物栽入器皿供作观赏。河北望都东汉墓壁画中出现绘有一陶质卷沿圆盆，盆内栽有六枝红花，置于方形几架之上，植物、盆盎、几架三位一体的盆栽形象，特别是几架的使用，说明早在东汉就已把盆栽作为重要的艺术表现形式。

南北朝（420～589 年）山水画兴起，当时画家宗炳遍画平生经历过的山水，张于一室，以供卧游，并写下《画山水序》，序中说："昆阆之形，可围于方寸之内。竖划三寸，当千仞之高。横墨数尺，体百里之回。"这种对"咫尺千里"和"小中见大"的体会，既能促使他把山水树石缩在素绢上成为山水画，也可启发他缩入盆盎成为盆景，可足不出户，高枕卧游。

唐朝时期，出现了写意山水园和山水画，盆栽者为山石与植物组派盆景作出可贵的贡献；广州盆景艺人孔泰初、莫眠府、素仁、陆学明等人在继承传统基础上，受岭南画派的山水树木绘画技法的影响，创造以顺其自然的"截干蓄枝"剪枝造型，形成具有"飘逸豪放"特色的岭南盆景；苏州盆景艺人朱子安在著名作家和园艺家周瘦鹃提倡、指引下，在继承传统技法的同时，对传统的"顺风式"、"垂技式"、"六台三托一顶"等手法进行创新，创造"粗扎细剪"的技法，制作力求顺乎自然，使其千姿百态，各具风韵的苏派盆景；上海盆景艺人殷子敏率领其学生，博采众家长，在学习我国优秀传统艺术和外来风格的基础上刻意求新，创立"雄健精巧"的海派盆景。

除各地园林部门建立盆景园，培育、创作、展览盆景外，不少城市人在工作之余，常以制作、欣赏盆景作为爱好。

1979 年 9～10 月，国家城建总局在北京主办新中国成立以来首次全国"盆景艺术展览"，展出各类盆景 1 100 多盆。这以后，中国风景园林学会花卉盆景分会每隔数年举办一次"中国盆景评比展览"，使中国盆景艺术在继承传统的基础上，不断创新，迅速发展。

同时，我国盆景界积极参加国际重大展览，利用各种机会宣传中国盆景艺术，使中国盆景走向世界，并在国际盆景界享有盛誉。

2. 蔚然成风——盆景的起源

盆景，起源于中国。

中国盆景是以树木、山石等为素材，经过艺术处理和精心培养，在盆中集中典型地再现大自然神貌的艺术品。盆景被誉为"无声的诗，立体的画"。说她是诗，却寓意于丘壑林泉之中；说她是画，却生机盎然，四时多变。这种源于自然，高于自然，树石、盆盎、几架三位一体的艺术品，经历代盆景艺术家的精心雕琢，成为中国艺术宝库中的一块瑰宝，以鲜明的民族特色，古雅的艺术风格而驰誉世界。

据考证，"盆景"一词见于明代万历年间（1573～1620 年）屠隆著，书中写道："盆景以几案可置者为佳，其次则列之庭榭中物也"。历史上曾称其为"盆玩"、"盆树"、"盆岛"、"些子景"等。

在中国盆景艺术发端、发展、形成过程中，中国历代文学家、诗人、画家、民间艺人或亲自创作盆景，或用诗歌吟咏盆景，或用绘画描绘盆景，或著书论述盆景，使中国盆景由园艺栽培的盆栽，升华形成具有意境的盆景（欣赏通过形象表现出来的境界和情调）。

中国盆景与世界上其他国家盆景的主要区别，在于中国创作的盆景源自自然，高于自然，不仅欣赏形象美，同时欣赏通过形象表现出来的境界和情调，以诱发欣赏者思想的共鸣，进入作品境界的神游。故中国创作盆景都给予题名，通过题名，概括意境特征、神韵，表达主题，使欣赏者顾名思义，对景生情，寻意探胜。

中国盆景以表现神形兼备、情景交融的艺术效果为最佳作品。

第六节　景色迷人——中国草原

1. 气象万千——草原形成的外部条件

早在 7 000 万年以前，中国的地理轮廓与现在大不相同。那时一些高山和高原尚未隆起，西部的中亚细亚平原和青藏高原地区还是一片汪洋大海，新疆的准噶尔盆地、塔里木盆地以及青海的柴达木盆地携手相连。当时亚热带的北界约在北纬 42°左右，全国年平均气温比现在高 9℃ ~ 18℃，因此，绝大部分地区不见冰霜。在东部，由于东西伯利亚与阿拉斯加尚未分离，北方冷空气无法侵入，致使中国的东部地区完全受太平洋暖流和东南季风的影响。所以那时的东北和华北气候，冬季暖而湿润，夏季热而多雨，到处都是林木葱郁的美丽景色，就是最干旱的地区也为稀树草原所覆盖。

西北各省和内蒙古西部地区，由于深居亚洲大陆的中部，距海洋较远，受海洋的影响较小；从南欧和中亚吹来的湿润的大气，也不容易到达这里。

因此，中国广大的西北地区形成为大陆性气候，夏季炎热，冬季温和，经常是晴空万里，年降水量为 250 ~ 300 毫米，蒸发量远大于降水量。这就为包括稀树草原在内的旱生植被的发育创造了有利条件。

距今 7 000 万年开始，地壳发生了很大变化，从南半球冈瓦纳古陆分裂出来的几个陆块，不断向北漂移，到距今 4 000 万年左右已漂到北纬 20°，与欧亚大陆直接相连，古地中海则分成东西两段退出青藏地区。同时，中亚的地壳也受到冲击和挤压而抬升为陆地，与新疆相连。西北诸大山系的隆起，以及海水从中亚的退却，使这里的大陆性气候不断加剧。

走廊林和绿洲林丛的范围越来越小，最后稀树草原也就逐渐地被荒漠草原所代替。这时，西北地区的植被大多是由古地中海植物区系的超旱生灌木、半灌木或小半灌木所组成，以藜科、菊科、蒺藜科及豆科等为主。另外，还有一些麻黄科、柽柳科、蓼科以及红砂和沙拐枣等等。

至距今 250 万年时，地壳的水平运动仍未减弱。由于西部喜马拉雅山、昆仑山、天山、阿尔泰山和青藏高原的不断隆起，阻挡了北大西洋和印度洋暖湿气流的东进，加速了中国西北干旱区的形成；准噶尔盆地、塔里木盆地和柴达木盆地的相继分离，以及沙漠的出现，又使植物向旱生化方向迈进了一步；加之同期气候出现波动，时冷时热；冰川也广泛生成。这些对中国的气候影响很大，气温普遍下降 10℃ 之多，冰期比间冰期又下降 6℃ ~ 10℃。在冰期，气候普遍干冷，海陆温差更加显著，大气环流和季节变化都因此而增强，森林冻原向南伸展。

气候的剧烈变化，迫使植物界也发生变化，适者存，逆者亡。在距今 250 ~ 150 万年间，森林冻原迅速转变为森林草原和空旷的草原。

从前大部分喜热植物物种在冰川期已逐渐绝种，而北方草本植物物种却大量出现。

塔里木盆地出现了干旱的稀树草原景观，柴达木盆地和河西走廊也变成了由麻黄、藜科、蓼科、豆科、菊科、百合科、禾本科和莎草科等植物组成的草原，并进一步向荒漠类型发展。同时，由于中亚已经被抬升为陆地，起源于非洲干旱地区的植物区系如柽柳、白刺等，便从中亚侵入本区，使局部地区出现盐生灌丛，在唐古拉山区已有盐渍化的荒漠形成。四川西北部的阿坝、若尔盖、红原，特别是色达、石渠一带，也逐渐从苍郁的森林变成如今的灌丛与草甸。

草原得到了发展和加强，而森林则退缩到相当高度的山地上。

这一时期中国东部地区，也因受印度板块和太平洋板块运动的影响，大小兴安岭、秦岭、太行山等山脉已粗具雏形；东部临海地带和贺兰山、六盘山东侧的内陆也逐渐抬升，陕甘高原、内蒙古高原、黄土高原相继形成。这时，全国的地貌轮廓基本上接近于今日的面貌，为中国草原的形成和分布奠定了地貌基础。

在这漫长的地质历史时期里，尽管气候也发生过剧烈变化，但中国气候变化的总趋势，还是从温热向着干冷的方向发展。特别是青藏高原的不断隆升，诱发了南亚季风环流，直至距今 10 余万年的晚更新世，则因喜马拉雅山的不断升高，致使高原内部的气候变得更加干冷。特殊的高山气候，使高寒垫状植物，如石竹科和报春科的蚤缀属以及点地梅属的一些种得到了普遍发育，其中苔状蚤缀和垫状点地梅分布最广，从喜马拉雅山北坡至昆仑山海拔 4 000 米以上的高原和砾石山坡，以及藏北高原东部和昆仑山南坡 5 000 ~ 5 200 米的高度上都有，与今日青藏高原上的植被类型基本类似。

随着季风和干旱气候周期性变化的影响，中国北方植物的生长发育也随之出现了明显的周期性，喜热和喜温性植物停留在热带和亚热带，凉性植物则逐渐向山上发展，并沿着山脉进入寒温带和寒带地区。

随着陆地地块向北推移，亚热带气候又被温带气候所代替，草本植物不断得到发育。因为草本植物可塑性强，能以种子寿命长、发芽快、提前开花和缩短花期等特性迅速适应变化了的环境，因而分布越来越广，不仅在温带平原地区出现了成片的草原，而且在热带和高山地区也形成了草甸。草原和草甸的形成，大大缩小了森林的面积及林内动物的活动范围。相反，草原和草甸的形成促进了草原动物的繁殖和发展，有些食草的奇蹄兽和偶蹄兽从森林迁徙到广阔的草原，地栖鸟类也日渐增多。于是，草原便从一个单纯的植物群落世界变为栖居着各种野生动物的比较完整的草原生态系统。

2. 优胜劣汰——草原形成的内在因素

植物为了适应新的生活条件，随着生态环境的巨大变化，也在不断地改变着自己的形态结构和增加抗逆性。例如我国陆地上的被子植物，最初出现于潮湿而温暖的热带地区，随后便逐渐向亚热带、寒温带和寒带地区迁移。在抵御各种恶劣环境的过程中，其抗寒、抗旱和抗病能力不断增加，适应性越来越强，于是又向干旱、寒冷和高山地区侵入和发展。为了减少高寒地区冷风的长年侵袭，在高大的乔木林中，渐渐出现了一些灌木和草本类型，其中有一些还向水域发展。

长期的寒冷与干旱，还可使植物形成层的活动能力减弱，致使次生木质部分大量减少，薄壁组织相应增加，射线增宽。草本植物为了能够更好地在低温和其他不利的条件下生活，还尽量把养料都集中在种子上，便于随风脱落，在遇到适宜条件时可很快发芽生长，以保证其种族的继续繁衍。在高寒地区，草本植物地上部分在冬春季节不易存活，它们的繁殖器官就向地下发展，用地下茎储藏养料，待翌年天气转暖后再从地下茎上发芽生长，形成了一年一度非种子繁殖的多年生牧草。现在中国高寒地区的草原植被，已几乎完全由多年生的草本植物群落所组成；而在干草原、荒漠草原和半荒漠草原地区，只有一年生禾本科草类和其他春季萌发早、生长快的短命植物，从而又形成了一种特殊的短命植物草地。

在草原植物群体内，不论是同种或不同种，对于光照、温度、水分和养料等生活要素都存在着激烈的竞争，而这种竞争又经历着不同阶段，顺序发展。对于单一种的植物来说，当植物群体的地上和地下部分还未布满整个空间以前，个体植株充分发育，并能促进群体发展。但当个体地下部分普遍发育，相互接触交错，地上部分逐渐郁闭以后，日照、养料和水分的争夺也就日趋激烈，形成了不利于个体发育的生活条件。严重时，甚至可以引起部分个体的死亡。但是，天然植物群体绝不是单一的，而是以复杂的群体关系相存在。当一种或几种生活类型的植物争夺生活条件时，譬如阳性植物要夺取阳光，耐阴植物可在上层植冠荫蔽之下生存下来，而在耐阴植物之下又生长有喜阴植物，不同生活类型的植物互相依赖，互相利用，各自都找到了它的安适环境，这时，植物群体就比较稳定，达到了相对平衡状态。但是生物界从来不是静止的，新的种属、新的因素不断干扰平衡，打破平衡，并且通过斗争不断建立新的平衡。有时强大的植物群体在变化了的条件下，也会被另一植物群体所代替。例如一个群落向其相邻的另一个群落入侵，这种情况是时常出现的。在森林草原带，若干树种常侵入附近的草原，最后变成木本植物群落。又如甘肃省的松山滩在历史上曾经是高山草原，那时在其周围地区是干草原或者草甸草原类型。

后来，由于气候的长期干旱，沙漠南侵，使周围地区逐渐半荒漠化了。在半荒漠恶劣条件的包围下，松山滩高山草原慢慢地也就失去了它赖以生存的相当湿润的生活环境，日渐衰退，使旱生植物与旱中生植物群落得到了发育，并完全代替了原来的高山草原群落。河西走廊的黄羊镇地区，也由于同一原因，使原来的森林群落渐渐地被现在的半荒漠群落所代替。

许多野生动物的生存活动依赖于草原，同时，它们的无意识活动，每时每刻对草原的形成和发展也起着重要的作用。

鸟类吞食牧草种子，把未曾消化的种子随粪便排出，撒在土壤中仍能萌发；倦飞的鸟类被鹰类捕食，其嗉囊内的植物种子遗弃后也可以发芽生长；鸟类的喙、爪和羽毛，有时粘着带有种子的泥土，远途飞行，能把种子传播于千里之外，遇到适宜的条件就能生长发育；还有一些植物的种子具有轻松的柔毛，随风一吹，到处飘扬；一些植物的果实具翅，或有针状的芒，或有钩状的刺，都能粘附在各种动物体上，借以传播。

昆虫是草原上的成员之一，它们以惊人的数量，日夜不息地活动，对草原的形成和发展也有很大的作用。它们大都以草原植物为食物，其中有不少有益的昆虫。如蚯蚓，在有些地区每年通过它们的身体蠕动，可以起到翻耕土壤和提高土壤肥力的作用；还有许多昆虫可以传播花粉，促进植物结子、繁殖，如蜜蜂就可以帮助豆科牧草增加结实量。

第七节　伟岸身躯——树干

1. 物质通道——树干的形状

自然界的树木，种类繁多。它们的树冠、树叶、果实的形状也千差万别，即使是同一种树木，有时也有一定的差别。但有一点不知你是否注意到，那就是几乎所有树木的树干都是圆的。这是什么原因呢？

自然界中的所有生物，为了生存，总是朝着最适应环境的方面发展。千百万年来，植物也是朝着有利于自己生存的方向发展。圆形的树干与其生理功能及所处的环境有关。

树干是植物体内物质运输的主要通道，它一方面将根部吸收来的水分和无机盐运送到地上植物体的各个部分；另一方面又把叶部进行光合作用制造的有机物运送到植物体的各个器官去利用和储藏。在表面积相同的情况下，圆柱体的容积是最大的。所以圆形的树干可以保证植物体内最大的物质运输。我们日常生活中的煤气管、自来水管、玻璃管等都是圆管形，实际上是对自然现象的一种仿造。

树干的另一功能是支持作用。高大的树冠其重量全靠一根主干支撑，特别是硕果累累的果树，挂上成百上千的果实，须有强有力的树干支撑，才能维系生存。而在各种几何图形中，圆柱形具有最大的支持力。

圆柱形的茎生长在空气中，是长期适应的结果。茎在同样的体积下有一最小的与空气相接触的表面，而圆柱形是同样体积中表面积最小的形状。表面积越小，树木的蒸腾量也就越小，这样可以减少植物体内的水分散失。

树木是多年生植物，它的一生难免要遭受很多外来的伤害，像动物咬伤、机械损伤，特别是自然灾害的袭击，更是数不胜数。如果树干是扁形的、方形的或其他有棱角的，都容易受到外界伤害。圆柱形的树干就不同了，狂风吹打时，不论风从哪个方向来，都容易沿着圆形的切线方向掠过，受影响的只是一小部分。可见，圆柱形树干是最理想的形状了。

因此可以说，树干的形状，也是树木多年生长在自然界中对环境适应的结果。

2. 树中"美男"——白桦树

林中亭亭玉立的白桦树，除去碧叶之外，通体粉白如霜，有的还透着淡淡的红晕。在微风吹拂下，枝叶轻摇，十分可爱，仿佛是一位秀丽、端庄的白衣少女。

白桦是一种落叶乔木，最高的可达二十几米，胸径1米有余。其树干之所以美丽，是因为上面缠着白垩色的树皮，能一层一层地剥下来，可以剥得很大，仿佛是一张较硬的纸。你可以在它上面写字、画画，还可以编成各种玲珑的小盒子或者制成别致的工艺品。

白桦的叶子是三角状卵形的，有的近似于菱形。叶缘围着一圈重重叠叠的锯齿。叶柄微微下垂，在细风中飒飒作响。白桦的花于春日开放，由许许多多的小花聚集在一起，构成一个柱状的柔软花序。果实 10 月成熟，小而坚硬。有趣的是，其果实还长着宽宽的两个翅膀，可以随风飘荡，落在适宜的土壤上就能生根发芽，繁衍后代。

白桦在植物学上属于桦木科、桦木属。白桦的兄弟姐妹共有 40 多个，分布在我国的约有 22 个，其中有身着灰褐色衣料的黑桦，披着橘红色或肉红色外套的红桦以及木材坚硬的坚桦。

坚桦树皮暗灰色，不像白桦那样可以一层层剥皮。其木材沉重，入水即沉，素有"南紫檀，北杵榆"的声誉。杵榆就是坚桦的别名。它可作车轴、车轮及家具等，而且树皮含单宁，可提制栲胶。坚桦分布于辽宁、河北、山东、河南、山西、陕西、甘肃等省的高山上。

有一种白桦，因木材坚硬，被人们唤做"铁桦树"。它只生长在东北中朝接壤的地方，它甚至比钢铁还硬，堪称"世界硬木冠军"。

白桦自身还有几个变种，如叶基部宽阔的宽叶白桦，树皮银灰色至蓝色的青海白桦，树皮白色、银灰色或淡红色的四川白桦，等等，皆为园林树木中之佳品。白桦木材黄白色，纹理致密顺直，坚硬而富有弹性，可制胶合板、矿柱以及供建筑、造纸等用。树皮除提白桦油、供化妆品香料用外，还有药用价值。白桦为温带及寒带树种，分布于东北、华北及河南、陕西、甘肃、四川、云南等地。为我国东北主要的阔叶树种之一。尤其在大小兴安岭林区，差不多要占整个林区面积的 1/4 以上，它常常和落叶松、山杨混交成林，和平共处。

北京的百花山及东灵山也有美丽的天然白桦丛林，远远望去犹如一群群白衣少女在轻歌曼舞。

3. 岁月留痕——树木的年轮

树木伐倒后，在树墩上我们可以看到有许多同心圆环，植物学上称为年轮。年轮是树木在生长过程中受季节影响形成的，一年产生一轮。每年春季，气候温和，雨量充沛，树木生长很快，形成的细胞体积大，数量多，细胞壁较薄，材质疏松，颜色较浅，称为早材或春材；而在秋季，气温渐凉，雨量稀少，树木生长缓慢，形成的细胞体积小，数量少，细胞壁较厚，材质紧密，颜色较深，称为晚材或秋材。同一年的春材和秋材合称为年轮。第一年的秋材和第二年的春材之间，界限分明，成为年轮线，表明材木每年生长交替的转折点。因此从主干基部年轮的数目，就可以了解这棵树的年龄。

生长在温带地区和有雨季、旱季交替的热带地区的树木才有年轮，而生长在四季气候变化不大的地区的树木则年轮不明显。在树木的年轮上，蕴涵着大量的气候、天文、医学和环境等方面的历史信息。同时，在历史考古、林业研究、地质和公安破案等方面，年轮也起着重要的作用。

历史学上，常用年轮推算某些历史事件发生的具体年代。如在浩瀚的大海里，有历代沉没的大小船只，根据木船的花纹（年轮）可确定造船的树种；根据材质腐蚀状况确定沉船遇难的时代及与该时代有关的某些历史事件。

气象学上，可通过年轮的宽窄了解各年的气候状况，利用年轮上的信息可推测出几千年来的气候变迁情况。年轮宽表示那年光照充足，风调雨顺；若年轮较窄，则表示那年温度低、雨量少，气候恶劣。如果某地气候优劣有过一定的周期性，反映在年轮上也会出现相应的宽窄周期性变化。美国科学家根据对年轮的研究，发现美国西部草原每隔 11 年发生一次干旱，并应用这一规律正确地预报了 1976 年的大旱。我国气象工作者对祁连山区的一棵古圆柏树的年轮进行了研究，并对不同的生长阶段予以科学的订正，推算出我国近千年来的气候以寒冷为主，17 世纪 20 年代到 19 世纪 70 年代是近千年来最长的寒冷时期，一共持续 250 年。

在环境科学方面，年轮可以帮助人们了解污染的历史。

德国科学家用光谱法对费兰肯等三个地区的树木年轮进行研究，掌握了近 120～160 年间这些地区铅、锌、锰等金属元素的污染情况，经过对不同时代的污染程度的对比，找到了环境污染的主要原因。

在医学上，年轮对探讨地方病的成因有一定的作用。如在黑龙江和山东省一些克山病发病地区，发病率高的年份的树木年轮中的铂含量低于正常年份。这与目前地球化学病因的研究结果非常一致。

森林资源调查中，依据年轮的宽窄来了解林木过去几年的生长情况，预测未来的生长动态，为制订林业规划、确定合理采伐量、采取不同的经营措施提供科学依据。

近年来，美国又将年轮引入地震的研究中。他们认为，地震造成地面移动倾斜后，年轮上留下了树干力图保证笔直生长所作出努力的痕迹；又如根系横越断层或位于断裂附近，由于生长受到阻碍，该年形成的年轮就比较小。依此可以了解当时地震的时间和强度，并能揭示地震史及周期，从而可以开展地震的预测预报。

年轮记录了大自然千变万化的痕迹，是一种极珍贵的科学资料，这一点已为人们所公认。为了观察年轮，人们可以用一种专用的钻具，从树皮钻入树心，然后取出一薄片来，上面就有全部的年轮。这样不用砍倒树木，就可以知道树木的年龄，从而为科学家提供了研究的材料。近年来，日本又研制出一种观察年轮的新方法——CT 扫描法。这种方法不但可用来观察树木的生长情况，而且还可以对古代建筑和雕刻等木材的内部状况了如指掌。

4. 尺长寸短——树木的生长极限

树木的生长明显地会受到土壤品质、气候变迁与大气的变化所影响，例如温度、湿度，大气中的二氧化碳、臭氧等，都是造成树木茂盛与否的因素。

曾经，科学家认为：在没有外力介入或机械性伤害下，树木最高应该可以长到 120 米左右，至少在历史上曾经出现过高达 120 米的大树。不过，科学家现今再次审视该问题时，则将焦点放在树木生长的高度与其水分运送、光合作用的相关性上。因为科学家们认为：树木生长得越高，水运输送将更为困难，而末梢树叶的光合作用也会受到阻碍，在这种情况下树木将无法继续长高。

为了寻找这个问题的答案，美国科学家乔治·科赫与研究团队曾经前往加州北部的红杉森林区，并且爬上当今世界上最高的 5 棵树，包含目前地球上已知最高的一棵树木（112.7 米），以便观察这些树木的生理机能。

乔治·科赫教授与研究团队在调查树木的叶片组织结构、光合作用能力与二氧化碳浓度后发现：在树木顶端的叶片有严重的抽水症状，就如同这些树木是生长在沙漠一般。毕竟，树木将水分从根部、经由木质部再运送至叶子时，必须克服重力与导管内摩擦力障碍，所以要将水分从土壤中携带到 100 多米高的树叶，确实相当艰辛，而水分的输送不易也最直接地影响树木的生长。因此，乔治·科赫教授认为：这些近 2 000 岁高龄的树木虽然目前仍维持着每年 0.25 米的生长速度，但它们想多长高 15 米，还是相当困难。

5. "风之子"——树木靠风传播种子

清风扬起沙尘，也能带走种子，这不仅仅是文学上的描写。科学家的一项最新研究成果表明，树木依靠风的力量能把种子扩散到数千米以外的地方。

悬铃木的种子带有一顶小小的"降落伞"，借助风力，能把自己带到很远的地方。但是很多树木的种子并不像悬铃木种子这样幸运：它们比较重，并且没有这种帮助飞行的结构。科学家推测，它们也有可能被森林中偶然产生的上升气流带到较远的地方。

在英国《自然》杂志上，以色列和美国的科学家报告了他们对于森林中树木种子随风扩散方式的研究成果。研究者建立了一个种子随风分布的数学模型。这个模型并不能预测种子的扩散何时何地发生，但是能估计这种事件发生的次数以及种子扩散的大致范围。

为了检验这一模型，研究者在美国北卡罗来纳州的一片阔叶林中建立了一个收集种子的塔。这座塔高 45 米，远远高出森林的顶部。结果，他们在 35 天中在塔的不同高度收集到了将近 5 000 枚种子，数学模型的预计与实际情况大致相符。

研究者还使用这个模型估计了这片森林中美国鹅掌楸种子的扩散情况。科学家发现，一部分种子停留在原地，而另一部分种子"飞"到了数百米之外，少部分甚至"飞"出了 1 000 米之外。

科学家认为，树木种子的这种扩散方式有助于森林的延伸。如果种子完全掉落在树木的脚下，那么森林的扩展只能缓慢地发生在边界上。

6. 百年树材——树木中的老寿星

俗话说："人生七十古来稀"，人活到百岁就算长寿了。但是人的年龄比起一些长寿的树木来，简直微不足道。

许多树木的寿命都在百年以上。杏树、柿树可以活 100 多年。柑、橘、板栗能活到 300 岁。杉树可活 1 000 岁。南京的一株六朝松已有 1 400 年的历史了，但是，它并不算老。曲阜的桧柏还是 2 400 年前的老古董呢！台湾省阿里山的红桧，竟有 3 000 多年的历史。这是我国目前活着的寿命最长的树，但还算不上世界第一。

世界上最长寿的树，要算非洲西部加那利岛上的一棵龙血树。500 多年前，西班牙人测定它大约有 8 000 ~ 10 000 岁。这才是世界树木中的老寿星。可惜在 1868 年的一次风灾中毁掉了。

龙血树树身一般高 20 米，基部周围长达 10 米，七八个人伸开双臂，才能合围它。此树流出的树脂暗红色，是著名的防腐剂，当地人民称为"龙之血"，故名为龙血树。

7. 秋霜红海——红叶

红叶是秋天的宠物。每至深秋，那朝霞一般斑斓夺目的红叶给秋色增添了无限魅力。古往今来，人们习惯于把美丽的枫叶与金色的秋天紧密地联系在一起。"停车坐爱枫林晚，霜叶红于二月花"，描写了一幅多么迷人的秋色红叶图，真可谓咏枫之绝唱。

其实，植物界中到了秋天叶子变成红色的，除枫树外还有许多种类，最常见的有槭、乌桕、野漆树、盐肤木、卫予、爬山虎、黄栌、丝棉木、连香树、黄连木、檫树等。

北京香山的红叶主要是黄栌。黄栌又称栌木，为漆树科落叶丛生灌木或小乔木，高 3 ~ 4 米，其叶单生，叶柄细长，犹如一面小团扇，初为绿色，入秋之后渐变红色，尤其是深秋时节，整个叶片变得火红，极为美丽。黄栌花小而杂性，黄绿色，花开时，满树小花长着粉红色的羽毛，远远望去，犹如烟雾缭绕，别有风趣，所以欧洲人称它为"烟雾树"。

黄栌原产于我国北部及中部，除北京香山外，长江三峡的红叶也主要由它构成。黄栌的木材可做黄色染料，过去帝王穿的黄云缎多用它做成的染料染成。

枫树是我国又一类著名的红叶树种。真正的枫即枫香，属金缕梅科，为落叶大乔木，是南方的主要红叶树种。江南胜景南京栖霞山的红叶主要是枫香。每当叶红之际，层林尽染，赏秋游人纷至沓来。相传，此山因深秋时节满山红叶，色如丹霞栖息在山上，"栖霞"由此得名。

在北方，人们常见到的"红枫"、"五角枫"等并非真正的枫，它们实际上是槭树科的树种。槭树科是个大家族，广泛分布于东亚、北美、欧洲和非洲，其中以鸡爪槭、茶条槭、元宝槭、色木槭等树的红叶最为著名。与枫香比，槭树的叶子红得更加透彻、强烈。

树木的叶子为何秋日变红呢？原来绿色植物的叶片里含有叶绿素、叶黄素、胡萝卜素、类胡萝卜素和花青素等多种色素。在植物的生长季节中，由于叶绿素在叶片中占有优势，所以叶片保持着鲜绿的颜色。到了秋季，气温下降，叶绿素合成受阻，遭到的破坏则与日俱增，所以含叶黄素、胡萝卜素多的叶片就呈黄色。红叶树种此时在叶片中产生了一种叫花色素苷的红色素，所以叶片呈现出美丽的红色。

在自然界中还有一些植物如紫叶李、红苋等，它们的叶子在全部生长季节中都是红的，这是由于红色素在这些植物叶片中常年都占据优势的缘故。

8. 庞然大物——巨杉

地球上的植物，有的个体非常微小，有的个体却很庞大。像美国加利福尼亚的巨杉，长得又高又胖，是树木中的"巨人"，所以又名"世界爷"。

这种树一般高 100 米左右，其中最高的一棵有 142 米，直径有 12 米，树干周长为 37 米，需要 20 来个成年人才能抱住它。它几乎上下一样粗，它已经活了3 500 年以上了。人们从树干下部开了一个洞，可以通过汽车，或者让 4 个骑马的人并排走过。即使把树锯倒以后，人们也要用长梯子才能爬到树干上去。如果把树干挖空，人可以走进去 60 米，再从树丫杈洞里钻出来。它的树桩，大得可以做个小型舞台。

杏仁桉虽然比巨杉高，但它是个瘦高个，论体积它没有巨杉那样大，所以巨杉是世界上体积最大的树。地球上再也没有体积比它更大的植物了。

巨杉的经济价值也较大，是枕木、电线杆和建筑上的良好材料。巨杉的木材不易着火，有防火的作用。

敬 启

本书的编选，参阅了一些报刊和著作。由于联系上的困难，我们与部分入选文章的作者未能取得联系，谨致深深的歉意。敬请原作者见到本书后，及时与我们联系，以便我们按国家有关规定支付稿酬并赠送样书。